September 2001

Für

Herrn Prof. Dr. Horst Stern

Mit bestem Dank und Gruss
vom Verfasser

Ihr

Hans-Joachim Fuchs

TYPISIERUNG DER ANNUELLEN NIEDERSCHLAGSVARIATIONEN IN NORDOSTINDIEN IN ABHÄNGIGKEIT VOM INDISCHEN MONSUNKLIMA

MAINZER GEOGRAPHISCHE STUDIEN

Herausgegeben von

UNIV.-PROF. DR. DR.h.c. MANFRED DOMRÖS

im Auftrag des Kollegiums des
Geographischen Instituts

Schriftleitung: Dr. H. Lücke

Heft 46

2000
GEOGRAPHISCHES INSTITUT DER JOHANNES GUTENBERG-UNIVERSITÄT
MAINZ

Hans-Joachim Fuchs

TYPISIERUNG DER ANNUELLEN
NIEDERSCHLAGSVARIATIONEN IN NORDOSTINDIEN
IN ABHÄNGIGKEIT VOM INDISCHEN MONSUNKLIMA

Computersatz und technische Assistenz: Dirk Schröder

Als Habilitationsschrift auf Empfehlung des Fachbereiches Geowissenschaften der Johannes Gutenberg-Universität Mainz gedruckt mit Unterstützung der Deutschen Forschungsgemeinschaft

ISSN 0937-6267
ISBN 3-88250-046-8

Bestellungen (Orders):
Geographisches Institut der Universität Mainz
Saarstraße 21
D-55099 Mainz
(Federal Republic of Germany)

VORWORT

An erster Stelle möchte ich meinen ganz herzlichen Dank an meinen sehr verehrten Lehrer, Herrn Professor Dr. Dr.h.c. M. DOMRÖS, zum Ausdruck bringen. Ohne seine fundierte wissenschaftliche Betreuung sowie ohne sein unterstützendes und ermutigendes Engagement über viele Jahre hinweg wäre diese Arbeit nicht möglich gewesen. Er hat mit seinen bestehenden Forschungskontakten nach Indien entscheidend dazu beigetragen, daß diese Untersuchung überhaupt erst durchführbar geworden ist. Auch kann ich auf zwei gemeinsame und unvergessene Forschungsaufenthalte in Nordostindien mit meinem Lehrer zurückblicken. Herr Professor DOMRÖS ist nicht nur in wissenschaftlicher Hinsicht ein Vorbild für mich, sondern auch in menschlicher Hinsicht.

Die nordostindischen Bundesstaaten zählen zu den 'Restricted Areas' für Ausländer. Eine Einreise bedarf einer Sondergenehmigung von Seiten des indischen Innenministeriums. Durch die enge und gute Zusammenarbeit mit der Indian National Science Academy (INSA) in New Delhi wurde jedoch die Sondergenehmigung reibungslos erteilt. So war ich in der glücklichen Lage, 1990, 1991, 1993 und 1995 für insgesamt mehrere Monate zu Forschungszwecken in Indien sein zu dürfen. Größtenteils wurden diese Reisen von der Deutschen Forschungsgemeinschaft in Bonn sowie von der INSA in New Delhi finanziert, wofür ich mich ganz herzlich bedanken möchte.

Die Niederschlagsaufzeichnungen (1961-1990) von insgesamt 237 Stationen stellen die Basisdaten für die Auswertung dar. Die Beobachtungen von 61 Stationen konnten direkt von Zentralämtern des Indischen Wetterdienstes in New Delhi und Poona, bzw. von Forschungsinstitutionen in Nordostindien (Jorhat, Tocklai, Darjeeling) besorgt werden. Die Beschaffung der Niederschlagsdaten von den restlichen 176 Stationen war nur vor Ort, d.h. auf Teeplantagen in Assam und Darjeeling möglich.

Dabei wurde mir die große Mithilfe vieler Plantagenangestellten sowie die großartige logistische Unterstützung der Tea Experimental Station in Tocklai (Assam) zuteil. Mein Dank gilt daher dem Direktor dieser Forschungsinstitution, Dr. B. C. BORBORA, der die Besuche in den Teeplantagen organisierte und die sehr sensible Datenverfügbarkeit ermöglichte, auch unter teilweise sehr großen Kommunikations- und Transportproblemen in Nordostindien.

Danken möchte ich auch dem Leiter der Meteorologischen Abteilung der Tocklai Tea Experimental Station, Herrn P. C. GOSWAMI, der mir seine langjährigen Erfahrungen über die lokalklimatischen Besonderheiten im Assam-Tal und den umrahmenden Gebirgen weitergab. Er begleitete mich auch bei einigen Geländestudien und -fahrten.

Die sehr intensiven Gespräche mit zahlreichen Fachkollegen des Departments of Agrometeorology der Assam Agricultural University in Jorhat lieferten detaillierte Informationen über das Klima von Nordostindien. Der Direktor des Departments, Professor Dr. L. N. BORA, erwies sich dabei als ein stets hilfsbereiter und kompetenter Gesprächspartner, der mich bei einigen Geländefahrten begleitete. In liebenswürdiger Art und Weise bekam ich sogar ein kleines Dienstzimmer im Department eingerichtet, was mir bei Rückkehr von Geländeaufenthalten immer wieder die Gelegenheit eröffnete, die Geländebeobachtungen über die lokalklimatischen Verhältnisse vorzustellen und mit den Kennern der Region zu diskutieren.

Die Aufenthalte in Indien haben mich sehr geprägt, und ich habe dieses faszinierende Land und seine Menschen schätzen lernen dürfen. Auf allen meinen Reisen konnte ich die Freundlichkeit und Hilfsbereitschaft der Einheimischen erfahren.

Nach den jeweiligen Forschungsaufenthalten in Indien wurden die gesammelten Niederschlagsdaten am Geographischen Institut der Universität Mainz aufbereitet. Beim aufwendigen Datenbankmanagement konnte ich immer wieder auf die Hilfe vom Zentrum für Datenverarbeitung der Universität Mainz zurückgreifen. Dabei möchte ich insbesondere Herrn W. BRANDT für seine große Unterstützung danken.

Bei der statistischen Auswertung des Datenkollektivs konnte ich mich jederzeit auf die fundierten Ratschläge von Herrn Dr. D. SCHÄFER verlassen, wofür ich mich herzlich bedanken möchte. Dieses gilt auch für Herrn A. MUTH, der mich bei den computerkartographischen Arbeiten unterstützt hat. Frau Dipl.-Ing. K. SCHMIDT-HELLERAU und Herrn F. KIMMES danke ich für die Mithilfe bei der Kartographie bzw. der technischen Schlußredaktion der Arbeit sowie Herrn Dipl.-Ing. T. BARTSCH für die Gestaltung des Titelblattes.

Dem Schriftleiter der Mainzer Geographischen Studien, Herrn Dr. H. LÜCKE, danke ich für die Hilfestellungen im Rahmen der Drucklegung der Arbeit. Dies gilt auch für Herrn D. SCHRÖDER, der sich bei der aufwendigen Textformatierung maßgeblich engagiert hat. Der Deutschen Forschungsgemeinschaft (DFG) möchte ich für die großzügige Druckkostenbeihilfe sehr danken.

Von ganzem Herzen möchte ich an dieser Stelle meiner Frau und meinen beiden Kindern danken, die mit liebevoller Geduld und auch mit großen Entbehrungen die Erstellung dieser Arbeit begleitet haben. Insbesondere in der nervenzehrenden Endphase konnte ich aus meiner Familie die notwendige Kraft und das Durchhaltevermögen schöpfen. Deswegen widme ich die vorliegende Arbeit meiner lieben Frau Ursula sowie meinen beiden Kindern Katharina und Alexander.

INHALTSVERZEICHNIS

Verzeichnis der Abbildungen

Verzeichnis der Tabellen

1 PROBLEMSTELLUNG

Das Klima von Nordostindien wird vom tropischen Monsun geprägt. Dies bedeutet in hygrischer Hinsicht eine deutliche annuelle Variation des Niederschlags, derart daß eine sommerliche Regenzeit mit einer winterlichen Trockenzeit alterniert. Besonders wirksamer Klimafaktor für Nordostindien sind die extrem starken orographischen Gegensätze. Daher stellt sich die Frage, wie das Grundschema der tropisch-monsunalen, annuellen Niederschlagsvariation durch die orographischen Unterschiede modifiziert wird - im Hinblick auf Nordostindien insgesamt und in regionaler Hinsicht. Die vorliegende Untersuchung beinhaltet deshalb eine makro- und mesoskalige Betrachtung der räumlichen und zeitlichen Niederschlagsvariationen in Nordostindien.

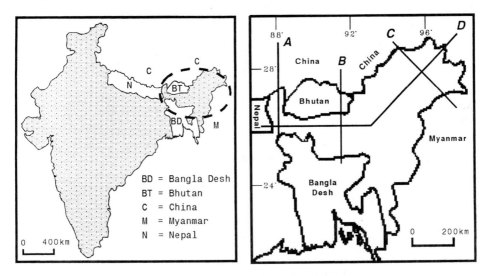

Abb. 1: Lage des Untersuchungsraumes Nordostindien auf dem Indischen Subkontinent und Geländeprofile

Nordostindien ist im Großen zweigeteilt: in den Gebirgsrahmen (Ost-Himalaya und Indisch-Burmesische Grenzgebirge) und das von ihm umklammerte Tiefland von Assam (Brahmaputra-Tal), das wie ein Korridor bzw. als der häufig zitierte "Sack von Assam" vom Gebirgsrahmen flankiert wird. Jede der beiden Landschaftseinheiten ist in sich noch weiter gegliedert. Der Himalaya besteht aus einem System parallel gestaffelter, überwiegend zonal streichender Faltengebirgsketten, die von zahlreichen Flüssen durchbrochen werden. In ähnlicher Weise sind auch die NO-SW streichenden Indisch-Burmesischen Grenzgebirge gestaffelt. Relativ homogen ist dagegen das über 600 km lange und 80 km breite, nach Westen geöffnete Assam-Tal, das auf seiner Gesamtlänge nur einen Höhenunterschied von 100 m besitzt und von dem in zahlreiche Einzelarme aufgeteilten, stark mäandrierenden Brahmaputra durchflossen wird. Anhand von vier Profilen können die starken regionalen Differenzierungen der orographischen Verhältnisse veranschaulicht werden (Abb. 2 – 5, zum Profilverlauf siehe Abb. 1).

Aufgrund der besonderen orographischen Verhältnisse gewinnen für das Monsunklima von Nordostindien zwei Aspekte eine übergeordnete Bedeutung:

1. Welche regionalklimatischen Unterschiede resultieren aus den übergeordneten Gegensätzen zwischen Gebirgsrahmen und Assam-Tal in bezug auf die räumlichen und zeitlichen Niederschlagsvariationen?
2. Treten Unterschiede in der annuellen Niederschlagsvariation innerhalb des Assam-Tals auf, bzw. entspricht der orographischen Uniformität auch eine hygrische Homogenität?

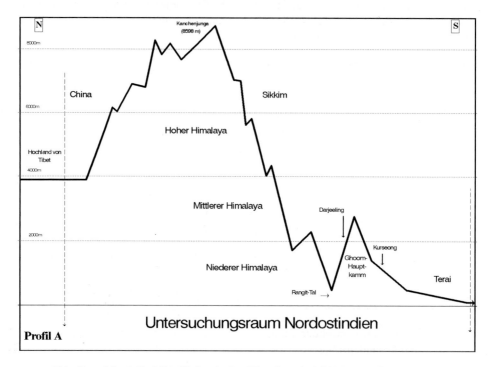

Abb. 2:   Nord-Süd-Profil durch den Himalaya bei 88° E (Profil A, Abb. 1)

Die Charakterisierung und Analyse der räumlichen und zeitlichen Niederschlagsvariationen stehen deshalb im Mittelpunkt der vorliegenden Untersuchung. Ziel der Arbeit ist es, die Raumstrukturen von Nordostindien in ihren Auswirkungen auf die annuelle Niederschlagsvariation zu untersuchen, was im Sinne einer klimageographischen Analyse erfolgt (zur *Klimageographie* siehe BLÜTHGEN et WEISCHET 1980 und ERIKSEN 1985). Die vorliegende Arbeit erhält durch die vielgestaltige orographische Prägung des Untersuchungsraumes ihre besondere wissenschaftliche Herausforderung.

Die wissenschaftliche Erforschung des Klimas von Nordostindien zeigt erhebliche Defizite auf, obwohl die Klimaforschung in Indien auf hohem wissenschaftlichen Niveau betrieben und in einem international hochrangigen Fachorgan (Mausam) dokumentiert wird.

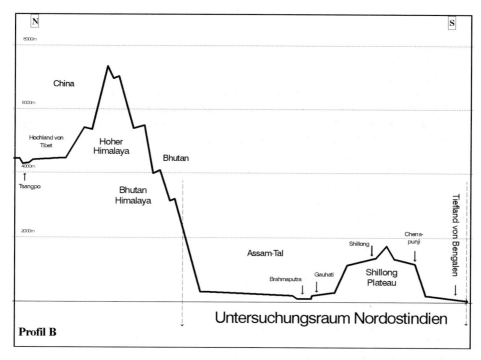

Abb. 3:   Nord-Süd-Profil durch das untere Assam-Tal bei 91° E (Profil B, Abb. 1)

Grund für diesen Forschungsrückstand in Nordostindien dürfte sein, daß mit der Randlage und räumlichen Isolation von Nordostindien im Blick auf Gesamtindien auch eine
Vernachlässigung der wissenschaftlichen Forschung einherging.

In der vorliegenden Untersuchung wurde folgender methodischer Weg beschritten:

1. Vorstellung des Untersuchungsraums und Lage der 237 Niederschlagsstationen. Dabei
   handelt es sich um 176 Niederschlagsmeßstellen auf Teeplantagen mit Beobachtungen
   für die 30-jährige Normalperiode 1961-1990 sowie um 49 Observatorien des indischen
   Wetterdienstes, acht Stationen des Tocklai Teeforschungsinstituts und um vier offizielle
   Observatorien angrenzender Länder; die Niederschlagsdaten beziehen sich ebenfalls auf
   die Normalperiode 1961-1990 (30 Jahre). Für die Untersuchung werden monatliche
   Niederschlagssummen und die monatliche Anzahl der Regentage benutzt.

2. Darstellung der synoptischen Grundzüge des indischen Monsunklimas und Beschreibung des für Gesamtindien charakteristischen Jahresgangs des Niederschlags, der die
   Basis für die Untersuchung der Besonderheiten der annuellen Niederschlagsvariation
   in Nordostindien liefert.

3. Mit Hilfe von multivariaten statistischen Verfahren werden anhand der 237 Referenzstationen (RS) verschiedene Typen der annuellen Niederschlagsvariation identifiziert
   und beschrieben sowie in ihrer räumlichen Verbreitung aufgezeigt und mit dem gesamtindischen Jahresgang des Niederschlags korreliert. Parallel dazu wird auch noch die an-

nuelle Variation der Anzahl der Regentage für die jeweiligen Niederschlagstypen vorgestellt.

4. Analyse der Raum-Zeit-Variabilitäten des Niederschlags in Nordostindien, basierend
auf den unterschiedlichen Typen der annuellen Niederschlagsvariation. Dabei wird die
Frage nach der Abhängigkeit von den orographischen Grundstrukturen eingehend erörtert, um diejenigen Klimafaktoren zu untersuchen, die für die auftretenden Nieder-
schlagsvariabilitäten verantwortlich sind. Darüber hinaus wird in Bereichen mit einer
hohen Dichte an Referenzstationen mit Hilfe von Profilen eine kleinräumige Analyse
in bezug auf die regionalen Niederschlagsunterschiede durchgeführt. Abschließend wird
die Rolle des Monsuns als Regenbringer in Nordostindien bewertet.

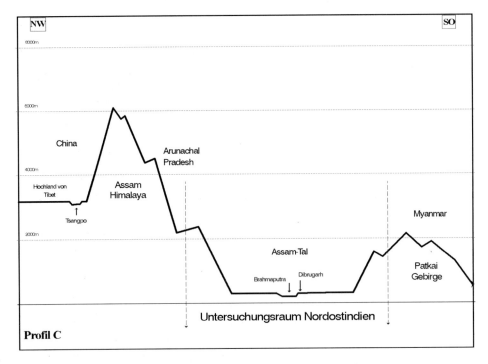

Abb. 4:   NW-SO-Profil durch das obere Assam-Tal bei 95° E (Profil C, Abb. 1)

Der in dieser Arbeit als Nordostindien verstandene Untersuchungsraum ist nicht als
politischer Begriff definiert, vielmehr bezieht er sich auf den naturräumlichen Großraum
des Nordostens des Indischen Subkontinents, der durch die großen Gebirgssysteme (Ost-
Himalaya, Indisch-Burmesische Grenzgebirge) begrenzt wird und das Assam-Tal ein-
schließt.

16

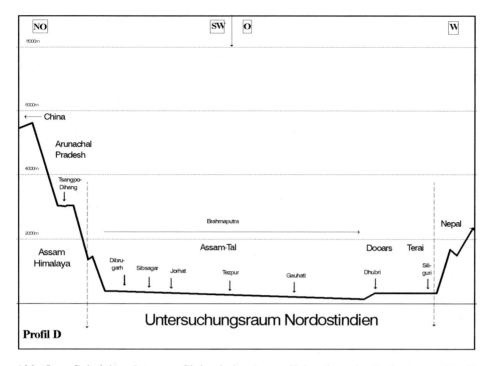

Abb. 5:   Geknicktes Längsprofil durch das Assam-Tal entlang des Brahmaputra (Profil
           D, Abb. 1)

2 UNTERSUCHUNGSGEBIET UND REFERENZSTATIONEN

2.1 Orographie

Das Untersuchungsgebiet von Nordostindien hat eine Fläche von rund 250.000 km² und liegt zwischen 24° und 28° N sowie 88° und 96° E (Abb. 1). Die orographischen Verhältnisse werden durch die umrahmenden Gebirgszüge mit ihren Fußzonen und das nach Westen geöffnete Assam-Tal bestimmt, welches vom Brahmaputra auf einer Länge von über 600 km durchflossen wird (vgl. Profilschnitte: Abb. 2 - 5).

Zur groben Veranschaulichung der orographischen Verhältnisse dient ein mit ARC/INFO Geographic Information System erstelltes Höhenmodell (Abb. 6, Anhang), welches das Untersuchungsgebiet und seine benachbarten Regionen bei senkrechtem Blickwinkel darstellt. Deutlich zum Ausdruck kommt die Vielgestaltigkeit des Reliefs mit all seinen kleinräumigen Expositionsunterschieden und großen Höhendifferenzen auf kürzester Distanz. Bei einer Isohypsendarstellung wären die komplizierten orographischen Verhältnisse durch die enge Scharung der Höhenlinien nicht mehr anschaulich zum Ausdruck gekommen. Die daher fehlenden Höhenangaben in der dreidimensionalen Darstellung werden durch eine detaillierte Reliefbeschreibung der naturräumlichen Großeinheiten im laufenden Text ausgeglichen.

Die großen Fließgewässer sowie die Verwaltungsgrenzen sind in Form von Liniensignaturen angedeutet. Bei den Nebenflüssen wurden nur die größten dargestellt. Durch Überschwemmungen kommt es häufig zu Flußbettverlagerungen und Änderungen der Fließrichtung, weshalb einige Flüsse unvollständig dargestellt sind. Auf die Darstellung der Städte und sonstigen infrastrukturellen Leitlinien wurde komplett verzichtet, da das Hauptaugenmerk auf den orographischen Verhältnissen im Untersuchungsgebiet liegen soll. Die für das Höhenmodell erforderliche Digitalisierung wurde auf der Grundlage von acht 'Tactical Pilotage Charts' im Maßstab von 1:500.000 durchgeführt, welche vom Defence Mapping Agency Aerospace Center (St. Louis Air Force Station, Missouri, USA) besorgt wurden. Von indischer Seite konnten aus militärischen und politischen Gründen keine topographischen Karten über Nordostindien bezogen werden. Für Bhutan gibt es nur sehr unzulängliches Kartenmaterial, das keine genauen Aufschlüsse über die Reliefgestaltung liefert.

2.1.1 GEBIRGSRAHMEN

Der Gebirgsrahmen besteht im Norden und Osten aus dem Ost-Himalaya, im Süden aus den Indisch-Burmesischen Grenzgebirgen, den Mikir- und Rengma-Bergen sowie dem Shillong-Plateau.

Orographisch ist der Ost-Himalaya in mehrere Hauptketten mit annähernd paralleler Streichrichtung unterteilt. Außerdem ist eine häufige Gabelung der Hauptketten und eine Unterteilung in verschiedene Blöcke durch sehr tief eingeschnittene Quertäler zu erkennen. Die Himalaya-Südabdachung ist durch ein stark zertaltes Relief mit sehr großen Höhenunterschieden gekennzeichnet. Die schmalen Gebirgskämme und die zum Teil tiefe Schluchten zeugen von starker erosiver Tätigkeit der Fließgewässer. Die Südabdachung unterliegt einer besonders starken Abtragung, was zur Versteilung des Geländes geführt hat (SINGH 1971). Der von Westen nach Osten verlaufende, 720 km lange Ost-Himalaya wird orographisch weiter unterteilt in den Sikkim/Darjeeling-Himalaya, den Bhutan-Himalaya und den Assam-Himalaya (Abb. 6: 1,2,3, Anhang).

In Sikkim erreicht der Ost-Himalaya mit dem 8.579 m hohen Kanchenjunga die höchste Erhebung Indiens. Die Kleinstadt Darjeeling (Abb. 7: RS 187, Anhang), Verwaltungssitz der gleichnamigen Gebirgsregion, liegt auf einem nach Norden gerichteten, schmalen Gebirgskamm in 2.200 m ü.NN. Vom West-Ost verlaufenden Ghoom-Hauptkamm (Abb. 2 und Abb. 6: 1a, Anhang) ausgehend, ist die Region Darjeeling in zahlreiche, meist Nord-Süd gerichtete, tief eingeschnittene Täler des Niederen Himalaya unterteilt (Höhenlagen zwischen 300 und 2.500 m ü.NN). Der Ghoom-Hauptkamm verläuft im Westen von der nepalesischen Grenze ausgehend, südlich an Darjeeling vorbei bis hin zum tief eingeschnittenen Tal der Tista im Osten mit Höhen von 2.000-2.500 m ü.NN.

Die Tista (Abb. 6: 11, Anhang), ein Nebenfluß des Brahmaputra (Abb. 6: 10, Anhang), durchschneidet den Ghoom-Hauptkamm westlich von Kalimpong (Abb. 7: RS 186, Anhang). Nördlich des Ghoom-Hauptkamms befindet sich das parallel dazu verlaufende, tief eingeschnittene Tal des Rangit-Flusses (Abb. 2). Der Grenzfluß zu Sikkim mündet in der Nähe von Kalimpong in die Tista. An den Sikkim/Darjeeling-Himalaya schließen sich nach Osten die hintereinander gestaffelten, zonal streichenden Faltengebirgsketten des Bhutan- und Assam-Himalaya an. Die maximalen Höhenlagen liegen dort zwischen 4.000 und 7.000 m ü.NN.

Im äußersten Osten des Untersuchungsraumes geht der Himalaya nach einer scharfen Umbiegung nach Süden in die Indisch-Burmesischen Grenzgebirge (indischer Name: 'Purvanchal') über (Abb. 6: 4a-4f, Anhang). Aufgrund dieser dreiseitigen orographischen Umschließung wird der östliche Teil des Assam-Tals mit den angrenzenden Gebirgen auch als sog. 'Sack von Assam' bezeichnet. Zu den Indisch-Burmesischen Grenzgebirgen gehören die mäßig steilen Gebirgsregionen (Nord-Süd Aufzählung) von Patkai (Abb. 6: 4a, Anhang), Naga (Abb. 6: 4b, Anhang), Barail (Abb. 6: 4c, Anhang), Manipur (Abb. 6: 4d, Anhang), Mizoram (Abb. 6: 4e, Anhang) und Arakan (in Myanmar, Abb. 6: 4f, Anhang). Sie sind durch tief eingeschnittene Flußtäler voneinander getrennt. Die Nordost-Südwest-Länge der Indisch-Burmesischen Grenzgebirge beträgt 755 km bei einer mittleren Höhe von 1.500-1.800 m ü.NN.

Das Shillong-Plateau (Abb. 6: 5, Anhang), die südwestliche Begrenzung des Assam-Tals (Abb. 6: 6, Anhang), besteht von W nach O aus den Garo-, Khasi- und Jaintia-Bergen. Das Plateau hat eine Ausdehnung von ca. 240 km in W-O-Richtung und 100 km in N-S-Richtung. Die westlich gelegenen Garo-Berge sind mit 400-800 m ü.NN vergleichbar niedrig und stark zertalt. Die Khasi- und Jaintia-Berge erreichen dagegen 1.400-1.700 m ü.NN und haben einen plateauförmigen Charakter. Shillong (Abb. 7: RS 183, Anhang), die Hauptstadt des Bundesstaates Meghalaya, liegt auf der Hochfläche in 1.520 m ü.NN. Der südlich der Stadt gelegene Shillong-Peak ist mit 1.963 m ü.NN die höchste Erhebung und bildet in westlicher und östlicher Verlängerung die Wasserscheide des Plateaus.

Nach Süden fällt das Shillong-Plateau abrupt ab und wird von dem in Südassam gelegenen Barak-Tal (Abb. 6: 7, Anhang) sowie in westlicher Fortsetzung durch das Tiefland von

Bangla Desh (Abb. 6: 8, Anhang) begrenzt. An der südlichen Plateaukante der Khasi-Berge befindet sich Cherrapunji in 1.313 m ü.NN (Abb. 7: RS 184, Anhang), das oft als niederschlagsreichster Ort der Erde bezeichnet wird. Die nach Süden entwässernden Flüsse haben sich aufgrund der hohen Reliefenergie sehr tief in den Plateaurand eingeschnitten und der Südabdachung des Shillong-Plateaus ein zerlapptes Aussehen verliehen.

Die weiter nach Westen hin isoliert liegenden Mikir- und Rengma-Berge (Abb. 6: 9a und 9b, Anhang) werden auch noch zum Shillong-Plateau gezählt (CHATTERJEE 1936, SINGH 1971). Sie erreichen eine mittlere Höhenlage von 600-1.000 m ü.NN. Gewaltige Flußsysteme (Diyung und Kopili) aus den südlich gelegenen und noch höheren Barail-Ketten (Teilregion der Indisch-Burmesischen Grenzgebirge) entwässern zum Brahmaputra und haben das Shillong-Plateau von Süden nach Norden durchschnitten und zur Isolierung der Mikir- und Rengma-Berge geführt.

2.1.2 TIEFLÄNDER

Landschaftsprägend ist in Nordostindien der Brahmaputra (Abb. 6: 10, Anhang), der das Untersuchungsgebiet über 600 km von Osten nach Westen in einem breiten Tieflandsstreifen durchfließt (Assam-Tal, Abb. 6: 6a, 6b, 6c, Anhang). Die Übergangszonen vom sehr steil abfallenden Ost-Himalaya zum Brahmaputra-Tiefland werden als Terai (im Bereich des Darjeeling-Himalaya, Abb. 6: 12, Anhang) und Dooars (im Bereich des Bhutan-Himalaya, Abb. 6: 13, Anhang) bezeichnet. Vom Assam-Tal durch das Shillong-Plateau getrennt, befindet sich das ebenfalls nach Westen geöffnete Barak-Tal (Abb. 6: 7, Anhang), welches seinen Ursprung in den Indisch-Burmesischen Grenzgebirgen hat.

Der insgesamt 2.800 km lange Brahmaputra verläßt als 'Tsangpo' tibetisches Territorium und bekommt im Assam-Himalaya von Arunachal Pradesh den Namen 'Dihang' (Abb. 6: 15, Anhang). Er erreicht bei Sadiya (130 m ü.NN) das Assam-Tal (Abb. 6: 6a, 6b, 6c, Anhang), welches mit einer Länge von 643 km und einer durchschnittlichen Breite von 80 km als alluvialer Tieflandstreifen von Ost nach West entlang des steil abfallenden Assam- und Bhutan-Himalaya verläuft. Im Westen grenzt das Assam-Tal bei Dhubri (Abb. 7: RS 181, Anhang) an Bangla Desh, wo der Lauf des Brahmaputra eine Richtungsänderung von 90° in Richtung Süden verzeichnet. Der Brahmaputra vereinigt sich im Tiefland von Bangla Desh (Abb. 6: 8, Anhang), 50 km westlich von Dacca (Abb. 7: RS 202, Anhang), mit dem Ganges.

Das Assam-Tal, begrenzt durch die 150 m-Höhenlinie, hat im oberen Abschnitt (Abb. 6: 6a, Anhang) eine Breite von 80-100 km, geht dann im Mittelabschnitt (Abb. 6: 6b, Anhang) auf 55 km zurück (in Höhe der Mikir-Berge, Abb. 6: 9a, Anhang), weitet sich westwärts und geht in Höhe des Shillong-Plateaus (Abb. 6: 5, Anhang) wieder auf 65 km zurück (Abb. 6: 6c, Anhang). Der Brahmaputra reicht hier ganz dicht an das Shillong-Plateau heran. Hiernach weitet sich das Tal erneut aus und geht in das nördliche Bengalische Tiefland über. Die Flußbreite beträgt 5 km, bei Überschwemmung wächst der Brahma-putra aber auf 10-12 km an. Das gesamte Brahmaputra-Tal in Assam hat einen Höhenunterschied von nur 100 m; zwischen 130 m ü.NN im östlichen oberen Talabschnitt bei Sadiya und 30 m ü.NN im westlichen Talabschnitt bei Dhubri. Der Brahmaputra wird daher oft als "langsam fließender See" bezeichnet (SINGH, 1971, p 309). Im Assam-Tal bildet der Brahmaputra unzählige Verästelungen mit dazwischenliegenden Sandbänken. Im gesamten Talverlauf gibt es eine Reihe von Hügeln, die durch die starke Erosionstätigkeit der Brahmaputra-Nebenflüsse und -nebenarme während der alljährlichen Überschwemmungsphasen aus den angrenzenden Bergregionen herauspräpariert worden sind.

Das Assam-Tal wird zonal in die Nordufer-Region (sog. North Bank) und die Südufer-Region (sog. South Bank) des Brahmaputra unterteilt:

Die North Bank ist durch unzählige Zuflüsse aus dem Assam- und Bhutan-Himalaya gekennzeichnet, die im Assam-Tal große Mengen an Erosionsmaterial in Form von gewaltigen Schwemmfächern ablagern. Die dadurch aufgeschütteten Dämme führen an manchen Stellen zu einer Änderung der Fließrichtung parallel zum Brahmaputra. Es kommt zu Mündungsverschleppungen und weiterer Eindämmung. Die Nebenflüsse mäandrieren dabei sehr stark, und es kommt zu Ausbildung von unzähligen Flußinseln mit dazwischenliegenden teilweise sehr sumpfigen Abschnitten.

Die South Bank ist an vielen Stellen wesentlich schmaler. Durch das starke Mäandrieren der großen Zuflüsse aus den Indisch-Burmesischen Grenzgebirgen ist es insbesondere im östlichen Teil der South Bank zu unzähligen Flußinseln gekommen. Es existieren auch zahlreiche Hügel und spornartige Ausläufer, welche den umgebenden Talboden um 30-60 m überragen. Die gewaltige Erosionstätigkeit einiger Zuflüsse aus der Barail-Kette (Abb. 6: 4c, Anhang) hat zur Isolation der Mikir- und Rengma-Berge vom Hauptmassiv des Shillong-Plateaus geführt. Im westlichen Teil ist die South Bank mit 10-12 km extrem schmal, mit sehr kleinen, kaum mäandrierenden Zuflüssen. Die Aufschüttungtätigkeit der Nebenflüsse im Bereich der North Bank, d.h. die aus dem Bhutan- und Assam-Himalaya kommenden Nebenflüsse, ist teilweise so stark, daß der Brahmaputra im unteren Assam-Tal sehr weit nach Süden gegen die Khasi- und Garo-Berge des Shillong-Plateaus gedrängt wird. Daraus resultiert in diesem Bereich nur eine sehr schmale South Bank (BARUA, 1984).

Den Fußzonen der umrahmenden Gebirge werden in Indien eigene Landschaftsnamen zugeordnet (Terai und Dooars), was insbesondere für die Übergangsbereiche vom Sikkim/ Darjeeling-Himalaya und Bhutan-Himalaya in die Ebene gilt. In besonders starkem Maße findet dort eine Akkumulation des Abtragungsschutts statt. Beim Austritt der Fließgewässer aus dem Gebirge sowie im Mündungsbereich in den Brahmaputra sind große Schwemmfächer und Deltaschüttungen mit markanten Oberflächenformen entstanden. Diese ca. 50 km breiten, zonal verlaufenden Landschaftsstreifen beginnen im Anschluß an die Vorhügelzone in einer Höhenlage unter 300 m ü.NN.

Die Terailandschaft (Abb. 6: 12, Anhang), im westlichen Teil des Untersuchungsgebiets, ist der Übergangsbereich vom Sikkim/ Darjeeling-Himalaya in das Bengalische Tiefland (Abb. 6: 14, Anhang). Charakteristisch ist die Unterteilung in eine Schuttkegellandschaft und in einen sich daran anschließenden sumpfig-feuchten Saum. Diese Niederungen sind gekennzeichnet durch die gewaltigen Schwemmfächer aus feinem Auswaschungsmaterial von den aus dem Gebirge kommenden Fließgewässern (BOSE 1978).

Die sich direkt östlich an die Terailandschaft anschließende Region der Dooars (Abb. 6: 13, Anhang) reicht bis zum östlichen Beginn des Assam-Tals bei Dhubri (Abb. 7: RS 181, Anhang). Orographisch gesehen sind dieses die höher gelegenen, breiten Riedelflächen zwischen den Überschwemmungsgebieten der Flüsse. Die Dooars liegen zum größten Teil im Übergangsbereich vom steil abfallenden Bhutan-Himalaya in das Tiefland von Bangla Desh. Die orographischen Verhältnisse in den Dooars sind im Vergleich zum Terai durch die sehr viel mächtiger ausgebildeten und weiter nach Süden reichenden Schuttkegel gekennzeichnet. Die niedrigeren Partien der Schuttkegel sind durch Staunässe gekennzeichnet und liegen in einem Höhenniveau um 100 m ü.NN. An vielen Stellen sind die Flußläufe verwildert und von weiten Kiesbänken begleitet. Auch im Assam-Tal gibt es orographische Ansätze der Dooars. Die Schuttkegel konnten sich aber durch die starken Überschwemmungen und die erosive Tätigkeit des im rechten Winkel dazu fließenden Brahmaputra nicht durchgängig bis in das Tal bilden und wurden überprägt (SINGH 1971).

Das Barak-Tal (Abb. 6: 7, Anhang) bildet ein zwischen den Ausläufern der Indisch-Burmesischen Grenzgebirgen (Barail-Gebirge) und den östlichen Teilen des Shillong-Plateaus gelegenes, bis zu 100 km breites und 120 km langes, nach Westen geöffnetes Tal aus, welches in Bangla Desh in das Brahmaputra-Ganges-Delta übergeht. Das Barak-Tal ist gekennzeichnet durch eine Vielzahl von Seen bzw. sumpfige Niederungen und dazwischenliegende, überschwemmungssichere, kleine Hügel von 30-60 m Höhe.

2.2 Referenzstationen

2.2.1 BENENNUNG UND RÄUMLICHE VERTEILUNG

Die insgesamt 237 Referenzstationen umfassen:
- 176 Niederschlagsmeßstellen auf Teeplantagen,
- 49 Observatorien des Indischen Wetterdienstes,
- 8 Observatorien des Tocklai Teeforschungsinstituts,
- 4 Observatorien in benachbarten Ländern.

Alle Referenzstationen sind mit einer dreistelligen Kennziffer versehen. Die Reihenfolge der Numerierung ist nach erfolgter Extraktion der Originaldaten vor Ort vorgenommen worden; zur räumlichen Lage der Stationen (Abb. 7, Anhang). Die durchschnittliche Höhenlage der Stationen beträgt im unteren Assam-Tal: 30-50 m ü.NN, im mittleren Assam-Tal: >50-90 m ü.NN, im oberen Assam-Tal: >90-150 m ü.NN, im Barak-Tal: 30-350 m ü.NN, in Terai und Dooars: 30-300 m ü.NN, in Darjeeling >300-2.200 m ü.NN.

Die insgesamt 237 Referenzstationen sind sehr ungleich über das Untersuchungsgebiet verteilt (Abb. 7, Anhang). Ein sehr enges Beobachtungsnetz ist in den dicht besiedelten und agrarisch intensiv genutzten Tiefländern (Assam-, Barak-Tal, Dooars, Terai) vorhanden. In den Bereichen Darjeeling, Sikkim und Arunachal Pradesh existieren einige Referenzstationen, die auch einen exemplarischen Einblick in die Niederschlagsverhältnisse der höheren Gebirgsregionen des Ost-Himalaya erlauben. Die Lücken zwischen den Referenzstationen erklären sich dadurch, daß es sich um unzugängliche, mancherorts militante Stammesgebiete sowie teilweise um unbewohnte Bergregionen handelt.

Die folgende Auflistung der Stationen wird differenziert nach den o.g. vier Kategorien von Stationen vorgenommen.

I. Niederschlagsmeßstellen auf Teeplantagen (mit grober Lokalisierungshilfe); Sternsignatur in Abb. 7, Anhang

001	Rungagora	(South Bank, oberes Assam-Tal, Sibsagar/ Jorhat)
002	Sankar	(South Bank, oberes Assam-Tal, Dibrugarh)
003	Amgoorie	(South Bank, oberes Assam-Tal, Sibsagar/ Jorhat)
004	Koliapani	(South Bank, oberes Assam-Tal, Sibsagar/Jorhat)
005	Meleng	(South Bank, oberes Assam-Tal, Sibsagar/Jorhat)
006	Duflating	(South Bank, oberes Assam-Tal, Sibsagar/Jorhat)
007	Koomtai	(South Bank, oberes Assam-Tal, Sibsagar/Jorhat)
008	Limbuguri	(South Bank, oberes Assam-Tal, Dibrugarh)
009	Ethelwold	(South Bank, oberes Assam-Tal, Dibrugarh)
010	Lallamookh	(Barak-Tal)
011	Khoomtaie	(South Bank, oberes Assam-Tal, Sibsagar/ Jorhat)
012	Duamara	(South Bank, oberes Assam-Tal, Dibrugarh)
013	Dessoie	(South Bank, oberes Assam-Tal, Sibsagar/Jorhat)
014	Santi	(South Bank, oberes Assam-Tal, Dibrugarh)
015	Dhoedaam	(South Bank, oberes Assam-Tal, Dibrugarh)
016	Kolony	(North Bank, mittleres Assam-Tal, Tezpur)
017	Rajah Alli	(South Bank, oberes Assam-Tal, Dibrugarh)
018	Monabarie	(North Bank, mittleres Assam-Tal, Tezpur)
019	Nahorani	(North Bank, mittleres Assam-Tal, Tezpur)
020	Namburnadi	(Ostabdachung Rengma-Berge, Golaghat)
021	Maijan	(South Bank, oberes Assam-Tal, Dibrugarh)
022	Dinjan	(South Bank, oberes Assam-Tal, Dibrugarh)
023	Sundarpur	(South Bank, oberes Assam-Tal, Sibsagar/ Jorhat)
024	Monkhooshi	(South Bank, oberes Assam-Tal, Dibrugarh)
025	Kamini	(South Bank, oberes Assam-Tal, Dibrugarh)
026	Madhuban	(South Bank, oberes Assam-Tal, Dibrugarh)
027	Doom Dooma	(South Bank, oberes Assam-Tal, Dibrugarh)
028	Bhubrighat	(Barak-Tal)
029	Dirok	(South Bank, oberes Assam-Tal, Dibrugarh)
030	Phulbari	(North Bank, mittleres Assam-Tal, Tezpur)
031	Nahor Habi	(South Bank, oberes Assam-Tal, Sibsagar/ Jorhat)
032	Mokalbari	(South Bank, oberes Assam-Tal, Dibrugarh)
033	Serispore	(Barak-Tal)
034	Kalline	(Barak-Tal)
035	Koomsong	(South Bank, oberes Assam-Tal, Dibrugarh)
036	Digulturrung	(South Bank, oberes Assam-Tal, Dibrugarh)
037	Borhat	(South Bank, oberes Assam-Tal, Sibsagar/Jorhat)
038	Nahortoli	(South Bank, oberes Assam-Tal, Dibrugarh)
039	Namroop	(South Bank, oberes Assam-Tal, Dibrugarh)
040	Tara	(South Bank, oberes Assam-Tal, Dibrugarh)
041	Balijan	(South Bank, oberes Assam-Tal, Dibrugarh)
042	Deamoolie	(South Bank, oberes Assam-Tal, Dibrugarh)

043	Chincoorie	(Barak-Tal)
044	Dehing	(South Bank, oberes Assam-Tal, Dibrugarh)
045	Greenwood	(South Bank, oberes Assam-Tal, Dibrugarh)
046	Satkartar	(South Bank, oberes Assam-Tal, Dibrugarh)
047	Maud	(South Bank, oberes Assam-Tal, Dibrugarh)
048	Jellalpore	(Barak-Tal)
049	Deohall	(South Bank, oberes Assam-Tal, Dibrugarh)
050	Kamakhyabari	(South Bank, oberes Assam-Tal, Dibrugarh)
051	Kenduguri	(South Bank, oberes Assam-Tal, Dibrugarh)
052	Pathini	(Barak-Tal)
053	Bokakhat	(South Bank, oberes Assam-Tal, Sibsagar/Jorhat)
054	Koomber	(Barak-Tal)
055	Lengree	(Ostabdachung Rengma-Berge, Golaghat)
056	Doloo	(Barak-Tal)
057	Daimukhia	(South Bank, oberes Assam-Tal, Dibrugarh)
058	Chubwa	(South Bank, oberes Assam-Tal, Dibrugarh)
059	Harishpur	(South Bank, oberes Assam-Tal, Dibrugarh)
060	Sepon	(South Bank, oberes Assam-Tal, Dibrugarh)
061	Behora	(South Bank, oberes Assam-Tal, Sibsagar/Jorhat)
062	Borsapori	(South Bank, oberes Assam-Tal, Sibsagar/Jorhat)
063	Zaloni	(South Bank, oberes Assam-Tal, Dibrugarh)
064	Heeleakah	(South Bank, oberes Assam-Tal, Sibsagar/ Jorhat)
065	Nilmoni	(South Bank, oberes Assam-Tal, Dibrugarh)
066	Sealkotee	(South Bank, oberes Assam-Tal, Dibrugarh)
067	Coombergram	(Barak-Tal)
068	Ledo	(South Bank, oberes Assam-Tal, Dibrugarh)
069	Langharjan	(South Bank, oberes Assam-Tal, Dibrugarh)
070	Dirial	(South Bank, oberes Assam-Tal, Dibrugarh)
071	Ananda Bag	(South Bank, oberes Assam-Tal, Dibrugarh)
072	Khetojan	(South Bank, oberes Assam-Tal, Dibrugarh)
073	Bogapani	(South Bank, oberes Assam-Tal, Dibrugarh)
074	Kakajan	(South Bank, oberes Assam-Tal, Sibsagar/Jorhat)
075	Powai	(South Bank, oberes Assam-Tal, Dibrugarh)
076	Salonah	(South Bank, mittleres Assam-Tal, Nowgong)
077	Hattigor	(North Bank, mittleres Assam-Tal, Tezpur)
078	Ouphulia	(South Bank, oberes Assam-Tal, Dibrugarh)
079	Harchurah	(North Bank, mittleres Assam-Tal, Tezpur)
080	Diffloo	(South Bank, oberes Assam-Tal, Sibsagar/Jorhat)
081	Mohunbaree	(South Bank, oberes Assam-Tal, Dibrugarh)
082	Lankashi	(South Bank, oberes Assam-Tal, Dibrugarh)
083	Bhooteachang	(North Bank, mittleres Assam-Tal, Tezpur)
084	Dekorai	(North Bank, mittleres Assam-Tal, Tezpur)
085	Hazelbank	(South Bank, oberes Assam-Tal, Dibrugarh)
086	Romai	(South Bank, oberes Assam-Tal, Dibrugarh)

087	Mancotta	(South Bank, oberes Assam-Tal, Dibrugarh)
088	Ghillidary	(South Bank, oberes Assam-Tal, Sibsagar/Jorhat)
089	Paneery	(North Bank, mittleres Assam-Tal, Tezpur)
090	Teok	(South Bank, oberes Assam-Tal, Sibsagar/Jorhat)
091	Orangajuli	(North Bank, mittleres Assam-Tal, Tezpur)
092	Doomur Dullung	(South Bank, oberes Assam-Tal, Sibsagar/Jorhat)
093	Sonabheel	(North Bank, mittleres Assam-Tal, Tezpur)
094	Bamgaon	(North Bank, mittleres Assam-Tal, Tezpur)
095	Seleng	(South Bank, oberes Assam-Tal, Sibsagar/Jorhat)
096	Mahakali	(South Bank, oberes Assam-Tal, Dibrugarh)
097	Baghjan	(South Bank, oberes Assam-Tal, Dibrugarh)
098	Rupajuli	(North Bank, mittleres Assam-Tal, Tezpur)
099	Binnakandy	(Barak-Tal)
100	Bicrampore	(Barak-Tal)
101	Kurkoorie	(Barak-Tal)
102	Borojalingah	(Barak-Tal)
103	Belseri	(North Bank, mittleres Assam-Tal, Tezpur)
104	Suola	(North Bank, mittleres Assam-Tal, Tezpur)
105	Halem	(North Bank, mittleres Assam-Tal, Tezpur)
106	Poloi	(Barak-Tal)
107	Sewpur	(South Bank, oberes Assam-Tal, Dibrugarh)
108	Korangani	(South Bank, oberes Assam-Tal, Dibrugarh)
109	Sagmootea	(South Bank, mittleres Assam-Tal, Nowgong)
110	Mokrung	(South Bank, oberes Assam-Tal, Sibsagar/Jorhat)
111	Lattakoojan	(South Bank, oberes Assam-Tal, Sibsagar/Jorhat)
112	Majulighur	(North Bank, mittleres Assam-Tal, Tezpur)
113	Tinkharia	(North Bank, mittleres Assam-Tal, Tezpur)
114	Bormahjan	(North Bank, mittleres Assam-Tal, Tezpur)
115	Kellyden	(South Bank, mittleres Assam-Tal, Nowgong)
116	Ligri Pookrie	(South Bank, oberes Assam-Tal, Sibsagar/Jorhat)
117	Gopal Krishna	(South Bank, mittleres Assam-Tal, Nowgong)
118	Dewan	(Barak-Tal)
119	Anandabari	(South Bank, oberes Assam-Tal, Dibrugarh)
120	Banaspaty	(Ostabdachung Rengma-Berge, Golaghat)
121	Satispur	(South Bank, oberes Assam-Tal, Dibrugarh)
122	Margherita	(South Bank, oberes Assam-Tal, Dibrugarh)
123	Simlitola	(South Bank, unteres Assam-Tal, Goalpara)
124	Lepetkatta	(South Bank, oberes Assam-Tal, Dibrugarh)
125	Chota Tingrai	(South Bank, oberes Assam-Tal, Dibrugarh)
126	Dirai	(South Bank, oberes Assam-Tal, Dibrugarh)
127	Nalani	(South Bank, oberes Assam-Tal, Dibrugarh)
128	Dhelakhat	(South Bank, oberes Assam-Tal, Dibrugarh)
129	Namdang	(South Bank, oberes Assam-Tal, Dibrugarh)
130	Methoni	(South Bank, oberes Assam-Tal, Sibsagar/Jorhat)
131	Rupai	(South Bank, oberes Assam-Tal, Dibrugarh)

132	Aenakhall	(Barak-Tal)
133	Tezpor	(North Bank, mittleres Assam-Tal, Tezpur)
134	Keyhung	(South Bank, oberes Assam-Tal, Dibrugarh)
135	Addabarie	(North Bank, mittleres Assam-Tal, Tezpur)
136	Muttuck	(South Bank, oberes Assam-Tal, Dibrugarh)
137	Kopati	(North Bank, mittleres Assam-Tal, Tezpur)
138	Singhell	(Darjeeling)
139	Debpara	(Dooars)
140	Dam Dim	(Dooars)
141	New Purupbari	(North Bank, mittleres Assam-Tal, Tezpur)
142	Rydak	(Dooars)
143	Baradighi	(Dooars)
144	Nangdala	(Dooars)
145	Tukdah	(Darjeeling)
146	Gungaram	(Terai)
147	Bahipookri	(North Bank, mittleres Assam-Tal, Tezpur)
148	Huldibari	(Dooars)
149	Tiok	(South Bank, oberes Assam-Tal, Sibsagar/Jorhat)
150	Chulsa	(Dooars)
151	Soongachi	(Dooars)
152	Dalgaon	(Dooars)
153	Sarugaon	(Dooars)
154	Baghmari	(North Bank, mittleres Assam-Tal, Tezpur)
155	Koilamari	(North Bank, oberes Assam-Tal, North Lakhimpur)
156	Sylee	(Dooars)
157	Jainti	(Dooars)
158	Tyroon	(South Bank, oberes Assam-Tal, Sibsagar/Jorhat)
159	Baintgoorie	(Dooars)
160	Kailashpur	(Dooars)
161	Arcuttipore	(Barak-Tal)
162	Rheabari	(Dooars)
163	Durrung	(North Bank, mittleres Assam-Tal, Tezpur)
164	Aibheel	(Dooars)
165	Rosekandy	(Barak-Tal)
166	Phoobsering	(Darjeeling)
167	Soom	(Darjeeling)
168	North Tukvar	(Darjeeling)
169	Teesta Valley	(Darjeeling)
170	Taipoo	(Terai)
171	Makaibari	(Darjeeling)
172	Marybong	(Darjeeling)
173	Thurbo	(Darjeeling)
174	Kamala	(Terai)
175	Tumsong	(Darjeeling)
176	Bhelaguri	(South Bank, oberes Assam-Tal, Sibsagar/Jorhat)

II. Observatorien des indischen Wetterdienstes (Höhenangabe in m ü.NN);
Dreiecksignatur in Abb. 7, Anhang

177	Dibrugarh	(Assam: 27°28'N, 94°55'E, 106 m)
178	Sibsagar	(Assam: 26°59'N, 94°38'E, 97 m)
179	Tezpur	(Assam: 26°37'N, 92°47'E, 79 m)
180	Gauhati	(Assam: 26°11'N, 91°45'E, 55 m)
181	Dhubri	(Assam: 26°01'N, 89°59'E, 35 m)
182	Lumding	(Assam: 25°45'N, 93°11'E, 149 m)
183	Shillong	(Meghalaya: 25°34'N, 91°53'E, 1.500 m)
184	Cherrapunji	(Meghalaya: 25°15'N, 91°44'E, 1.313 m)
185	Silchar	(Barak-Tal: 24°49'N, 92°48'E, 29 m)
186	Kalimpong	(Darjeeling: 27°04'N, 88°28'E, 1.209 m)
187	Darjeeling	(Darjeeling: 27°03'N, 88°16'E, 2.127 m)
188	Jalpaiguri	(Dooars: 26°32'N, 88°43'E, 83 m)
189	Malda	(West Bengalen: 25°02'N, 88°08'E, 31 m)
190	Berhampore	(West Bengalen: 24°08'N, 88°16'E, 19 m)
191	Krishnagar	(West Bengalen: 23°24'N, 88°31'E, 15 m)
192	Calcutta	(West Bengalen: 22°32'N, 88°20'E, 6 m)
193	Bhorjar	(Assam: 26°05'N, 91°43'E, 54 m)
194	Tura	(Meghalaya: 25°31'N, 90°14'E, 370 m)
195	Aizwal	(Mizoram: 23°44'N, 92°43'E, 1.097 m)
196	Bagdogra	(Terai: 26°38'N, 88°19'E, 131 m)
197	Cooch Bihar	(Dooars: 26°20'N, 89°28'E, 43 m)
198	Purulia	(West Bengalen: 23°20'N, 86°25'E, 255 m)
199	Contai	(West Bengalen: 21°47'N, 87°45'E, 11 m)
200	Alipur	(Assam: 25°10'N, 93°01'E, 682 m)
212	Pasighat	(Arunachal Pradesh: 28°06'N, 95°23'E, 157 m)
213	Imphal	(Manipur: 24°46'N, 93°54'E, 781 m)
214	Agartala	(Tripura: 23°53'N, 91°15'E, 16 m)
216	Thanggu	(Sikkim: 27°55'N, 88°30'E, 4.181 m)
217	Lachen	(Sikkim: 27°43'N, 88°32'E, 2.969 m)
218	Chungtang	(Sikkim: 27°36'N, 88°38'E, 1.637 m)
219	Gangtok	(Sikkim: 27°20'N, 88°37'E, 1.764 m)
220	Geyzing	(Sikkim: 27°17'N, 88°15'E, 1.734 m)
221	Kurseong	(Darjeeling: 26°53'N, 88°17'E, 1.640 m)
223	Dening	(Arunachal Prad.: 28°02'N, 96°13'E, 1.420 m)
224	Majbat	(Assam: 26°45'N, 92°21'E, 120 m)
225	Tangla	(Assam: 26°39'N, 91°55'E, 65 m)
226	Digboi	(Assam: 27°23'N, 95°37'E, 152 m)
227	Goalpara	(Assam: 26°11'N, 90°38'E, 38 m)
228	Rangia	(Assam: 26°26'N, 91°37'E, 60 m)
229	N.Lakhimpur Town	(Assam: 27°14'N, 94°07'E, 102 m)
230	Chaparmukh	(Assam: 26°12'N, 92°31'E, 66 m)
231	Golaghat	(Assam: 26°31'N, 93°59'E, 95 m)
232	Gophur	(Assam: 26°50'N, 93°35'E, 83 m)

233	Tezu	(Arunachal Prad.: 27°50'N, 96°37'E, 197 m)
234	Ziro	(Arunachal Prad.: 27°55'N, 93°48'E, 1.476 m)
235	Khonsa	(Arunachal Prad.: 27°00'N, 95°35'E, 899 m)
236	Mawsynram	(Meghalaya: 25°18'N, 91°35'E, 1.401 m)
237	Kailasha Har	(Tripura: 24°19'N, 92°00'E, 30 m)

III. Observatorien des Tocklai Teeforschungsinstituts (Höhenangabe in m ü.NN); Dreiecksignatur in Abb. 7, Anhang

203	Tocklai	(Assam: 26°47'N, 94°12'E, 97 m)
204	Margherita-Village	(Assam: 27°16'N, 95°32'E, 180 m)
205	Thakurbari	(Assam: 26°48'N, 92°42'E, 92 m)
206	Silcoorie	(Barak-Tal: 24°50'N, 92°48'E, 40 m)
207	Chuapara	(Dooars: 26°44'N, 89°28'E, 191 m)
208	Nagrakata	(Dooars: 26°54'N, 88°55'E, 24 m)
209	Gungaram	(Terai: 26°38'N, 88°48'E, 124 m)
210	Nagri-Farm	(Darjeeling: 26°55'N, 88°12'E, 1.158 m)

IV. Observatorien in benachbarten Ländern (Höhenangabe in m ü.NN); Dreiecksignatur in Abb. 7, Anhang

201	Yatung	(Südtibet: 27°29'N, 88°55'E, 2.987 m)
202	Narayanganj	(Bangla Desh: 23°37'N, 90°30'E, 8)
215	Sylhet	(Bangla Desh: 24°59'N, 91°48'E, 23 m)
222	Gyangtse	(Südtibet: 28°56'N, 89°36'E, 3.996 m)

2.2.2 DATENMATERIAL UND HOMOGENITÄTSTEST

Bei den zugrundeliegenden Datenreihen handelt es sich um die monatlichen Niederschlags-summen und die monatliche Anzahl der Regentage (>1 mm Niederschlag/24 Std.) für die 30-jährige Normalperiode 1961-1990. Bei den späteren Berechnungen der Beoachtungs-daten sollen die charakteristischen Merkmale der annuellen Niederschlagsvariation einer Referenzstation herausgefunden und mit denen anderer Referenzstationen verglichen werden (vgl. Kap. 4). Dabei muß die Forderung nach der klimatologischen Vergleichbarkeit des Datenmaterials erfüllt sein, d.h. es dürfen nur homogene Zeitreihen berücksichtigt werden. Die durchgeführte Homogenitätsprüfung erfolgte dabei in zwei Abschnitten:

1. Bei der Datenextraktion im Gelände konnte auch die Stationsgeschichte erfragt werden. Bei Stationsverlegungen konnte im Gelände auf eine mögliche Inhomogenität der Da-tenreihen geschlossen werden. Die Niederschlagsmeßgeräte auf den Teeplantagen ste-hen meistens in der Nähe der Teefabrik oder dem Verwaltungsgebäude der Plantage (mindestens 15 m Entfernung) und sind mit dem Hellmann-Standardgerät vergleichbar (Auffangfläche mit 10 cm Durchmesser in ca. 1 m bis 1,2 m Höhe). Entsprechendes gilt auch für die Observatorien.

2. Die Beobachtungsreihen aller Stationen wurden einer statistischen Homogenitätsprüfung unterzogen. SCHÖNWIESE & MALCHER (1985) favorisieren den absoluten Homogenitätstest nach ABBE, der deutliche Vorteile gegenüber anderen Homogenitätstests aufweist (nach SCHMIDT oder nach HELMERT), da sowohl die Vorzeichen der Datenänderungen als auch die Abweichungen vom Mittelwert berücksichtigt werden. Der Nachteil des Homogenitätstests nach ABBE besteht darin, daß auch langfristig auftretende Fluktuationen, die klimatologisch real sein können, als Inhomogenitäten identifiziert werden. Dies bedeutet, daß das Verfahren überkritisch ist (SCULTETUS 1969). Um diesen Effekt auszuschließen, empfehlen SCHÖNWIESE & MALCHER (1985) die Verwendung einer geeigneten Hochpaßfilterung (T=20a).

Aufgrund von festgestellten Inhomogenitäten in den Zeitreihen oder aufgrund von klimatisch gravierenden Stationsverlegungen werden folgende 18 Referenzstationen bei späteren Berechnungen (Kap. 4) nicht mehr berücksichtigt:

008	Limbuguri	(South Bank, oberes Assam-Tal, Dibrugarh)
014	Santi	(South Bank, oberes Assam-Tal, Dibrugarh)
023	Sundarpur	(South Bank, oberes Assam-Tal, Sibsagar/Jorhat)
041	Balijan	(South Bank, oberes Assam-Tal, Dibrugarh)
043	Chincoorie	(Barak-Tal)
046	Satkartar	(South Bank, oberes Assam-Tal, Dibrugarh)
050	Kamakhyabari	(South Bank, oberes Assam-Tal, Dibrugarh)
065	Nilmoni	(South Bank, oberes Assam-Tal, Dibrugarh)
072	Khetojan	(South Bank, oberes Assam-Tal, Dibrugarh)
073	Bogapani	(South Bank, oberes Assam-Tal, Dibrugarh)
149	Tiok	(South Bank, oberes Assam-Tal, Sibsagar/Jorhat)
165	Rosekandy	(Barak-Tal)
176	Bhelaguri	(South Bank, oberes Assam-Tal, Sibsagar/Jorhat)
191	Krishnagar	(West Bengalen: 23°24'N, 88°31'E, 15 m ü.NN)
192	Calcutta	(West Bengalen: 22°32'N, 88°20'E, 6 m ü.NN)
198	Purulia	(West Bengalen: 23°20'N, 86°25'E, 255 m ü.NN)
199	Contai	(West Bengalen: 21°47'N, 87°45'E, 11 m ü.NN)
200	Alipur	(West Bengalen: 22°53'N, 88°33'E, 6 m ü.NN)

Die meisten dieser Stationen liegen im oberen Assam-Tal, das insgesamt eine große Stationsdichte aufweist. Ein anderer Teil von Stationen mit inhomogenen Beoachtungsreihen liegt im Tiefland von Bengalen, welches nur noch randlich zum Untersuchungsgebiet gehört. Somit verbleiben für die weiteren statistischen Analysen insgesamt noch 219 Referenzstationen.

Für die Anzahl der Regentage wurde die gleiche Homogenitätsüberprüfung durchgeführt. Aufgrund von unvollständig vorliegenden Beobachtungsreihen und aufgrund von festgestellten Inhomogenitäten konnten von den 237 Referenzstationen nur 175 mit vollständigen und homogenen Beobachtungsreihen für die weiteren Analysen verwendet werden.

3 DAS INDISCHE MONSUNKLIMA

3.1 Genese des Monsuns

Der Begriff Monsun stammt ursprünglich vom arabischen Wort 'mausim' und bedeutet Jahreszeit. Der Windrichtungswechsel ermöglichte den arabischen Seefahrern im Winter nach Ostafrika (NO-Winde) und im Sommer nach Indien (SW-Winde) zu segeln. Noch bis zur Mitte dieses Jahrhunderts wurde der Monsun als ein großräumiges Land-Seewind-System mit jahreszeitlich wechselnden Windrichtungen interpretiert. Als Ursache wurde die über Monate andauernde unterschiedliche Wärmebilanz von Festland und Meer angeführt, woraus ein Seewind im Sommer und ein Landwind im Winter resultierte.

FLOHN (1956, 1971a) und DOMRÖS (1971, 1974) definierten den Monsun als ein regionales Windsystem im Rahmen der allgemeinen Zirkulation der Atmosphäre mit zwei jahreszeitlich wechselnden, benachbarten Windgürteln. Als entscheidendes Kriterium für den Monsun wurde die halbjährliche Winddrehung um mindestens 120° herausgestellt. Der indische Monsun ist auf der Erde das großräumigste Phänomen seiner Art, und Indien wird als das klassische Beispiel für den tropischen Monsun angesehen.

Beim Monsun handelt es sich um äquatoriale Westwinde während des Sommers, die durch die größere Reibung in Bodennähe zu südwestlichen Winden abgelenkt werden und als Sommermonsun (SW-Monsun) bezeichnet werden. Die labil geschichteten, maritimen Luftmassen führen über der indischen Landmasse und insbesondere an orographischen Hindernissen (West-Ghats, Himalaya, Shillong-Plateau) zu ergiebigen Niederschlägen. Der Wintermonsun ist genetisch ein Passat, der in Bodennähe zu einem Nordostwind (NO-Passat) abgelenkt wird. Er ist kontinentalen Ursprungs, stabil geschichtet und verursacht durch die ausgeprägte Passatinversion für die meisten Regionen in Indien eine mehrmonatige Trockenzeit.

Für die Genese des Sommermonsuns sind die großen Druckgegensätzen zwischen asiatischem Festland und Meer entscheidend (DOMRÖS 1974, 1989 und 1996, LAUER 1993 und NIEUWOLT 1977). Dadurch kommt es zu großräumigen Luftmassenverlagerungen aus dem Bereich des Indischen Ozeans von der Südhalbkugel über den Äquator zum Indischen Subkontinent. Die notwendige Saugwirkung wird durch das Hochland von Tibet als Heizfläche sowie durch die Ausbildung des sommerlichen, festländischen Hitzetiefs über Nordindien (sog. asiatisches Monsuntief) erklärt.

Die hohe sommerliche Einstrahlung, die Ende Juni im Himalaya und über Tibet rund 30 % höher ist als am Äquator, führt zu einer Erwärmung der Hochflächen. Im Bereich der südlichen Fußzonen der Himalaya-Gebirge resultiert ein starkes Absinken des Bodenluftdrucks, wodurch sich die NITCZ sehr weit nach Nordindien verlagert und der niedrigste sommerliche Luftdruck auf der gesamten Nordhalbkugel erreicht wird. Dieser sommerlich permanente Tiefdrucktrog oder sog. 'Monsuntrog' erstreckt sich vom nördlichen Teil des Golfs von Bengalen in nordwestliche Richtung über das Ganges-Tiefland bis nach NW-Indien (Punjab) und Pakistan (Lahore).

Die Höhenhochdruckzelle über Tibet ist durch eine Hebungstendenz der Luft gekennzeichnet. Aufgrund des steilen Druckgefälles äquatorwärts entsteht ein stark ausgebildeter

Strahlstrom (Ost-Jet oder Tropical Easterly Jet), was in Bodennähe zu einer gegenläufigen Ausgleichsbewegung führt (Abb. 8). Anhand dieser kräftig ausgebildeten, bodennahen Strömung erklärt sich der SW-Monsun über Indien.

Aus der subtropischen Hochdruckzelle im südhemisphärischen Indischen Ozean resultiert eine südostpassatische, oberflächennahe Luftströmung. Durch die Rechtsablenkung nach Überqueren des Äquators wird sie zum SW-Monsun und erreicht unter Aufnahme hoher Wasserdampfmengen und der dann einsetzenden Labilisierung der Luft über dem Arabischen Meer und dem Golf von Bengalen den Indischen Subkontinent. Insbesondere an den Hängen der West-Ghats, über Chota Nagpur und des Himalaya wird die aufgenommene latente Wärme in Form von heftigen Niederschlägen freigesetzt. Dieses führt zu einer weiteren Erwärmung der Hochatmosphäre, woraus eine Verstärkung des Höhenhochs über Tibet resultiert. Die Luftmassenansammlung in der Höhe verstärkt wiederum den Urpassat, der über Südtibet und im Himalaya mit bis zu 100 km/h Geschwindigkeit Jet-Stärke erzielt. Der tiefste Druck der innertropischen Konvergenzzone, die im Sommer ganz Südasien übergreift, wird unterhalb des hochtroposphärischen Oststrahlstroms über NW-Indien erreicht. Die Folge daraus sind zyklonale Niederschläge, welche durch orographische Hindernisse verstärkt zum Ausdruck kommen.

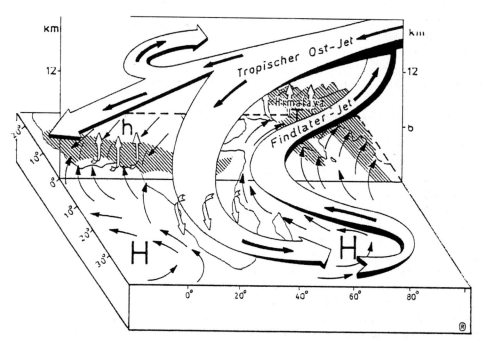

Abb. 8:   Luftströmung im Bereich der afro-asiatischen Monsun-Region (LAUER 1993, p 128)

Im Delta-Bereich des Ost-Jets kommt es zu einer Absinktendenz und zu einer extremen Trockenheit, was zur Ausbildung großer Wüstenregionen führt: Arabische Halbinsel und

Sahara. Ein Ast des Ost-Jets transportiert Luftmassen in die Defizit-Gebiete der Südhalb-kugel. Diese steigen dort in der subtropischen Hochdruckzelle im südhemisphärischen Indi-schen Ozean ab und führen zum Massenausgleich zwischen der Nord- und Südhalbkugel. Somit kann der Monsun als ein großräumiger Kreislauf über Südasien und Afrika angese-hen werden.

Im Winter kommt es aufgrund der ausgedehnten, weithin schneebedeckten asiatischen Landmassen zwischen 40-60° N zur Ausbildung eines Kältehochs über Sibirien. Aus dem nach Süden gerichteten Druckgradienten resultiert am Boden ein Nordostwind, der als NO-Passat, NO-Monsun oder Wintermonsun bezeichnet wird. Das Hochland von Tibet und der Himalaya (Abb. 9) fungieren jedoch als äußerst wirksame Barrieren zwischen tropischen und polaren Luftmassen, so daß die sehr kalten und trockenen Luftmassen in der nordin-dischen Indus- und Gangesebene nur sehr geringen wetterwirksamen Einfluß ausüben können (DOMRÖS 1981, NIEUWOLT 1977).

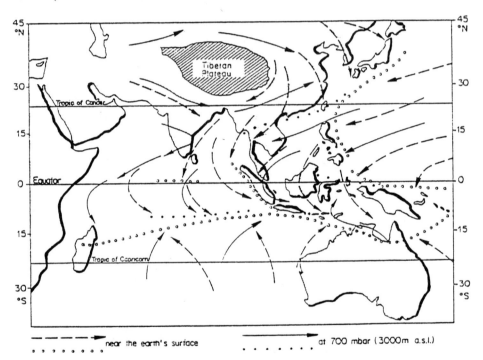

Abb. 9:   Der asiatische Wintermonsun. Winde (Pfeile) und Konvergenzzonen (Punkte) von Dezember bis März, nahe der Erdoberfläche und im 700 hPa-Niveau (NIEUWOLT 1977, p 52)

In Nordwestindien und in Nordpakistan bestimmen dagegen 3-5 mal pro Wintermonat zyklonale Ausläufer der außertropischen Westwinddrift das Wettergeschehen. Diese west-lichen Störungen verursachen nördlich des 20. Breitengrades Winterniederschläge.

Im Bereich des Assam-Himalaya kann die kalte und trockene Kontinentalluft die hier etwas niedrigere Barriere des Himalaya überwinden und ins Assam-Tal hinabfließen (DOMRÖS 1978). Durch die Absinkbewegung kommt es aber zu einer adiabatischen Erwärmung, wodurch sich die winterliche Kontinentalluft thermisch nicht auswirken kann. Durch den nach Süden gerichteten Druckgradienten (die ITCZ liegt bei 5-10° S) weht der Wintermonsun über das Assam-Tal und Bangla Desh, überquert den Golf von Bengalen und bringt als labil geschichtete Strömung für die Küstenregionen von Südostindien Niederschläge.

Aufgrund der Zugehörigkeit der Monsunwinde zu unterschiedlichen Gliedern der allgemeinen Zirkulation der Atmosphäre ergeben sich entsprechend verschiedenartige klimatische Eigenschaften der Monsunwinde, die sich am meisten in hygrischer Hinsicht äußern (DOMRÖS 1989). Bedingt durch den vertikalen Aufbau, besitzt die feuchtlabil geschichtete Sommermonsun-Strömung über Indien und Sri Lanka eine vertikale Mächtigkeit von 6-7 km und ist durch ergiebige Niederschläge gekennzeichnet. Der stabil geschichtete Wintermonsun erreicht dagegen nur eine Höhe von 1-2 km und wird durch die Passatinversion gegen den überlagernden Urpassat abgegrenzt, was in einer ausgeprägten Niederschlagsarmut resultiert (DOMRÖS 1974).

Der Monsun wird in Indien im Volksmund als "Großer Regen" verstanden und gilt als Lebensnerv für Indien, der sich jedoch für die Landwirtschaft als Segen oder Fluch erweisen kann. DOMRÖS (1989) widerlegt diese landläufige Meinung, da der Monsun auch durch eine saisonale Trockenheit in den Wintermonaten, wie auch durch deutlich geringere Niederschläge in den Leeregionen der Gebirge während des Sommermonsuns gekennzeichnet ist. "Der Monsun ist somit auch ein Schönwetterphänomen" (DOMRÖS 1989, p 90), und der Monsun sollte daher nach Ansicht von DOMRÖS hygrisch differenziert gesehen werden.

3.2 Gesamtindien-Jahresgang des Niederschlags

Als Grundlage für die Betrachtung der annuellen Niederschlagsvariationen in Indien und zugleich Vergleichsbasis für auftretende räumliche Differenzierungen im Untersuchungsgebiet kann der gesamtindische Jahresgang des Niederschlags gelten (Abb. 10). Darin wurden von insgesamt 306 gleichmäßig über Indien verteilten Stationen die monatlichen Niederschlagssummen über den Beobachtungszeitraum von 1871-1993 zugrunde gelegt (PARTHASARATHY et al. 1994). Da sich die Niederschlagsdaten in der vorliegenden Arbeit auf die 30-jährige Normalperiode 1961-1990 beziehen, wurde bei der Darstellung des Gesamtindien-Jahresgangs des Niederschlags der Bezugszeitraum entsprechend angeglichen. D.h., es wurden aus der langen Zeitreihe von 1871-1993 nur die Beobachtungsjahre von 1961-1990 für die Berechnung herangezogen, um somit eine zeitreihengleiche und damit eine vergleichbare Datengrundlage zu gewährleisten. Die somit erfolgte Datenreduktion in der Zeitreihe zeigt aber bei der Gegenüberstellung der beiden Gesamtindien-Jahresgänge, resultierend aus den Zeitreihen von 1871-1993 und 1961-1990, nur geringfügige Unterschiede, die maximal 5 % betragen (Datentabelle Abb. 10).

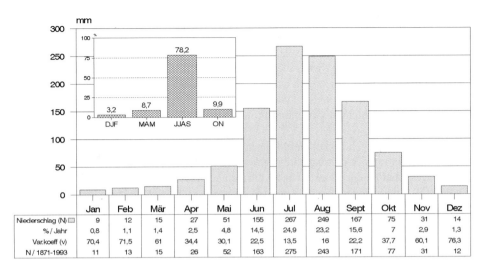

	Jan	Feb	Mär	Apr	Mai	Jun	Jul	Aug	Sept	Okt	Nov	Dez
Niederschlag (N)	9	12	15	27	51	155	267	249	167	75	31	14
% / Jahr	0,8	1,1	1,4	2,5	4,8	14,5	24,9	23,2	15,6	7	2,9	1,3
Var.koeff (v)	70,4	71,5	61	34,4	30,1	22,5	13,5	16	22,2	37,7	60,1	76,3
N / 1871-1993	11	13	15	26	52	163	275	243	171	77	31	12

Abb. 10: Gesamtindien-Jahresgang des Niederschlags und saisonale Verteilung in %
(1961-1990)

Die mittlere annuelle Niederschlagssumme für die Gesamtindien-Datenreihe (1961-1990) beträgt 1.072 mm. Besonders auffallend ist die große annuelle Variation des Niederschlags. Insbesondere von Juni bis September treten hohe Monatsmittelwerte von über 150 mm auf, mit dem Maximum im Juli (267 mm). Der prozentuale Anteil liegt pro Monat weit über 10 %, im Juli und August sogar über jeweils 20 % der Jahressumme. Diesen sehr niederschlagsreichen Sommermonaten stehen extreme Trockenmonate im Winter gegenüber. Mit einer Monatssumme von nur 9 mm Niederschlag wird im Januar das Minimum erreicht. Die Wintermonate sind aber durch sehr hohe Variabilitätskoeffizienten von 60-70 % gekennzeichnet, wogegen die Werte bei den Sommermonaten um 20 % und darunter liegen (Datentabelle in Abb. 10).

Eine solche gesamtindische Niederschlagssumme und die dazu gehörige annuelle Variation sind jedoch kritisch zu betrachten, denn es wird keine Region in Indien geben, wo genau diese Niederschlagssituation zutrifft. Dieses resultiert zwangsläufig aus der großen Landmasse Indiens und der damit verbundenen hygrischen Heterogenität. Somit kann der vorgestellte gesamtindische Jahresgang nur als eine grobe Kennzeichnung verstanden werden.

3.3 Jahreszeiten in Indien

Der annuelle Klimagang in Indien wird üblicherweise in vier, hauptsächlich nach hygrischen Aspekten unterschiedenen Jahreszeiten (Jahresabschnitte, Saisons) unterteilt (DAS 1988, DOMRÖS 1968a, 1970):

- Wintermonsun   (Dezember-Februar)
- Vormonsun   (März-Mai)
- Sommermonsun   (Juni-September)
- Nachmonsun   (Oktober-November)

Vom indischen Niederschlagsmittel von 1.072 mm fallen 838 mm, d.h. 78,2 % während der vier sommermonsunalen Monate von Juni bis September. Vor- und Nachmonsun liegen mit 93 und 106 mm knapp unter einem 10%-igen Jahresanteil des Niederschlags, wobei der NO-Monsun (Wintermonsun) mit insgesamt nur 35 mm Niederschlag (3,2 % Jahresanteil) eine ausgeprägte Trockenheit für den Indischen Subkontinent bedeutet (Abb. 10).

3.3.1 VORMONSUN

Die in Indien für den Vormonsun geläufige Bezeichnung "hot weather season" beruht auf den sehr hohen Temperaturen während dieses Jahresabschnitts. Ursache dafür ist der fast senkrechte Sonnenstand und die damit verbundene hohe Einstrahlungsintensität, woraus flache Hitzetiefs resultieren. Im April werden in Südwestindien mit 33-35 °C die höchsten Monatsmittel gemessen, in den übrigen Landesteilen im Mai. Die mittleren täglichen Maxima liegen dabei über 40 °C und in der Wüste Tharr gelegentlich sogar über 50 °C. Die Gebiete mit den höchsten Temperaturen weisen auch den niedrigsten Bodendruck auf (WAGNER et RUPRECHT 1975).

Der rapide Anstieg der Temperaturen verursacht insbesondere in Südwest- und Nordostindien heftige Gewitter, die mit stärkeren Niederschlägen verbunden sind (DOMRÖS 1968a). Diese Gewitter sind oftmals mit sehr heftigen Sturmböen verbunden, die in Nordostindien als 'northwesters' oder 'norwesters' bezeichnet werden (RAO 1981, p 95). An-sonsten ist es in den meisten Landesteilen überwiegend wolkenfrei, und es fällt wenig Nie-derschlag. Verglichen mit den gesamtindischen Winterniederschlägen, steigen die Vormonsunwerte ab März zwar gleichmäßig an, betragen insgesamt aber nur 93 mm oder 8,9 % der Jahressumme (Abb. 10).

Die Verteilung des Bodenluftdrucks während des vormonsunalen Jahresabschnitts faßt SUBBARAMAYYA (1988) wie folgt zusammen: im März entwickelt sich ein Nord-Süd ausgerichtetes Tief über dem westlichen Teil des Indischen Subkontinents (Abb. 11). Ein Hochdruckgebiet mit antizyklonaler Drehrichtung ist über dem Arabischen Meer sowie über dem Golf von Bengalen zu erkennen. Im April verstärkt sich das Hitzetief, wobei das Zentrum dieses Tiefs nach Nordosten verlagert wird (Abb. 11). Die Südwinde kommen von der südlichen Bay of Bengal und können somit als maritime tropische Luftmassen bezeichnet werden. Wenn diese Luftmassen über das erhitzte Land wehen, resultieren daraus konvektive Niederschläge. Mit Andauer des Vormonsuns im Mai und beim Übergang zum Sommermonsun im Juni verstärkt sich nicht nur das Hitzetief, sondern es verlagert sich erst nach N und dann nach NW (Abb. 11).

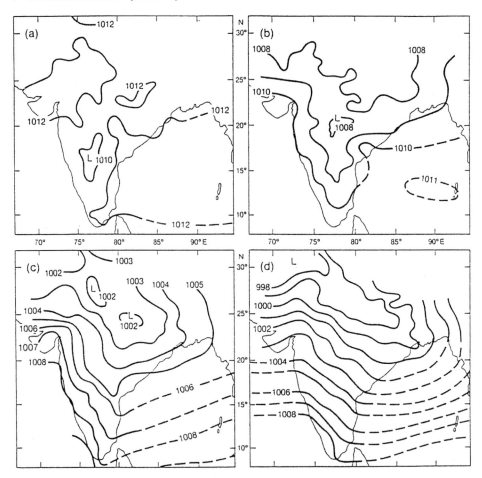

Abb. 11: Verteilung des Bodenluftdrucks während der Monate (a) März, (b) April, (c) Mai, (d) Juni (SUBBARAMAYYA 1988, p 376)

Dieses endet in der Ausbildung eines großflächigen Hitzetiefs mit dem Zentrum über NW-Indien und Arabien. Während dieser Zeit werden die Antizyklonen über dem Golf von Bengalen und über dem Arabischen Meer schwächer und ein Druckgradient wird vom Äquator her aufgebaut. Als Resultat daraus wird äquatorial-maritime Luft von der Südhemisphäre herangeführt und in das Hitzetief hineingeführt. Diese Luftströmung ist verantwortlich für die Monsunniederschläge über dem Indischen Subkontinent.

Die physikalische Basis der vormonsunalen Niederschläge ist die gleiche wie bei den sommermonsunalen Niederschlägen. Bei der einen handelt es sich um tropisch-maritime

Luftmassen, bei der anderen um äquatorial-maritime Luftmassen. Die Glieder der allgemeinen Zirkulation in Verbindung mit den sommermonsunalen Niederschlägen sind von kontinentaler Größe, wogegen es sich bei den vormonsunalen Niederschlägen um Zirkulationsglieder mit subkontinentalem Ausmaß handelt. Daher hält es SUBBARAMAYYA (1988) für angemessen, die Süd- und Südwestwinde im April und Mai, verbunden mit den Niederschlägen als 'lokalen Monsun' oder 'kleinen Monsun' zu bezeichnen.

LAUER (1993) betont, daß am Boden tropische SW-Winde mit außertropischen W-Winden zusammentreffen, was einzigartig ist, denn sonst sind die beiden Windregime durch das Subtropen-Hoch und den Passatwind voneinander getrennt. Die flachen Hitzetiefs sind wenig wetterwirksam. Aber wenn ein vom Jet-stream gesteuerter Höhentrog aus NW über dem flachen Hitzetief zu liegen kommt, kann es zu zyklonalen Niederschlägen kommen, die dann mit sehr starken Winden verbunden sind.

3.3.2 SOMMERMONSUN

Durch das Regime der äquatorialen Westwinde werden feuchtlabile Luftmassen nach Indien transportiert. Im Juni bilden sich flache Hitzetiefs über Nordwestindien mit einer Mächtigkeit von 1-2 km. Der äquatoriale Trog (NITCZ) liegt bei 20-30° N, hat eine NW-SO Ausrichtung und verläuft entlang des Ganges-Tieflands, was seine Ursache in den orographischen Verhältnissen von Nordindien hat, d.h. durch die Ausrichtung des Himalaya. Aus dem Süd-Nord gerichteten Druckgradienten von 15 hPa (SHEA et SONTAKKE 1995, p 7) resultiert eine südwestmonsunale Luftströmung, die über dem Arabischen Meer und über dem Golf von Bengalen eine beachtliche Geschwindigkeit bis zu 15 m/s erreichen kann, im weiteren Verlauf aber über der indischen Landmasse abgebremst wird, aber dennoch 5 m/s beträgt. Die Monsunwinde haben über der indischen Landmasse westliche und südwestliche Richtungen, wobei sie im Bereich der Fußzonen des Himalaya, über Nordostindien und Bangla Desh aus Süden und Südosten kommen.

Anfang Juni kommt es im südlichen Teil Indiens zum sog. Einbruch des Monsuns, gekennzeichnet durch den Einfluß sehr feuchter Luftmassen (MOOLEY et al. 1984). Das pulsierende Vorrücken des Monsuns nach Norden ist von heftigen Gewittern und starken Niederschlägen begleitet. Es handelt sich hierbei um einen allmählichen, etwa eine Woche dauernden Prozeß, wobei sich ein phasenhafter Übergang in die Sommermonsunzeit vollzieht (DOMRÖS 1988). Der Sommermonsun erreicht die indische Landmasse in Form von zwei Strömungsästen; vom Arabischen Meer und vom Golf von Bengalen (DAS 1988). Der Sommermonsun beginnt um den 20. Mai über den sog. Bay-Inseln (Andamanen und Nikobaren) sowie um den 1. Juni im Bereich der Südspitze von Indien (Abb. 12). Die sommermonsunale Strömung erreicht den nordwestlichen Teil Indiens erst Mitte Juli.

Der Rückzug des Sommermonsuns beginnt in Nordwestindien um den 1. September und hat sich bis Oktober von den meisten Gebieten des Indischen Subkontinents zurückgezogen. Das Beginndatum des Sommermonsuns steht nicht in direktem Zusammenhang mit dem weiteren Verlauf, denn trotz eines frühen Monsunbeginns kann es zu einem niederschlagsarmen Monsunjahr kommen und umgekehrt (DHAR et al. 1980).

DAS (1987) betont jedoch, daß es keine mathematische Definition vom Beginn oder Ende des Monsuns gibt. Die Meinungen gehen bei der Diskussion über den Begriff 'onset of the monsoon' weit auseinander. Dabei kann der Wechsel der Windrichtung als Entscheidungskriterium gelten oder/und der Beginn der Niederschläge. Das India Meteorological Department sieht den Monsunbeginn in Indien in der Art, daß die Niederschlagssumme an fünf der insgesamt sieben Klimastationen im südwestindischen Bundesstaat Kerala mehr als 1 mm betragen muß, und es muß an zwei hintereinanderfolgenden Tagen regnen; dann wird der zweite Tag als Anfangsdatum genommen. Das Monsunende wird wie folgt terminiert: Regnet es an mindestens drei der sieben Klimastationen an drei hintereinanderfolgenden Tagen nicht, dann ist der dritte Tag das Rückzugsdatum des Sommermonsuns.

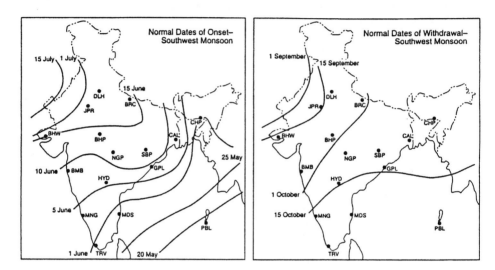

Abb. 12: Mittleres Datum des Einsetzens und des Rückzuges des Sommermonsuns in Indien (SHEA et SONTAKKE 1995, p 11)

SUBBARAMAYYA (1988) hat eine graphische Methode entwickelt, nach der er den Beginn des Sommermonsuns an den verschiedenen Stationen bestimmen kann (Abb. 13). Dabei wird die kumulative Niederschlagskurve von März bis Juli als Basis genommen und zwei Tangenten eingezeichnet:
1. Tangente unter die kumulativen Kurve, bevor die Niederschläge deutlich zunehmen (d.h. konstanter Verlauf der kumulativen Kurve).
2. Tangente unter die kumulative Kurve nach deutlicher Zunahme der Niederschlagssummen.
Der Schnittpunkt der beiden Tangenten wird auf die Abszisse übertragen und dort der Beginn des Sommermonsuns abgelesen.

Während der Sommermonsunmonate fallen nahezu 80 % der gesamten Jahresniederschlagssumme. Der Juli ist mit 24,9 % der regenreichste Monat (Abb. 10). Dabei treten jedoch gewaltige räumliche Unterschiede auf, was die Niederschlagssumme und -intensität betrifft. Die steilen Luvseiten der West-Ghats, des Sikkim/Darjeeling-Himalaya und des

Shillong-Plateaus erhalten während des vier-monatigen Sommermonsuns teilweise über 4.000 mm Niederschlag, wogegen im Lee der West-Ghats (Deccan-Plateau und Südost-küste) und im nordwestindischen Wüstengebiet von Rajasthan die Niederschlagssummen nur noch bei 100-400 mm liegen (RAO 1981). Die Anzahl der monatlichen Regentage variiert zum Beispiel im Juli zwischen >25 und 0-1 Regentagen in den o.g. regenreichen bzw. regenarmen Regionen (DOMRÖS 1970).

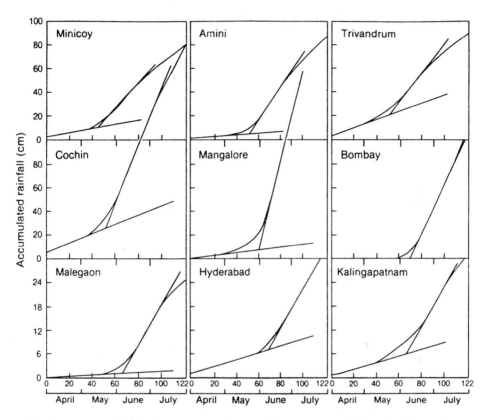

Abb. 13: Ausgewählte Stationen zur Bestimmung des Monsunbeginns mit Hilfe von kumu-lativen Niederschlagssummen (SUBBARAMAYYA 1988, p 373)

Der gesamtindische Variabilitätskoeffizient für den sommermonsunalen Jahresabschnitt liegt bei 10 % (PARTHASARATHY et al. 1994) und zeigt große regionale Unterschiede (DAS 1988). Der Sommermonsun wird von PARTHASARATHY et al. (1994) als über-feucht klassifiziert, wenn $Rj \geq Rm + s$ ist; während für einen trockenen Sommermonsun $Rj \leq Rm - s$ gilt (Rj: sommermonsunaler Niederschlag im betreffenden Jahr j; Rm: langjähriges sommermonsunales Niederschlagsmittel, s: die langjährige Standardabweichung bei den Sommerniederschlägen). Von den untersuchten 122 Jahren der Gesamtindien-Reihe (1871-1993) waren 19 überfeucht (sog. Flutjahre, da es zu schweren Überschwemmungen kam) und 22 trocken (sog. Dürrejahre mit erheblichen Ertragseinbußen in der Landwirtschaft). Beim Auftreten solcher o.g. Jahre konnten keine regelmäßigen Zeitintervalle festgestellt werden.

DOMRÖS (1989) macht neben der inter-annuellen Variabilität des Sommermonsuns auch auf die häufig auftretenden intramonsunalen Niederschlagsschwankungen aufmerksam. Bis zu 17 Tage andauernde sog. "Monsunpausen" konnten für Sri Lanka festgestellt werden (31. Mai - 16. Juni 1976). Dies deutet darauf hin, daß der Sommermonsun keineswegs mit Dauerniederschlägen verbunden ist, sondern "aus einer Abfolge von alternierenden Regen- und trockenen Abschnitten stark unterschiedlicher Länge" (DOMRÖS 1989, p 89) besteht.

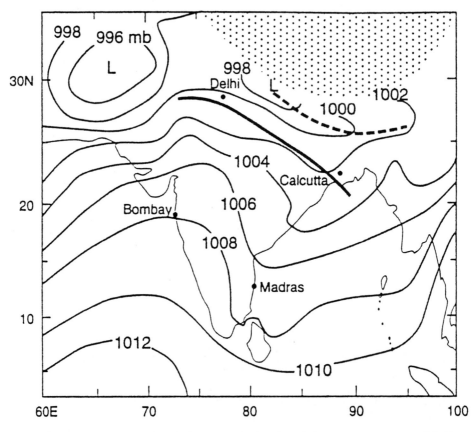

Abb. 14: Bodennahe Druckverhältnisse während einer Sommermonsunpause (SHEA et SONTAKKE 1995, p 11, verändert nach DAS 1988, p 43)

In Indien entstehen solche Monsunpausen, wenn der Monsuntrog (NITCZ) sehr weit nach Norden bis dicht an die Fußzone des Himalaya wandert (Abb. 14). Die gestrichelte Linie zeigt dabei die Lage des Monsuntroges während der Monsunpause an, wogegen die durchgezogene Linie die sonst übliche Position der NITCZ darstellt. Monsunpausen sind mit einer Abnahme der Niederschläge über fast ganz Indien verbunden und dauern durchschnittlich eine Woche, können aber auch bis zu 2 Wochen anhalten (SIKKA et GADGIL 1980, WEBSTER 1987).

Mit Einsetzen des Sommermonsuns ist ein deutlicher Rückgang der mittleren Temperaturen in Indien zu verzeichnen. Aufgrund der starken Bewölkung wird die direkte Sonnenstrahlung derart eingeschränkt, daß die Durchschnittstemperaturen mit 28-29 °C rund 5 °C unter denen des Vormonsuns liegen. Insbesondere macht sich dies bei den mittleren Maxima bemerkbar, wogegen bei den Minima kaum Veränderungen feststellbar sind. Nur an der Südostküste erreichen die Mitteltemperaturen 30-31 °C und in der Wüste Tharr sogar 40 °C, was seinen Grund in der geringeren Bewölkung und dem damit verbundenen höheren Strahlungsgenuß hat.

3.3.3 NACHMONSUN

Der Übergang vom Sommer- zum Wintermonsun vollzieht sich schneller als das Vorrücken des Sommermonsuns im Anschluß an den Winter. Dies bedeutet, daß die Nachmonsunzeit mit nur zwei Monaten vergleichsweise kurz ist. In Nordindien beginnt der Rückzug des Sommermonsuns bereits Mitte September und hat bis Ende Oktober die Südspitze Indiens erreicht (Abb. 12).

Die Niederschlagssumme ist während des Monsunrückzuges in fast allen Landesteilen Indiens gering (106 mm), mit einem etwa 10 %-igen Anteil an der Jahresmenge (Abb. 10). Nur an der Süd- und Südostküste (400-600 mm) sowie in Bangla Desh und Nordostindien (200-250 mm) fallen vergleichbar höhere Niederschläge (DOMRÖS 1970). Schwere tropische Wirbelstürme entwickeln sich über dem Golf von Bengalen und verursachen sturzbachartige Niederschläge, vor allem an den Küsten und in den Küstentiefländern.

Aufgrund eines Hochdruckgebiets über dem westlichen Teil des Arabischen Meeres herrschen im Oktober nordwestliche Winde vor, die nach Erreichen der Landmasse kaum noch Richtungskonstanz besitzen. Über dem südwestlichen Teil des Golfs von Bengalen kommt es in dieser Jahreszeit zur Ausbildung eines schwachen Tiefs. Stark wechselnde Winde beherrschen den Delta-Bereich in Bangla Desh mit anfangs noch schwachen Winden aus S, die dann im November immer mehr von NO-Winden abgelöst werden.

Im Oktober gibt es kaum räumliche Temperaturunterschiede in Indien. Die Mitteltemperatur über ganz Indien beträgt 27-29 °C, was den Oktober als Monat mit den geringsten räumlichen Temperaturunterschieden charakterisiert (die Angaben beziehen sich auf Meereshöhe reduzierte Werte von RAO 1981).

3.3.4 WINTERMONSUN

In den meisten Teilen Indiens fallen während des Wintermonsuns mit nur 35 mm keine nennenswerten Niederschläge, was eine mehrmonatige Trockenzeit zur Folge hat (Abb. 9 und 10). Zudem sind die Niederschlagssummen während dieser Zeit durch einen sehr hohen

Variabilitätskoeffizienten von 50,6 % gekennzeichnet (PARTHASARATHY et al. 1994). Lediglich der Nordosten und die Südostküste sind durch höhere Niederschlagssummen gekennzeichnet. Es wehen schwache Winde aus überwiegend nord- und nordöstlichen Richtungen, die über dem Arabischen Meer und dem Golf von Bengalen Geschwindigkeiten von 2-5 m/sec erreichen. Über der indischen Landmasse betragen die Windgeschwindigkeiten nur noch 1-2 m/sec (SHEA et SONTAKKE 1995).

Während des Wintermonsuns werden die niedrigsten Jahrestemperaturen gemessen. Die Isothermen zeigen einen annähernd breitenkreisparallelen Verlauf, derart, daß die Temperaturwerte von Nord- nach Südindien ansteigen, im Durchschnitt um 0,9 °C pro Breitengrad. Die auf Meereshöhe reduzierten mittleren Temperaturen (0,6°/100m) betragen im Januar 14 °C in Nordindien und 27 °C in Südindien (RAO 1981).

Der Subtropen-Jet wird durch das Gebirgsmassiv des Himalaya in einen nördlichen und einen südlichen Ast aufgespalten (BORCHERT 1993). Der südliche Ast befindet sich am Himalaya-Rand und ist sehr lagekonstant, was durch das als Kaltluftquelle fungierende Hochland von Tibet bewirkt wird. Dadurch wird ein Höhentrog in 90° E bewirkt. Durch den südlichen Ast werden im NW zyklonale Störungen aus der Westwinddrift nach N-Pakistan und NW-Indien hineingesteuert. Diese bedingen die geringen Niederschläge während des Wintermonsuns. Durch das äquatorwärtige Herauspumpen von Luftmassen aus dem Jetstream bauen sich Hochdruckzellen auf, welche durch absinkende Luftmassen gekennzeichnet sind. Dies bedeutet, daß sich eine adiabatische Erwärmung vollzieht, was mit Wolkenauflösung und Trockenheit verbunden ist. Es sind abströmende NO-Winde, d.h. der Wintermonsun und der NO-Passat sind identisch.

3.4   Jahreszeiten in Nordostindien

Anhand der Literatur sowie durch eigene Geländebeobachtungen wird eine Übersicht der klimatischen Gegebenheiten sowie der lokalklimatischen Besonderheiten von Nordostindien präsentiert. Dabei werden exemplarisch das Assam-Tal und die Gebirgsregion des Osthimalaya behandelt (siehe dabei auch Abb. 6, Anhang, zur besseren räumlichen Einordnung). Bei der Analyse der räumlichen und zeitlichen Niederschlagsvariationen im Untersuchungsgebiet (Kap. 5) dienen diese Ausführungen als Interpretationsgrundlage und werden dabei weiter vertieft sowie regional differenziert.

Einführend kann festgestellt werden, daß das Klima in Nordostindien hauptsächlich durch fünf Faktoren bestimmt wird (SINGH 1971):
1. die orographischen Verhältnisse,
2. die alternierenden Druckgebilde von Nordwestindien und dem Golf von Bengalen, ihre ostwärtigen und nordostwärtigen periodischen Fluktuationen,
3. das Vorherrschen von tropischen maritimen Luftmassen,
4. die periodisch vorkommenden 'western disturbances',
5. die lokalen Berg- und Talwinde.

Die Lage und klimatische Bedeutung des Gebirgs- und Plateaugürtels sowie die Öffnung nach Westen üben einen entscheidenden Einfluß auf den Klimacharakter des Assam-Tals aus. Die sehr hohen Gebirgsketten im Norden schützen das Tal im Winter vor den kalten Luftmassen aus Tibet, und sie sind förderlich für hohe orographische Niederschläge (RAO 1981). Die Gebirge stauen die feuchten sommermonsunalen Luftmassen, lenken und schneiden die Strömung ab, haben einen adiabatischen Effekt und führen zur Bildung eines 'orographischen Tiefs' (BARTHAKUR 1968, FLOHN 1971b).

Manchmal im März/April, wenn die Tiefdruckregion über der indischen Landmasse bei steiler werdendem Druckgradient zunimmt, kommt es neben dem starken Tief in Bihar und Uttar Pradesh zur Ausbildung eines weiteren Tiefs über Nordburma. Zu dieser Zeit existiert dann eine Troglinie (Tiefdrucktrog), welche durch Allahabad-Agartala und Süd-Assam verläuft. Diese Linie bildet die Anziehungslinie für die südwestlichen Winde während des Vor- und Sommermonsuns (MOOLEY et al. 1987, SINGH 1971). Dieser Bereich ist dann durch heftige Niederschläge gekennzeichnet, was ein konsequentes Hemmnis für einen Temperaturanstieg bedeutet.

Es gibt auch die ostwärts wandernden Höhentröge, die manchmal bis in die niederen Luftschichten hineinragen und als 'western disturbances' bezeichnet werden. Sie sind Verursacher von Niederschlägen im Spätwinter, verbunden mit leicht stürmischem Wetter. Daneben haben die lokalen Phänomene wie die Berg- und Talwindsysteme einen tiefgründigen Einfluß auf das Klima im Assam-Tal (MAMORIA 1975, SCHWEINFURTH 1956, YOSHINO 1975). Insbesondere wegen dieser lokalen Phänomene unterscheidet sich das Klima des Brahmaputra-Tals deutlich von dem des Ganges-Tals (SINGH 1971). Auch kommt es im Assam-Tal vergleichsweise häufig zur Ausbildung von Talnebel, Gewitterstürmen und zu staubhochschleudernden Winden. 60-70 Tage/Jahr mit Nebelbildungen sind keine Seltenheit, im Bereich der South Bank sogar bis zu 90-100 Tagen im Jahr. Durch die starke Verdunstung über den Wasserflächen und den ausgedehnten Sumpfgebieten im Tal wird genügend Feuchtigkeit bereitgestellt (BARTHAKUR 1968, BARUA 1984, DESAI 1968).

Für die gesamte Himalaya-Region gibt es nur sehr grobe, lediglich auf einzelne kleinere Regionen ausgerichtete systematische Klimaeinteilungen (BOSE 1978, CHAKRAVARTY 1982a, FLOHN 1970, SINGH 1992, STARKEL 1989, TROLL 1967). Das komplizierte Relief und die damit verbundenen regionalklimatischen Variationen machen dies zu einer sehr schwierigen Aufgabe. DOMRÖS (1978) hat die zeitlichen und räumlichen Niederschlagsvariationen im Himalaya eingehend untersucht und zusammengefaßt. Es existieren große Unterschiede von Tal zu Tal, welche hauptsächlich bedingt sind durch:
- die Verlaufsrichtung der Höhenzüge,
- die Hangneigung,
- die Exposition,
- den Bedeckungs- und Bewaldungsgrad,
- die Nähe zu Gletschern und Lawinenfeldern.

Starke Talwinde in den engen Tälern und intensive Nebelbildungen sind typische lokalklimatische Erscheinungen für die Himalaya-Täler, worauf in Kap. 3.4.5 noch näher eingegangen wird (DOMRÖS 1978, SCHWEINFURTH 1956, TROLL 1952 und 1967, YOSHINO 1975).

3.4.1 VORMONSUN

Das Wetter- und Witterungsgeschehen der Monate März bis Mai wird im Untersuchungs-gebiet als heiße Jahreszeit bezeichnet. Im Tiefland von Bengalen werden dabei Tages-maxima der Temperatur von 40 °C registriert (BOSE 1978). Die Luftfeuchte ist sehr niedrig, und es fallen nur geringe Niederschläge. Es erfolgt ein starker Luftdruckabfall in den Tiefländern Nordindiens. Dabei werden niedrigere Werte erreicht als im Bereich des Golfs von Bengalen. Daraus resultiert eine südliche Luftströmung, die vom Meer aufs Land weht. Insbesondere die Bevölkerung in den bengalischen Tieflandregionen von Terai und Dooars genießt diesen frischen Südwind, der für eine angenehme Abkühlung sorgt. Eine exakte Kartierung der Ausrichtung der Wohnhäuser wäre in diesen Regionen sehr lohnend. Es konnte durch eigene Beobachtungen festgestellt werden, daß die meisten Häuser nach Süden orientiert sind. Die Türen und die großen Fenster zeigen dabei nach Süden, um die frische Brise möglichst intensiv ins Haus wehen zu lassen.

Die feuchte Seeluft erhöht die relative Luftfeuchtigkeit. Die starke Abkühlung durch die intensive nächtliche Ausstrahlung verursacht Morgennebel. Mit zunehmender Erwärmung der Landmassen wird der Südwind stärker. Im April werden die stärksten Winde registriert. Türen und Fenster der Häuser klappern hörbar und im Freien wird häufig Staub aufgewir-belt.

Eine weitere wichtige Erscheinung während des Vormonsuns in Nordostindien ist die Entstehung von Gewitterstürmen. Im Bengalischen Tiefland werden sie 'Norwesters' ge-nannt, da sie von Nordwesten heranziehen (NIEUWOLT 1977). Kalte Luftmassen, die sich über Zentralasien gesammelt haben, beginnen sich auszubreiten (WEBSTER 1983). Ein Teil dieser Luftmassen gelangt über den Himalaya und erreicht so die Tiefländer Nord-indiens und bewegt sich dort als kalte, trockene, kontinentale Höhenluftmasse in die Täler hinunter (FLOHN 1971b).

Zu dieser Zeit erhitzen sich aufgrund der hohen Einstrahlung die bengalischen Tieflän-der sehr stark, was im Tagesverlauf insbesondere am Nachmittag der Fall ist. Die heiße Luft dehnt sich aus und steigt auf. In einer bestimmten Höhenlage trifft sie mit der herannahen-den kalten Luft aus Nordwest zusammen, was zur Ausbildung einer mächtigen Inversion führt (BLÜTHGEN et WEISCHET 1980). Während die schwere, kalte Luft absinkt, formt die heiße, feuchte Luft eine Gewitterwolke. Die Säule dieser Gewitterwolke bewegt sich mit gleicher Geschwindigkeit auf der oberen Schicht der kalten, trockenen Luft aus Nordwesten (BOSE 1978).

Die 'Norwesters' entfalten ihre dramatische Wirkung meist in den Nachmittags- und Abendstunden (nach einem drückend heißen Tag). Obwohl sie große mechanische Schäden anrichten (Boote sinken, Hütten brechen zusammen), sind sie dennoch für die Bevölkerung willkommen, da sie eine nächtliche Abkühlung nach einem sehr heißen Tag herbeiführen. Wenn die 'Norwesters' ein Gebiet erreichen, ist dies verbunden mit einem Temperatursturz (bis zu 10 °C), mit einem Rückgang der relativen Luftfeuchtigkeit und mit einem Wind-richtungswechsel von Süd nach Nordwest. Die Niederschlagssummen sind dabei eher gering, da es sich um kalte, kontinentale Luftmassen handelt, die wenig Feuchtigkeit speichern können.

Durchschnittlich gibt es ca. 12 'Norwester'-Ereignisse während des drei-monatigen Vormonsuns, wobei aber auch eine große räumliche und zeitliche Variabilität in Nordost-indien herrscht (BARTHAKUR 1968). Die größte Häufigkeit von 'Norwesters' wird ins-besondere im April und etwas abgeschwächt im Mai registriert. Im Assam-Tal kommt es ebenfalls zu den beschriebenen Gewitterstürmen ('Norwesters'), welche während des Vor-monsuns meist in den Nachmittagsstunden auftreten und mit dem lokalen Namen 'Bardoi-chila' bezeichnet werden (BORA 1976, DAS 1970). Für SINGH (1971) sind die Gewitter-stürme die ausschließlichen 'Regenbringer' während des Vormonsuns. BORA (1976) kommt zu dem Ergebnis, daß die 'Bardoichilas' im oberen Assam-Tal am stärksten und häufigsten ausgeprägt sind. Zu Beginn des Vormonsuns werden sehr häufig staubaufwirbelnde Winde beobachtet, was zu einer deutlichen Reduzierung der direkten Himmelsstrahlung führt.

Im Bereich des Ost-Himalaya sind die Monate April und Mai mit Gewitterschauern ver-bunden. Es treten kräftige Hagelschauer auf, welche jedes Jahr zu erheblichen mechanische Schädigungen an den Kulturpflanzen führen (DOMRÖS 1978). Erst Ende März bzw. An-fang April setzen die ersten vormonsunalen Niederschläge ein (BOSE 1968, STARKEL 1972). Es handelt sich dabei meist um vormonsunale Gewitter, die in wiederholten Schüben auf der Vorderseite der Höhentröge immer wiederkehren. Der feuchte, vormonsunale Süd-ostwind streicht in der Darjeeling-Region bergauf, kondensiert zu einem weißen Nebeltuch unterhalb von Kurseong (Abb. 7: RS 221, Anhang) und den südlich exponierten Hängen des Ghoom-Hauptkamms (in rund 1.500 m ü.NN). Nachts sinkt der Nebel auf den Grund der Schluchten hinab. Die nördlich exponierten Hänge sind durch weniger Nebel gekenn-zeichnet. Während des Vormonsuns herrscht eine Westströmung in der Hochtroposphäre. Ende Mai bzw. Anfang Juni dann beginnt die eigentliche, aber am Boden nicht unterscheid-bare Monsunperiode mit oberen Ostwinden.

3.4.2 SOMMERMONSUN

Über die Genese und Wirkungsweise des Sommermonsuns in Nordostindien herrschen die unterschiedlichsten Meinungen, was eine Zusammenfassung nach eingehendem Literatur-studium sehr schwierig macht. Aufgrund des in diesem Rahmen nicht darstellbaren Über-blicks des Sommermonsuns in Nordostindien, hat sich der Verfasser weitgehend den Auf-fassungen folgender Autoren angeschlossen: BLÜTHGEN (1980), BORCHERT (1993), FLOHN (1956, 1958, 1960, 1965, 1970, 1971b), DOMRÖS (1968a, 1968b, 1970, 1971, 1972, 1978, 1989, 1993), GOSWAMI (1986), JACOBEIT (1989), LAUER (1993), PARTHASARATHY (1993, 1994), SUBBARAMAYYA (1981, 1984, 1988), WEISCHET (1979) und WEBSTER (1983, 1987).

Ein Umbruch der Zirkulationsverhältnisse über dem Indischen Subkontinent macht sich im Zeitraum von Ende Mai bis Anfang Juni bemerkbar. Im Bereich des Höhenhochs über Südosttibet und Nordassam treten weltweit die höchsten Temperaturen in jeder Schicht der oberen Troposphäre auf. In 6-14 km Höhe ist es in den benachbarten Regionen in gleicher Höhe um 20 °C kälter als über dem Hochland von Tibet. Innerhalb der Antizyklone über Tibet besteht eine Hebungstendenz der Luft, was einmalig auf der Welt ist und auch noch ungeklärt ist. Die Luft über Tibet bildet somit ein blockierendes Hoch, der südliche Ast des

Jet-streams springt nach Norden auf die Nordseite der innerasiatischen Massenerhebung und vereinigt sich mit dem Nordast des Jet-streams. Dadurch besteht keine stabilisierende Wirkung der Luft südlich des Himalaya. Das Subtropenhoch über Indien verschwindet. Nur ganz im Nordwesten strömt auf der Rückseite des Hitzetiefs im Punjab noch die trockene NW-Strömung von der Adria bis zum Persischen Golf.

Die Südpassate überqueren den Äquator und bewegen sich in Richtung der extremen Tiefdruckregion in Nordindien und werden dabei zum Südwestmonsun oder auch Sommermonsun. Von SW bricht als mächtiger Schwall die feuchtigkeitsbeladene Monsunluft mit Gewittern herein. Nach Annäherung an die bengalische Küstenlinie wird die südwestliche monsunale Strömung nach Nordostindien und nach Nordburma abgelenkt, wo sie dann entlang der nordwest- und nordostindischen Tiefländer und südlichen Fußzonen des Himalaya verläuft. Die Luftmassenbewegung läuft um die quasi-permanente Tiefdruckzone (Monsuntrog, Monsunkonvergenz, ITCZ), welche sich in den Tiefländern von Nordindien befindet (Abb. 14). Der Beginn des Sommermonsuns in Nordostindien liegt zwischen dem 30. Mai und 5. Juni (SUBBARAMAYYA 1984).

Die Annäherung des Monsuntrogs nach West Bengalen erfolgt aus Richtung von Bangla Desh und hat dabei einen geraden Nord-Süd-Verlauf. Die Bewölkung nimmt zu, bis dann der Monsun 'ausbricht'. Im Endstadium hat dieser Monsuntrog eine nordwest-südost orientierte Achse und verläuft parallel zum Himalaya-Rand. Daraus resultieren an den Luvseiten der Gebirge und in den nordindischen Tiefländern starke Niederschläge. Während des Sommers herrschen südlich der Monsunkonvergenz am Himalaya-Rand Winde aus O und SO.

Die Monsunkonvergenz zieht sich vom Punjab her bis zum äußersten Winkel der nordostindischen Assam-Tiefebene. Die Lage der Monsunkonvergenz ist stark veränderlich und kann daher nur in Form einer mittleren Lageposition dargestellt werden (Abb. 14). Zugleich ist dies die Lage bei einer aktiven Monsunphase, begleitet mit schweren Niederschlägen in den nordindischen Tiefländern. Die Strömungsverhältnisse für den Bereich des Assam-Tals werden von FLOHN (1970, p 40) in folgender Weise beschrieben: Die in 3-4 km Mächtigkeit einströmenden W und SW-Winde fangen sich in der von Gebirgen auf drei Seiten umgebenen Brahmaputra-Niederung von Assam wie in einem Sack und werden in zyklonaler Winddrehung zum Aufsteigen gezwungen.

Der vorherrschende Tiefdrucktrog zieht eine feuchte Monsunströmung in das Assam-Tal hinein. Die Südwestmonsun-Strömung vom Golf von Bengalen weht zuerst in Richtung der Arakan-Kette von Burma und wird dann nach Norden hin abgelenkt. Nach Überqueren des Tieflands von Bangla Desh treffen die Luftmassen auf die 1.200 m mächtigen Steilanstiege (Kliffs) des Plateaus, welche wie Halbinseln hervorstechen. Die dazwischenliegenden Schluchten sind bis zu 600 m tief eingeschnitten (FAHER 1969). Wenn die Luftmassen das Ende dieser Schluchten erreicht haben, erfolgt ein orographischer Aufstieg, welcher mit sehr starken Niederschlägen verbunden ist. An der südlichen Plateaukante liegen die Orte Mawsynram (Abb. 7: RS 236, Anhang) und Cherrapunji (Abb. 7: RS 184, Anhang), welche durch extrem hohe Niederschlagssummen während des Sommermonsuns gekennzeichnet sind und als die regenreichsten Orte der Erde gelten.

Beim Überqueren des Shillong-Plateaus geht ein Großteil der Feuchtigkeit verloren. Die Instabilität der Luft wird durch die zusätzliche latente Wärme gesteigert, die bei der Kondensation entsteht. Die Luftströmung überquert die Berge und weht Richtung Nordosten. Die Thermodynamik bewirkt einen weiteren Anstieg der Luftmassen bis zu einer Höhe von 2-3 km. In den bodennahen Luftschichten entsteht durch den gestiegenen Druckgradienten ein lokales Tiefdruckzentrum auf der Leeseite des Shillong-Plateaus (im Bereich der Khasi- und Jainta-Berge). Dieses Tief liegt normalerweise während der Vormonsunphase südwestlich der Mikir-Berge (Abb. 6: 9a, Anhang), bewegt sich aber sehr schnell mit der sommermonsunalen Luftströmung weiter in Richtung Nordost. Das lokale Tief im Lee der Khasi- und Jainta-Berge bewirkt eine lokale Konvergenz während der beginnenden Sommermonsunsphase.

Der Sommermonsun ist im Assam-Tal durch hohe Feuchtigkeit, schwache und richtungsvariable Bodenwinde sowie durch hohe Bewölkung gekennzeichnet. Die zunehmenden Niederschlagssummen reduzieren die Temperaturmittel. Die mittlere Saisontemperatur beträgt 27,2 °C mit einer Tagesamplitude von 6 °C. August ist der heißeste Sommermonsunmonat (und auch des gesamten Jahres). Normalerweise ist jeder der vier sommermonsunalen Monate durch Gewitterstürme begleitet (an rund 8-12 Tagen pro Monat).

In den Bereichen von Dooars und Terai (sowie westlich von 90° E) fallen die Monsunregen in Form von mehrtägigen Regenperioden im Einzugsbereich der nach Norden gesteuerten Monsunzyklonen. Dazwischen kommt es zu Perioden, in denen das Himalaya-Vorland überwiegend niederschlagsfrei ist, mit jedoch lokal auftretenden, heftigen Schauern entlang der Gebirgskämme aufgrund der aufsteigenden Talwinde (Kap. 3.4.5).

Bei den sog. Monsunpausen gehen LAUER (1993), RAMASWAMY (1976) und YOSHINO (1976) davon aus, daß sich bei einem starken Mäandrieren des Subtropen-jets (Meridionalzirkulation; low zonal index), je nach Lage der Mäander, das Hoch über dem Iran weiter nach Osten verschiebt. Bei einer solchen Konstellation greift an der Ostflanke der Trog auf Nordindien über. Dadurch wird die tibetische Antizyklone durch eine zyklonale Zirkulation ersetzt. Die Monsunkonvergenz liegt somit ganz dicht an den Himalaya-Südhängen (Abb. 14). Die Monsuntiefs ziehen nun beeinflußt durch die Lage des Troges nach Norden und verursachen sehr starke Niederschläge am Himalaya-Rand. Bei einem solchen Nordwärtsdrängen der Monsunkonvergenz herrscht über den anderen Teilen Indiens bei divergenten Strömungsverhältnissen Trockenheit, was als Monsunpause bezeichnet wird (JACOBEIT 1989).

Der Mechanismus dieser Fluktuationen des Monsuntrogs ist noch nicht hinlänglich erforscht. Lange Zeit wurde angenommen, daß die Verlagerung des Monsuntrogs in Nordostindien auf einem mechanischen Effekt beruht, hervorgerufen durch die Ausrichtung der Gebirge. DAS et BEDI (1981) haben bei Modellexperimenten herausgefunden, daß die Gebirge alleine nicht in der Lage sind einen solchen Monsuntrog zu bewirken. WEBSTER (1983) sieht die Ursachen für die Wanderung des Monsuntrogs in der Strahlungsbilanz (Erde-Atmosphäre) und in Änderungen im Reflektionsverhalten des Bodens (Änderung der Bodenbedeckung infolge landwirtschaftlicher Nutzung). Eine Monsunpause reduziert zwar einerseits die Niederschlagssummen in den meisten Teilen des Indischen Subkontinents, andererseits aber steigen in Nordostindien (insbesondere am Himalaya-Rand) sowie in Südostindien die Summen extrem an (RAMAMURTHY 1969).

Durch die beschriebene Nordlage des Trogs während der Monsunpause wird auch das Assam-Tal maßgeblich beeinflußt, denn das Tal verläuft genau in dieser Richtung und erhält während einer Monsunpause sehr starke Niederschläge. Es kommt zu einer kräftigen Entladung der Luftmassen, was mit starken Überschwemmungen des Brahmaputras und seiner Nebenflüsse verbunden ist. Bei der Analyse einer 80-jährigen Beobachtungsreihe (1888-1967) konnte festgestellt werden, daß die Andauer und Anzahl solcher Monsunpausen sich in der zweiten Hälfte des Sommermonsuns im August und September erhöhen (RAMASWAMY 1976). Solche Monsunpausen dauern in der Regel 5-7 Tage, aber manchmal kann dies auch bis zu 3 Wochen dauern. Somit ist der Sommermonsun nicht in jedem Fall und überall mit Niederschlägen verbunden, so daß der Begriff 'Regenzeit' relativiert werden muß. DOMRÖS (1989) charakterisiert den Sommermonsun daher sehr treffend als eine Abfolge von alternierenden, unterschiedlich langen feuchten und trockenen Zeitabschnitten.

Der Beginn des Sommermonsuns ist in Nordostindien noch viel kräftiger, wenn sich während dieser Zeit ein Tief über dem nördlichen Teil des Golfs von Bengalen gebildet hat (Abb. 15). Geschieht dies sehr früh, beginnen die Regenfälle sogar schon vor dem erwarteten Einsetzen des Sommermonsuns. Während der vier sommermonsunalen Monate wird das gesamte Wettergeschehen von der Bildung und Wanderung solcher Tiefs bestimmt bzw. kontrolliert. Die Winde zirkulieren gegen den Uhrzeigersinn um diese Tiefs, somit wird die Windrichtung an einem Standort durch das Herannahen und Durchziehen der Tiefs bestimmt.

Tritt ein solches Tief im nördlichen Teil des Golfs von Bengalen auf, beginnt der Wind aus Richtung Nord dort hineinzuwehen, d.h. Nordwind. Wenn sich das Tief in Richtung Nordwesten in Bewegung setzt, wie es üblicherweise der Fall ist, bekommen die Winde eine östliche und südöstliche Richtungskomponente. Bei Weiterbewegung ins Landesinnere wehen die Winde dann aus Süd und Südwest. Aufgrund des Werdens und Vergehens der genannten Tiefs wird der Monsuncharakter als pulsierend oder sprunghaft bezeichnet.

Eine Verlängerung der Achse des Monsuntrogs in den Golf von Bengalen ist meistens der Vorbote für die Bildung eines Monsuntiefs über dem Golf von Bengalen, was mit sehr starken Niederschlägen südlich dieser Achse verbunden ist. Im Durchschnitt sind es 2-3 solcher Monsundepressionen, welche überwiegend im Juli und August auftreten. Die horizontale Ausdehnung beträgt dabei 1.000 km bei einer 'Lebensdauer' von ca. einer Woche. Normalerweise bewegen sie sich in nordwestliche Richtung während der ersten 3-4 Tage, danach aber nehmen sie einen Verlauf nach Norden oder nach Westen. Dies ist aber generell schwer vorhersagbar. Die Monsundepressionen, die aus dem Golf von Bengalen nach NW ziehen, werden als die Niederschlagsbringer angesehen (WEISCHET 1979).

Tropische Zyklone sind Stürme mit einer Oberflächengeschwindigkeit von mehr als 60 km/h. Das häufigste Auftreten ist im Bereich des Golfs von Bengalen zu beobachten. Zeitpunkt ist während des Vormonsuns im April und Mai und insbesondere während des Nachmonsuns im Oktober und November, wobei die Ursachen für dieses zeitliche Auftreten noch nicht geklärt sind. Einige tropische Zyklone entwickeln sich auch während des Sommermonsuns über dem Golf von Bengalen zwischen 16-21° N und 90-95° E aus starken 'Bay depressions'. Die Anfangsbewegung einer 'Bay-Zyklone' ist Richtung West oder Nordwest, aber auch nach Nordost in das Assam-Tal hinein.

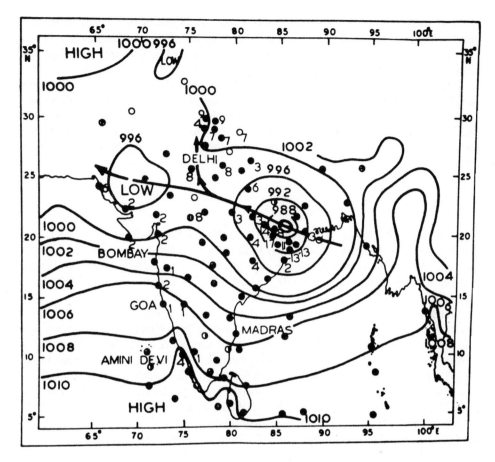

Abb. 15: Monsuntief über dem nördlichen Teil des Golfs von Bengalen, bodennaher
Druck in hPa, Tagessumme des Niederschlags in cm, Kreise mit den Bewöl-
kungsverhältnissen, Pfeile deuten die Zugbahn einer solchen 'Bay depression' an
(DAS 1987, p 557)

3.4.3 NACHMONSUN

Ende September bereits wird der Einfluß des Sommermonsuns schwächer. Mit einem über
Nordindien abrupt einsetzenden Rückzug des Monsuntrogs wird das Wetter klarer. Die
Temperaturen gehen im Verlauf der Saison merklich zurück. Die nächtliche Ausstrahlung
ist aufgrund der fehlenden atmosphärischen Gegenstrahlung sehr hoch und führt sehr häufig
zu morgendlichem Dunst und Nebel in den nordindischen Tiefländern. Die Winde im
Bengalischen Tiefland kommen im November aus überwiegend nördlichen Richtungen und
werden gespeist von den nordwestlichen Winden aus dem Ganges-Tal. Die Niederschlagsaktivität geht deutlich zurück. Dieser Jahresabschnitt wird aufgrund der stabilen Wetterla-

gen und Wärme von den Einheimischen als die schönste Jahreszeit bezeichnet. In den Gebirgsregionen, insbesondere in Darjeeling, ist der Himmel sehr klar. Morgens liegt in den Tälern dichter Nebel, aber in den höheren Lagen ist es sehr klar mit guter Fernsicht. Das Temperaturminimum unterschreitet 10 °C in Darjeeling.

Tiefs und Zyklonen entstehen während dieser Zeit nur noch im südlichen Teil des Golfs von Bengalen. Nur wenn sie weiter nördlich entstehen, folgt daraus wolkiges Wetter und Niederschlag im Tiefland von Bengalen (Dooars und Terai). Dies geschieht manchmal Ende Oktober oder Anfang November (BOSE 1978). Insbesondere im Darjeeling-Distrikt kommt es dabei zu Starkregenereignissen, welche heftige Bodenerosion und Bergrutsche verursachen.

3.4.4 WINTERMONSUN

Mitte November beginnt in West Bengalen der kühlere Jahresabschnitt. Es wehen leichte Winde aus verschiedenen Richtungen. Die Kälte ist insbesondere beim trockenen Nordwind zu spüren. Wiederum sind es die bereits angesprochenen, nach Süden exponierten Fenster und Türen in den Häusern, die nicht diesen kalten Winden ausgesetzt sind. Die Häuser in dieser Region besitzen keine Heizungen.

Eine klimatische Besonderheit in Nordostindien ist der Durchzug von flachen Tiefdruckgebieten, den sog. 'western disturbances', welche ihren Ursprung in der außertropischen Westwinddrift haben (LAUER 1993). Diese haben ihre Stärke bei Ankunft in den westlichen Regionen von West Bengalen längst verloren. FLOHN (1970) konnte pro Monat ca. 3-6 wandernde Höhentröge der Westdrift feststellen. Die warmen und feuchten Luftmassen kommen von Süden und verdrängen dabei die kalten Nordwinde. An der Berührungslinie bilden sich Wolken, verbunden mit leichten Niederschlägen (WILLIAMS 1932). Allmählich dreht der Wind nach Osten. Nach Durchzug klart der Himmel wieder auf, und der kalte Nordwind entfacht wieder seine Wirkung, aber dies in verstärkter Form. Dies ist mit einem deutlichen Temperaturrückgang verbunden. Im Volksmund spricht man dann von einer 'cold wave', was in den höheren Bergregionen sogar zu Graupelregen und Schnee führen kann (BOSE 1978, DAS 1970). Ab Februar steigen die Temperaturen wieder langsam an.

Wenn der Nordwind nicht sehr stark ausgebildet ist, entsteht in den nordostindischen Tiefländern eine Inversion des vertikalen Temperaturgradienten. Daraus resultiert eine Stagnation der Luftmassen. Staub und Dunst über den Städten bleiben somit in der Luft erhalten und bilden einen dunkelgrauen Smog, was insbesondere über Calcutta häufig zu beobachten ist (BOSE 1978).

In den nordostindischen Gebirgsregionen ist der Winter naturgemäß mehr spürbar und durch tiefere Temperaturen gekennzeichnet (aber ohne nennenswerten Schneefall). In Darjeeling (2.127 m ü.NN) sinkt das mittlere Tagesminimum der Temperatur auf 0-1 °C (mittlere Wintertemperatur: 5-6 °C). Schneefall kommt nur im Rahmen einer sog. 'cold wave' vor. Die im Westen von Darjeeling gelegene Singalila Range (3.400-3.800 m ü.NN) ist von Dezember bis Januar schneebedeckt (CHADHA 1990).

Die Temperaturen sinken im Assam-Tal während des Winters von W nach O. Im unteren Assam-Tal beträgt das Temperaturmittel während des Wintermonsuns 19 °C, im mittleren Talabschnitt 18 °C und im oberen Assam-Tal 16 °C (GOSWAMI 1986). Die wärmeren Luftmassen vom Tiefland von Bengalen erreichen von Westen her das geöffnete Tal und bewegen sich ungehindert flußaufwärts, bis sie die Mikir-Berge (Abb. 6: 9a, Anhang) erreichen. Danach stellt sich ein deutliches Temperaturgefälle von W nach O ein. Im mittleren und oberen Assam-Tal kommt noch der Einfluß der schneebedeckten Gipfel des Assam-Himalaya dazu, was zur Abkühlung der Fußzonen führt. Häufig ist Morgennebel zu beobachten. Niederschläge fallen nur bei Durchzug von 'western disturbances' (DOMRÖS 1978). Das Barak-Tal ist nach Westen geöffnet und kommt unter den Einflußbereich der wärmeren Luftmassen aus dem Tiefland von Bengalen, so daß es dort mit 21-22 °C wärmer ist als in den übrigen Bereichen von Nordostindien (GOSWAMI 1988).

3.4.5 Lokalklimatische Besonderheit: Trockentäler im Himalaya

Eingehende Untersuchungen haben sich mit den Lokalwinden und den daraus resultierenden Trockentälern im Himalaya beschäftigt (DOMRÖS 1978, FLOHN 1970, SCHWEIN-FURTH 1956, 1957 und TROLL 1952, 1959, 1967). Die Himalaya-Region ist durch eine außerordentlich hohe räumliche Niederschlagsvariation sowie durch die lokale Trockenheit der größeren Täler gekennzeichnet, deren Intensität mit zunehmender Eintiefung zunimmt (d.h. mit der Höhendifferenz Sohle-Kamm). Die Ursache für dieses lokalklimatische Phänomen geht auf die thermisch betriebene, seitliche Hangwind-Zirkulation zurück (Abb. 16). Tagsüber sind in einem meridionalen Tal die beiden Äste der Hangwindzirkulation gleichstark und symmetrisch angeordnet. Bei diesem schematischen Idealfall treffen sich die beiden absteigenden Äste in der Talmitte. Dieses lokale Zirkulationssystem spielt sich tagsüber in einer instabilen, nicht zu trockenen Atmosphäre ab.

An den oberen Hangpartien der Talflanken, d.h. im Bereich der Gebirgskämme bilden sich Quellwolken aus, wogegen es in der Talsohle wolkenlos bleibt. Es kommt zu konvektiven Niederschlägen an den Hang- und Kammlagen. Fast alle Klimastationen in den Gebirgsregionen liegen aufgrund der Besiedlung in den Talsohlen, die immer als sehr trocken in Erscheinung treten. Leider gibt es nur ganz wenige Meßstellen an den Hängen und im Bereich der Gebirgskämme. Dieser Effekt, auch 'Troll-Effekt' genannt (FLOHN 1970, p 25), führt bei klimatologischen Betrachtungen der Himalaya-Täler immer zu einer gewissen Fehleinschätzung, bzw. Unterschätzung der tatsächlich in einem Gebiet fallenden Niederschläge. Das Gebietsmittel liegt daher immer etwas zu niedrig (DOMRÖS 1978).

Auf Wettersatellitenbildern treten daher in den Sommermonaten die Talfurchen sehr plastisch in Erscheinung (wolkenlos), wogegen die benachbarten Kämme schneebedeckt und wolkenverhangen sind (viel Niederschlag). Dies zeigt sich entlang des gesamten Ost-Himalaya sowie in den Indisch-Burmesischen Grenzgebirgen.

Es handelt sich also um eine tagesperiodische Windzirkulation vom Typ des Berg- und Talwindes (Gebirge-Vorland), welche in enger Beziehung zur Hangwindzirkulation steht (Abb. 16: a-d, Anhang). Der nächtliche Bergwind ist meist sehr viel schwächer und seichter als der tagsüber wehende Talwind. Am Tag ist die thermische Schichtung labilisiert, d.h. starkes Aufstiegsbestreben der wärmeren Luft, wenn sie in kühlere Regionen kommt (SCHWEINFURTH 1956). Nachts dagegen erfolgt eine Stabilisierung (Inversionsschichtbildung). Die nächtlichen Bergwinde wirken sich nicht auf die Niederschlagsverteilung aus (TROLL 1952). Dies geschieht ausschließlich durch die Talwinde am Tage. Windmessun-

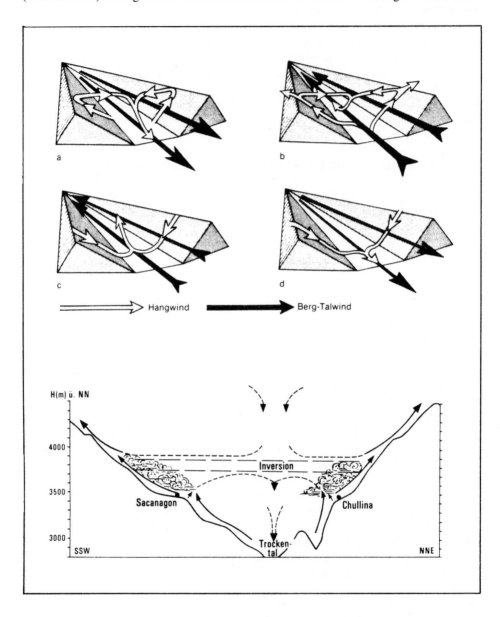

Abb. 16: Beziehung zwischen Hang- und Berg/Talwind-System (LAUER 1993, p 105) sowie die Hangwind-Zirkulation und hygrischen Konsequenzen am Beispiel des Munecas-Berglandes in Bolivien (LAUER 1993, p 106)

gen ergaben, daß zum Beispiel im Kalimpong (Abb. 7: RS 186, Anhang) die nächtlichen Bergwinde zum Frühtermin um 5-6 Uhr völlig fehlen (FLOHN 1970, GOSWAMI 1986). Er herrschen zu diesem Zeitpunkt erstaunlicherweise bis zu 30 % aller Fälle die Talwinde vor. FLOHN wies nach, daß es sich im Darjeeling-Himalaya um eine ganztägige thermische Zirkulation handelt. Die Geschwindigkeit der Talwinde kann aufgrund der engen Pässe und Durchbruchstäler sturmartig anwachsen und Werte von 12-15 m/sec erreichen.

Diese ganztägige, jedoch tagsüber verstärkte thermische Zirkulation erzeugt ein Warmluftgebiet über Südtibet und dem Himalaya (76°-93° E, 27°-33° N) mit dem Maximum in der oberen Troposphäre (9-10 km Höhe). FLOHN (1970) nennt drei Ursachen dafür:

1. Übergang der fühlbaren Wärme von der hochgelegenen Heizfläche Tibets in die ariden westlichen und nördlichen Teile des Hochlands.
2. Freiwerden latenter Wärme durch Kondensation bei Schauern und Gewittern im Süden und Osten, ausgelöst durch orographisch erzwungenes Aufsteigen. Konvergenz findet im zentralen Teil statt, im Sommer die ganze Nacht hindurch anhaltend.
3. Aufwärtsbewegung dieser Kondensationswärme in den Schloten der Gewittertürme bis in den Bereich der maximalen Überwärmung in 10 km Höhe, wo die Temperaturen um fast 8 °C über dem Breitenkreismittel liegen.

Die Talwinde sind tagsüber sehr stark ausgeprägt und sind bis in Höhen von 3.000 m ü.NN und mehr spürbar. Wenn der zentrale Gebirgswall (-achse) erreicht wird, resultieren am Abend Talaufwinde, "die sich bis zum Sturm, ja Orkan steigern können" (TROLL 1967, p 378). Es ist daher im Himalaya üblich, daß im Mai oder Juni am Nachmittag bis Abend sehr starke Gewitterstürme vorherrschen, die mit heftigen Regenfällen gekennzeichnet sind (DOMRÖS 1978). Während des Vormonsuns und zu Beginn des Sommermonsuns wird im Bereich von Dooars und Terai von sehr heißen und trockenen Staubwinden berichtet, die den lokalen Namen 'loo' tragen (FLOHN 1970). Der Staub wird dabei teilweise bis auf 2.000-3.000 m ü.NN heraufgewirbelt. Er drückt sich in die Gebirgstäler des Darjeeling-Himalaya und verursacht einen grauen Dunst- oder Wolkenschleier, der sogar in der Nacht erhalten bleibt.

SCHWEINFURTH (1957) und TROLL (1967) haben umfangreiche Vegetationskartierungen im Himalaya durchgeführt und stießen dabei immer auf xerophile Vegetation im Bereich des Talgrundes und der Unterhänge. Beide Autoren führten dies auf den Einfluß der Talwinde zurück, welche ein trockenes Lokalklima bedingen. Ein weiterer wichtiger Aspekt für die Vegetationsausprägung im Himalaya wird auch in der Exposition der Gebirgshänge gesehen, wodurch ein unmittelbarer Zusammenhang mit der räumlichen Niederschlagsverteilung gegeben ist (DOMRÖS 1970, 1978). Somit bestehen sehr enge Beziehungen zwischen der Geländegestaltung und dem Klima, was in der vorliegenden Arbeit am Beispiel der räumlichen und zeitlichen Niederschlagsvariationen genauer untersucht und analysiert werden wird.

4 TYPISIERUNG DER ANNUELLEN NIEDERSCHLAGS-VARIATIONEN IN NORDOSTINDIEN

Mit Hilfe von multivariaten Analysemethoden werden in Nordostindien unterschiedliche Typen der annuellen Niederschlagsvariation identifiziert und beschrieben sowie deren räumliche Verbreitung im Sinne einer klimageographischen Analyse interpretiert. Die angestrebte Regionalisierung des Untersuchungsgebiets nach unterschiedlichen Typen der annuellen Niederschlagsvariation soll die räumlichen Unterschiede in der hygrischen Ausstattung des Raumes aufzeigen. Zur Verdeutlichung der Unterschiede wird die annuelle Niederschlagsvariation in den einzelnen Regionen mit dem Gesamtindien-Jahresgang (Kap. 3.2) verglichen. In Regionen mit einer hohen Stationsdichte dienen zusätzlich Untersuchungen entlang von Profillinien zur weiteren Klärung der regionale Niederschlagsunterschiede in mesoskaliger und lokaler Hinsicht.

4.1 Statistische Verfahren

4.1.1 HAUPTKOMPONENTENANALYSE

Aus den 12 monatlichen Niederschlagssummen der insgesamt 219 Referenzstationen sollen die voneinander unabhängigen Einflußfaktoren herauskristallisiert werden. Diese werden den weiteren Analysen zugrunde gelegt, um zu einer Identifizierung und Typisierung der annuellen Niederschlagsvariationen zu kommen. Dieses Ziel kann mit einer Hauptkomponentenanalyse erreicht werden. Dabei werden die einzelnen Variablen (monatliche Niederschlagssummen) in wenige, voneinander unabhängige Variablengruppen geordnet. Mit den somit gewonnenen, wechselseitig unabhängigen Hauptkomponenten (Faktoren) ist es möglich, die Zusammenhänge zwischen Variablen zu erklären, wodurch in bezug auf die annuelle Niederschlagsvariation die Grundlage für eine Typisierung geschaffen wird. Die resultierenden Indexzahlen, die sog. Ladungen, geben Aufschluß darüber, wie gut eine Variable in eine Variablengruppe paßt (BORTZ 1993, p 473). Die Hauptkomponentenanalyse wurde mit SPSS for Windows für die nach dem Homogenitätstest (Kap. 2.2.2) verbliebenen 219 Referenzstationen durchgeführt. Ausgangspunkt der Hauptkomponentenanalyse ist eine (219x12)-Datenmatrix, die aus den mittleren Monatsniederschlagssummen (1961-1990) der 219 Referenzstationen erstellt wurde.

4.1.1.1 Korrelationsrechnung und Faktorextraktion

Faktoren, die als Hintergrundvariablen angesehen werden, repräsentieren die Zusammenhänge zwischen verschiedenen Ausgangsvariablen (monatliche Niederschlagssummen). Bevor diese Faktoren ermittelt werden, ist es im ersten Schritt der Hauptkomponentenanalyse notwendig, die Zusammenhänge zwischen den Ausgangsvariablen meßbar zu machen.

Tab. 1: Korrelationsmatrix (a) und Anti-Image-Kovarianz-Matrix (b) für die 12 Variablen

Korrelationsmatrix (a)

	RFJAN	RFFEB	RFMAR	RFAPR	RFMAI	RFJUN
RFJAN	1,00000					
RFFEB	,66846	1,00000				
RFMAR	,46904	,77013	1,00000			
RFAPR	,24145	,62695	,85990	1,00000		
RFMAI	-,06010	,14280	,43408	,63710	1,00000	
RFJUN	-,12020	,03408	,22734	,39302	,88652	1,00000
RFJUL	-,06177	,09607	,17903	,29024	,68120	,89061
RFAUG	-,04249	,12458	,25013	,36227	,75258	,91919
RFSEP	-,13461	,05064	,13851	,29550	,70302	,87413
RFOCT	,01778	,26510	,49389	,55183	,68125	,66935
RFNOV	,18373	,46176	,53396	,58965	,41517	,22917
RFDEC	,53648	,62529	,51600	,43350	,00739	-,10641

	RFJUL	RFAUG	RFSEP	RFOCT	RFNOV	RFDEC
RFJAN						
RFFEB						
RFMAR						
RFAPR						
RFMAI						
RFJUN						
RFJUL	1,00000					
RFAUG	,95089	1,00000				
RFSEP	,93850	,92262	1,00000			
RFOCT	,63658	,63570	,63310	1,00000		
RFNOV	,09393	,15711	,16317	,46491	1,00000	
RFDEC	,01027	-,00752	-,03037	,11842	,31611	1,00000

Kaiser-Meyer-Olkin Measure of Sampling Adequacy = ,81836

Anti-Image-Kovarianz-Matrix (b)

	RFJAN	RFFEB	RFMAR	RFAPR	RFMAI	RFJUN
RFJAN	,42323					
RFFEB	-,14310	,21480				
RFMAR	-,04346	-,05786	,13798			
RFAPR	,07773	-,03729	-,07695	,12678		
RFMAI	-,01807	,03173	-,00098	-,04672	,06905	
RFJUN	-,00021	-,00422	,00424	,01622	-,04022	,03726
RFJUL	,00126	-,00629	,00272	-,00362	,02046	-,01761
RFAUG	-,00768	,00045	-,01801	,00196	,00385	-,01442
RFSEP	,02332	-,00879	,02673	-,00594	-,00909	,00608
RFOCT	,01948	,03318	-,06912	,01161	-,00779	-,00263
RFNOV	,03243	-,07856	,01620	-,02123	-,01061	-,01285
RFDEC	-,11820	-,03784	,00116	-,03685	-,01246	,03170

	RFJUL	RFAUG	RFSEP	RFOCT	RFNOV	RFDEC
RFJAN						
RFFEB						
RFMAR						
RFAPR						
RFMAI						
RFJUN						
RFJUL	,04849					
RFAUG	-,02222	,06010				
RFSEP	-,03128	-,02043	,09002			
RFOCT	-,02954	,02330	-,01743	,34364		
RFNOV	,04361	,00660	-,03670	-,12653	,48947	
RFDEC	-,03657	,00999	-,00056	,02793	-,06294	,48668

Hierzu wird eine Korrelationsrechnung durchgeführt. Mit den gewonnenen Korrelationskoeffizienten läßt sich der Grad des linearen Zusammenhangs zwischen zwei Variablen erkennen. In der Korrelationsmatrix sind zahlreiche Zusammenhänge zwischen den Paaren von Variablen deutlich zu erkennen (Tab. 1). Da zahlreiche Variablenpaare relativ stark miteinander korrelieren, ausgedrückt durch die hohen Werte (>0,7) in der Korrelationsmatrix, eignen sich die monatlichen Monatsniederschlagssummen für die Hauptkomponentenanalyse (HARTUNG et ELPELT 1995, p 527-535).

Weiterhin wurde die Anti-Image-Kovarianz-Matrix (Tab. 1) herangezogen. Das Image ist der Anteil der Varianz, der durch die verbleibenden Variablen mit Hilfe einer multiplen Regressionsanalyse erklärt werden kann (BACKHAUS et al. 1994, p 204). Das Anti-Image ist dabei der Anteil, der von den übrigen Variablen unabhängig ist. Für eine Eignung der Variablen zur Hauptkomponentenanalyse muß das Anti-Image der Variablen möglichst gering ausfallen, da bei der angestrebten Hauptkomponentenanalyse unterstellt wird, daß den Variablen gemeinsame Faktoren zugrunde liegen. Bei der Prüfung der erstellten Anti-Image-Kovarianz-Matrix zeigt sich, daß der Anteil der Nicht-Diagonal-Elemente ungleich Null (>0,09) 25 % beträgt, woraus eine positive Eignungsbeurteilung der Ausgangsdaten für die Hauptkomponentenanalyse resultiert.

Darüber hinaus wurde das Kaiser-Meyer-Olkin-Kriterium angewendet, da diese auf der Basis der Anti-Image-Korrelationsmatrix berechnete Prüfgröße ("Measure of Sampling Adequacy -MSA-)" anzeigt, in welchem Umfang die Ausgangsvariablen zusammengehören. BACKHAUS et al. (1994, p 205) bezeichnet das Kaiser-Meyer-Olkin-Kriterium als das beste zur Verfügung stehende Verfahren zur Prüfung der Korrelationsmatrix vor einer Hauptkomponentenanalyse. Die MSA dient somit als Indikator dafür, ob eine Hauptkomponentenanalyse sinnvoll erscheint oder nicht. Der Wertebereich des MSA-Kriteriums liegt zwischen 0 und 1. Es werden folgende Beurteilungen bei den MSA-Werten vorgeschlagen:

<0,5 = untragbar
≥0,5 = kläglich
≥0,6 = mittelmäßig
≥0,7 = ziemlich gut
≥0,8 = verdienstvoll
≥0,9 = erstaunlich.

Das MSA-Kriterium für die vorliegende Korrelationsmatrix erreicht den Wert von 0,818, was ein 'verdienstvolles' Ergebnis darstellt und somit die Eignung der Ausgangsmatrix für eine Hauptkomponentenanalyse unterstreicht.

Im zweiten Schritt der Hauptkomponentenanalyse wird eine Faktorextraktion angestrebt, um damit eine möglichst umfassende Reproduktion der Datenstruktur durch möglichst wenige Faktoren (Hauptkomponenten) zu erzielen (ÜBERLA 1968, p 123 ff). Die Kommunalität, als Teil der Gesamtvarianz, welche durch die gemeinsamen Faktoren erklärt werden soll, wird bei der Hauptkomponentenanalyse in diesem Analysestadium immer mit dem Wert 1 vorgegeben. Dies bedeutet, daß die Streuung einer Variablen restlos durch die anderen Faktoren erklärt werden kann (Tab. 2).

Die Eigenwerte der einzelnen Faktoren geben an, welcher Betrag der Gesamtstreuung aller Variablen des Faktorenmodells durch den jeweiligen Faktor erklärt wird. Die Varianzstreuungsanteile (in %) geben den Erklärungsanteil des jeweiligen Faktors in bezug auf alle Ausgangsvariablen an. "Obwohl es dem Forscher prinzipiell selbst überlassen bleibt, welches Kriterium er bei der Entscheidung über die Zahl der zu extrahierenden Faktoren zugrunde legt, kommt in empirischen Untersuchungen häufig das Kaiser-Guttmann-Kriterium zur Anwendung" (BACKHAUS et al. 1994, p 226), was in den umfassenden Niederschlagsanalysen von DOMRÖS et RANATUNGE (1992) und MILLS (1995) ohne Einschränkung bestätigt wurde. In der vorliegenden Arbeit wird ebenfalls das 'Kaiser-Guttmann-Entscheidungskriterium' bei der Faktorextraktion angewendet. Dabei muß die Zahl der zu extrahierenden Faktoren gleich der Zahl der Faktoren mit Eigenwerten >1 sein (BORTZ 1993, p 503). Es ergeben sich drei relevante Faktoren.

Der Faktor 1 mit dem Eigenwert von 5,69 erklärt 47,4 % der Ausgangsvarianz. Mit Hilfe dieses sehr ausgeprägten Faktors sind bereits fast die Hälfte aller Varianzen abgedeckt. Bei den Faktoren 2 und 3 ist das 'Kaiser-Guttmann-Kriterium' durch die Eigenwerte von 3,28 und 1,05 ebenfalls erfüllt; der Erklärungsanteil an der Ausgangsvarianz beträgt 27,3 % bzw. 8,8 %. Die Eigenwerte der nächstfolgenden Faktoren liegen nur bei 0,5 und darunter. Diese können im Sinne des 'Kaiser-Guttmann-Kriteriums' nicht mehr als relevante Faktoren berücksichtigt bzw. extrahiert werden und sind aufgrund ihrer kleinen Eigenwerte für Erklärungszwecke unbrauchbar. Die im Untersuchungsgebiet auftretenden annuellen Niederschlagsvariationen können somit mit Hilfe von drei unabhängigen Faktoren hinreichend erfaßt werden, die zusammen 83,5 % der Ausgangsvarianz erklären. Dieses Ergebnis kann als äußerst zufriedenstellend bezeichnet werden (nach BACKHAUS et al. 1994 und BORTZ 1993).

Tab. 2:   Extrahierte Faktoren mit Eigenwerten und Varianzerklärungsanteil

Variable	Kommunalität	Faktor	Eigenwerte	Varianzstreuungsanteile	Cum
RFJAN	1,00000	1	5,68988	47,4	47,4
RFFEB	1,00000	2	3,28047	27,3	74,8
RFMAR	1,00000	3	1,05322	8,8	83,5
RFAPR	1,00000	4	,51082	4,3	87,8
RFMAI	1,00000	5	,47273	3,9	91,7
RFJUN	1,00000	6	,36261	3,0	94,7
RFJUL	1,00000	7	,29686	2,5	97,2
RFAUG	1,00000	8	,11784	1,0	98,2
RFSEP	1,00000	9	,09681	,8	99,0
RFOCT	1,00000	10	,05803	,5	99,5
RFNOV	1,00000	11	,03866	,3	99,8
RFDEC	1,00000	12	,02207	,2	100,0

Als graphische Entscheidungshilfe zur Faktorextraktion dient der sog. 'Factor-Scree-Plot', bei dem die Eigenwerte (Tab. 2) in einem Koordinatensystem nach abnehmender Wertefolge aufgetragen sind. In Form eines "Geröllhanges" ('scree') können die wirksamen Faktoren (Hangbereich) von den unwirksamen (Hangfuß) unterschieden werden (Abb. 17). Die Eigenwerte werden hierbei in einem Koordinatensystem in Form einer abnehmenden

Wertefolge angeordnet. Faktoren mit sehr kleinen Eigenwerten sind für Erklärungszwecke unbrauchbar und werden somit auch nicht extrahiert. Nach dieser Methode sind ebenfalls, wie auch nach dem Kaiser-Guttmann-Kriterium, drei Faktoren zu berücksichtigen.

Die extrahierten drei Faktoren sind noch ohne analytischen Wert, da bisher noch nicht ihre Relation zu den einzelnen zu erklärenden Variablen aufgezeigt ist. Um die Faktorinterpretation zu erleichtern, werden die Faktorladungen als Interpretationshilfe herangezogen. Die unrotierte Faktormatrix (Tab. 3), sortiert nach Ladungsgrößen, gibt für jede Variable des Faktorenmodells die Koeffizienten in bezug auf die drei Faktoren an (Faktorladungen).

Die Faktorladungsmatrix ist durch eine Einfachstruktur gekennzeichnet, d.h. die einzelnen Variablen laden immer nur auf einen Faktor hoch und auf die restlichen Faktoren niedrig. Die absolute Größe der jeweiligen Faktorladung gibt die Bedeutung des Faktors für die jeweilige Variable an. Faktorladungen ab 0,5 können als "hohe" Ladungen angesehen werden (BACKHAUS et al. 1994), und somit kann ein Faktor einer Variablen zugeordnet werden. So ist der Faktor 1 mit Faktorladungen >0,8 besonders stark mit den Variablen Mai bis Oktober korreliert. Die Variablen Dezember, Januar und Februar werden durch den Faktor 2 mit Faktorladungen um 0,7 erklärt. Die Faktorladungen sind jedoch geringer (im Vergleich zum Faktor 1) und liegen bei 0,7. Die Zuordnung von Variablen bei Faktor 3 ist nicht eindeutig durchführbar, womit auch eine klare inhaltliche Deutung der extrahierten Faktoren als 'Hintergrundvariable' nicht möglich ist.

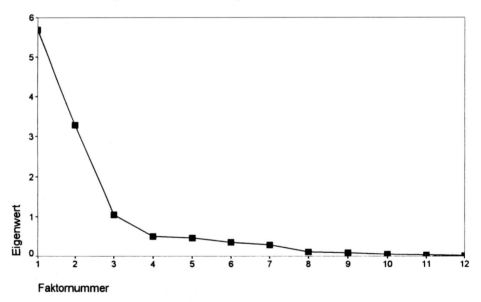

Abb. 17: Faktor-Scree-Plot

Tab. 3:   Unrotierte Faktorladungsmatrix

	Faktor 1	Faktor 2	Faktor 3
RFJAN	,13186	,70155	,51578
RFFEB	,42321	,79132	,20343
RFMAR	,60843	,68244	-,12511
RFAPR	,71747	,49940	-,29726
RFMAI	,87530	-,17808	-,22604
RFJUN	,87065	-,42534	,03726
RFJUL	,82847	-,41732	,31074
RFAUG	,86578	-,38068	,24054
RFSEP	,82005	-,44720	,20694
RFOCT	,82012	-,03010	-,18846
RFNOV	,49766	,44828	-,50950
RFDEC	,23576	,71654	,31139

4.1.1.2 Rotation und Faktorinterpretation

Da somit eine zufriedenstellende Faktorinterpretation nicht möglich ist, wird im dritten Schritt der Hauptkomponentenanalyse eine Rotation angestrebt, um die Bedeutung der Faktoren inhaltlich genauer zu bestimmen. Bei der Rotation werden die Achsen des Koordinatensystems gedreht, um die Verbindung der Faktoren zu den einzelnen Variablen eindeutiger und dadurch besser interpretierbar zu machen (HARTUNG et ELPELT 1995). Hierbei verändern sich zwar die Faktorladungen, nicht aber die Kommunalitäten und die Eigenwerte. Gewählt wurde eine orthogonale (rechtwinklige) Rotation der Achsen, wo die Achsen nur gedreht werden. Sie bleiben dabei rechtwinklig zueinander, was inhaltlich der orthogonalen Modellvoraussetzung entspricht (Faktoren weisen miteinander keine Korrelation auf, sind also unabhängig zueinander; ÜBERLA 1968, p 167 ff). Die Rotation wurde in SPSS for Windows mit der gebräuchlichen VARIMAX-Methode durchgeführt (HARTUNG et ELPELT 1995, p 551 ff), um die Interpretierbarkeit der Faktoren zu erhöhen (Tab. 4).

Tab. 4:   VARIMAX-rotierte Faktorladungsmatrix

	Faktor 1	Faktor 2	Faktor 3
RFJAN	-,07223	-,00668	**,87768**
RFFEB	,03839	,41184	**,82195**
RFMAR	,14951	**,70117**	,58101
RFAPR	,27710	**,80329**	,36120
RFMAI	,74851	**,53160**	-,07803
RFJUN	**,93700**	,22495	-,10846
RFJUL	**,97681**	,00432	,05391
RFAUG	**,97042**	,09139	,04770
RFSEP	**,95398**	,06388	-,03365
RFOCT	,64358	**,54106**	,04548
RFNOV	,05685	**,82707**	,14465
RFDEC	,05153	,20405	**,78847**

Beim Vergleich der rotierten Faktorladungsmatrix mit der unrotierten (Tab. 3) zeigen sich erhebliche Unterschiede. Die Faktorladungen sind merklich erhöht, und zum Teil laden andere Variablen auf bestimmte Faktoren. Die Faktorinterpretation nach erfolgter Rotation orientiert sich in erster Linie an den Faktorladungen der einzelnen Variablen und in zweiter Linie an der subjektiven Interpretation des Sachverhalts. In einem parallel zur Faktorladungsmatrix angefertigten Ladungsplot werden die Faktorladungen graphisch dargestellt, um somit eine visuelle Erleichterung für die Faktorinterpretation herbeizuführen (Abb. 18).

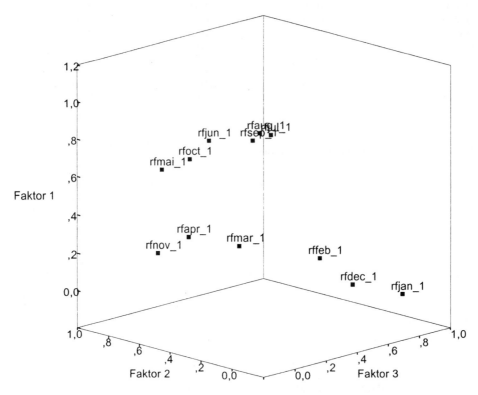

Abb. 18:   Faktor-Plot im gedrehten Faktorbereich (für die VARIMAX-Rotation)

Der Faktor 1 (erklärte Varianz von 47,4 %) ist durch sehr hohe Ladungen der Niederschlagsvariablen Mai bis Oktober geprägt, wobei die Variablenmonate Juni, Juli, August und September mit Faktorladungen >0,93 gekennzeichnet sind. Faktor 1 steht somit in engem Zusammenhang mit den sommermonsunalen Niederschlägen, welche von Juni bis September besonders stark ausgeprägt sind. Diese Zusammengehörigkeit zeigt sich auch im Faktor-Plot (Abb. 18) mit den sehr dicht beieinanderliegenden Monaten. Hier zeigen sich bereits erste deutliche Parallelen zur annuellen Gesamtindien-Niederschlagsvariation (Abb. 10) mit der ausgeprägten Saisonalität. Aufgrund der vergleichbar geringeren Faktorladungen von 0,75 und 0,64 stehen die Niederschläge im Mai und Oktober zwar noch in einem gewissen Zusammenhang mit denen von Juni bis September, spielen aber für die inhaltliche Deutung des Faktors 1 nur eine nachgeordnete Rolle. Die vier Variablenmonate Juni bis September stehen als Variablengruppe somit in einem engen Zusammenhang zueinander und werden durch die Hintergrundvariable (= Faktor 1) Sommermonsun wiedergegeben.

Beim Faktor 2 (erklärte Varianz von 27,3 %) sind die höchsten Faktorladungen (>0,7) im März und April sowie im November zu erkennen. Ebenfalls hohe Ladungen (>0,5) sind im Mai mit 0,53 und Oktober mit 0,54 vorhanden. Beide Monate fielen aber bereits durch fast ähnlich hohe Werte beim Faktor 1 ins Gewicht, haben aber aufgrund der höheren Werte für den Faktor 2 die größere Bedeutung. Dennoch wird der Charakter einer Übergangsstellung zwischen Faktor 1 und Faktor 2 deutlich. Der inhaltliche Zusammenhang der genannten Variablengruppe muß durch die Hintergrundvariable (= Faktor 2) Vor- und Nachmonsun erklärt werden.

Der Varianzerklärungsanteil von 27,3 % gibt an, wieviel die vor- und nachmonsunalen Niederschläge an Erklärungsanteil in bezug auf alle Ausgangsvariablen besitzen. Der Faktor 1 bezieht sich auf einen Zeitraum von nur vier Monaten, ist aber durch einen Varianzerklärungsanteil von 47,4 % gekennzeichnet, was die dominierende Bedeutung der sommermonsunalen Niederschläge für die annuelle Variation im Untersuchungsraum unterstreicht.

Sehr hohe Ladungen von >0,78 existieren beim Faktor 3 (erklärte Varianz von 8,8 %) für Dezember, Januar und Februar. Der März könnte aufgrund seiner Faktorladung von 0,56 noch eine gewisse Rolle für die Faktorinterpretation spielen. Die Faktorladung ist aber gegenüber den Monaten Dezember bis Februar deutlich geringer ausgeprägt, so daß kein zwingender Zusammenhang mehr abzuleiten ist. Diese Variablengruppe muß durch die Hintergrundvariable (= Faktor 3) Wintermonsun erklärt werden. Die Unabhängigkeit des Faktors 3 gegenüber von Faktor 2 und insbesondere von Faktor 1 zeigt sich in Form der sehr kleinen bzw. teilweise sogar negativen Faktorladungen. Dies ist ganz im Sinne der orthogonalen Modellvoraussetzung der durchgeführten Hauptkomponentenanalyse, wobei die einzelnen Faktoren keine Korrelation miteinander aufweisen dürfen.

Mit der Extrahierung der drei voneinander unabhängigen Einflußfaktoren: Sommermonsun (Faktor 1), Vor- und Nachmonsun (Faktor 2) und Wintermonsun (Faktor 3) werden 83,5 % der Ausgangsvarianz erklärt. Mit Hilfe dieser drei extrahierten Faktoren ist somit für alle 219 Fälle eine Charakterisierung der annuellen Niederschlagsvariation möglich. Die Kriterien beziehen sich dabei einerseits auf die Niederschlagssummen und andererseits auf die intra-saisonalen sowie auf die inter-saisonalen Niederschlagsschwankungen, d.h die bei einer Referenzstation innerhalb eines bestimmten Monsunabschnitts auftretenden Niederschlagsvariationen sowie die Niederschlagsunterschiede zwischen einzelnen Jahresabschnitten.

Die drei Faktoren drücken somit die Saisonalität der Niederschläge aus. Der Jahresgang in Nordostindien gliedert sich daher in einen sehr niederschlagsreichen Sommermonsun (Juni-September), in einen vor- und nachmonsunalen Übergangsabschnitt (März-Mai, Oktober-November) sowie in einen niederschlagsarmen Wintermonsun (Dezember-Februar). Somit entspricht die annuelle Niederschlagsvariation in seiner Grundstruktur der von Gesamtindien (Kap. 3.2 und 3.3).

4.1.1.3 Räumliche Darstellung der Faktorwerte

In einem vierten Schritt der Hauptkomponentenanalyse werden die einzelnen Faktorwerte für jede Referenzstation mittels einer multiplen Regressionsrechnung abgeschätzt (BACK-HAUS et al. 1994, p 245). Damit wird eine räumliche Beurteilung der annuellen Niederschlagsvariation anhand der drei untersuchten Faktoren angestrebt mit dem Ziel einer räumlichen Identifikation der unterschiedlichen Niederschlagstypen. Die Faktorwerte für die drei Faktoren wurden jeweils für 219 Referenzstationen berechnet. Die dabei verwendeten Faktorladungen stammen aus der rotierten Faktorladungsmatrix. Damit wird erreicht, daß auch kleine Faktorladungen einen spürbaren Einfluß auf die Ausprägung der Faktorwerte haben. Die errechneten Faktorwerte sind aufgrund der Standardisierung der Ausgangsmatrix ebenfalls standardisierte Größen und haben einen Mittelwert von '0' und eine Varianz von '1'. Es gelten folgende Anhaltspunkte für die Interpretation der Faktorwerte (BACKHAUS et al. 1994, p 247):

– negativer Faktorwert: Der Jahresgang des Niederschlags an dieser Referenzstation ist in bezug auf den entsprechenden Faktor im Vergleich zu den Jahresgängen von allen anderen Referenzstationen unterdurchschnittlich ausgeprägt.

– Faktorwert '0': Der Jahresgang des Niederschlags an dieser Referenzstation besitzt in bezug auf den entsprechenden Faktor eine dem Durchschnitt entsprechende Ausprägung.

– positiver Faktorwert: Der Jahresgang des Niederschlags an dieser Referenzstation ist in bezug auf den entsprechenden Faktor im Vergleich zu den Jahresgängen von allen anderen Referenzstationen überdurchschnittlich ausgeprägt.

Bei der Untersuchung der monatlichen und saisonalen Niederschlagssummen in Sri Lanka wurden die Faktorwerte von ebenfalls drei extrahierten Faktoren mit Hilfe von Isolinien räumlich dargestellt (DOMRÖS et RANATUNGE 1992). Die daraus resultierenden Karten ermöglichen es in eindrucksvoller Weise, die Bedeutung der einzelnen Faktoren in den unterschiedlichen Regionen des Untersuchungsraums abzuschätzen.

Die für das Untersuchungsgebiet berechneten Faktorwerte wurden mit Hilfe einer Isoliniendarstellung in ARC/INFO räumlich sichtbar gemacht (Abb. 19, 20 und 21, Anhang). In bezug auf die Lage der einzelnen Referenzstationen dient Abb. 7, Anhang, als notwendige Orientierungshilfe.

Der Faktor 1 (Sommermonsun) mit 47,4 % der Gesamtvarianz hat bei Berücksichtigung aller Referenzstationen seine stärkste Ausprägung im südlichen Teil des Shillong-Plateaus (Abb. 19, Anhang). Hier sind Mawsynram (RS 236) und Cherrapunji (RS 184) durch extrem hohe Faktorwerte von +7,66 und +6,37 gekennzeichnet. Solche Faktorwerte werden im gesamten Untersuchungsgebiet nicht annähernd mehr erreicht, was beweist, daß die beiden Stationen die höchsten Niederschlagssummen während des Sommermonsuns registrieren. Durch die Isolinienscharung in diesem Bereich werden die großen räumlichen Unterschiede verdeutlicht, denn Stationen in unmittelbarer Nachbarschaft von Mawsynram und Cherrapunji sind durch weitaus geringere oder sogar durch negative Faktorwerte gekennzeichnet.

Hohe positive Faktorwerte von über +2,0 sind im Ostteil (RS 142: +2,48 und RS 157: +2,15) als auch im Westteil (RS 156: +2,03) der Dooars-Region anzutreffen. Dies bedeutet ebenfalls, daß die Niederschlagssumme während des Sommermonsuns deutlich über dem Durchschnitt des Untersuchungsgebiets liegt. Eine überdurchschnittliche Niederschlagsergiebigkeit des Sommermonsuns kennzeichnet auch die übrigen Bereiche der Dooars sowie das sich westlich anschließende Terai-Tiefland (Faktorwerte zwischen +1 und +2). Weiterhin ist zu erkennen, daß die Faktorwerte im Terai in nördlicher Richtung mit zunehmender Höhe ansteigen. Die höchsten Werte und somit größten sommermonsunalen Niederschlagssummen werden an den südlich exponierten Hängen des Darjeeling-Himalaya (Südhang des Ghoom-Hauptkamms) in einem Höhenniveau von 1.300-1.600 m ü.NN erreicht: Kurseong (RS 221) mit +1,71 und Singhell (RS 138) mit +2,19.

Auf der nördlich exponierten Hangseite des Ghoom-Hauptkamms werden die Faktorwerte mit zunehmender geographischer Breite und abnehmender Meereshöhe deutlich geringer. Im Bereich des Rangit-Flusses an der Grenze zwischen Darjeeling und Sikkim erreicht der Faktor 1 den Wert 0. Die Niederschläge sind somit stark zurückgegangen und erreichen nur noch eine dem Durchschnitt des Untersuchungsgebiets entsprechende Ergiebigkeit. Weiter nach Norden werden die Faktorwerte negativ und kennzeichnen die höheren Lagen von Nordsikkim und insbesondere Südtibet mit stark unterdurchschnittlicher Ausprägung des Sommermonsuns: Yatung (RS 201) -1,39 sowie Gyangtse (RS 222), bereits im Hochland von Tibet gelegen, -1,77. Dies bedeutet, daß die Niederschlagssummen in nördlicher Richtung deutlich zurückgehen und der Sommermonsun weniger Niederschläge bewirkt.

Weitere Regionen mit positiven Faktorwerten von +1 und darüber liegen im nördlichen Teil des Barak-Tals. Eine ebenfalls überdurchschnittliche Niederschlagsergiebigkeit des Sommermonsuns ist im Nordufer-Bereich des oberen Assam-Tals zu erkennen. Hier steigen die Werte von den Niederungen in Richtung des angrenzenden Assam-Himalaya an und erreichen ihr Maximum in Arunachal Pradesh: Pasighat (RS 212) +1,57 und Dening (RS 223) +1,52.

Die im Südufer-Bereich des oberen Assam-Tals gelegene Station Chota Tingrai (RS 125) fällt durch einen für die Umgebung sehr hohen Faktorwert von +1,01 deutlich auf. Der Sommermonsun ist hier sehr ergiebig und liegt deutlich über dem Durchschnitt des Untersuchungsgebiets. Somit existieren kleinräumig sehr große Unterschiede, denn in unmittelbarer Umgebung von Chota Tingrai (RS 125) sind bereits negative Faktorwerte zu erkennen, d.h. mit einer deutlich geringeren sommermonsunalen Niederschlagssumme gekennzeichnet.

Die Isolinie mit dem Faktorwert 0, d.h. eine dem Durchschnitt aller Referenzstationen entsprechende sommermonsunale Niederschlagssumme, verläuft annähernd zonal durch das gesamte Assam-Tal und führt zu einer Zweiteilung des Talbereichs. Größtenteils fallen dabei in den gebirgsnahen Norduferregionen überdurchschnittlich hohe Sommerniederschläge, dagegen im gesamten restlichen Assam-Tal vergleichsweise geringere Niederschläge. Im Bereich des Barak-Tals durchquert die Nullwert-Isolinie den gesamten Talabschnitt von W nach O. Das Barak-Tal wird somit in einen nördlichen Teil mit positiven Faktorwerten und in einen südlichen Teil mit negativen Faktorwerten unterteilt, was gleichbedeutend mit der Tatsache ist, daß die Niederschlagsergiebigkeit während des Sommermonsuns im nördlichen Talabschnitt höher ist als im südlichen Talabschnitt.

Eine im Vergleich zu allen Referenzstationen unterdurchschnittliche Ausprägung des Sommermonsuns (negative Faktorwerte) ist im Darjeeling/Sikkim-Himalaya und im nordöstlich angrenzenden Südtibet zu erkennen. Auch weite Teile des Assam-Tals verzeichnen für den Faktor 1 negative Werte und sind damit durch eine geringere sommermonsunale Niederschläge gekennzeichnet. Die Regionen nordöstlich und östlich vom Shillong-Plateau, der Bereich der Mikir- und Rengma-Berge sowie die sich anschließenden Tieflands-Streifen weisen Faktorwerte von -1 und darunter auf, was auf einen deutlichen Rückgang der Niederschlagssummen schließen läßt.

Ein deutlicher Hinweis auf die bestehenden großen räumlichen Variationen des Sommermonsuns im Untersuchungsgebiet ist um Sylhet (RS 215), im südlich des Shillong-Plateaus vorgelagerten Bengalischen Tiefland zu erkennen. Der hohe negative Faktorwert von -0,95 steigt auf einer Entfernung von nur 45 km nach Norden extrem an, was durch die Stationen Mawsynram (RS 236: +7,66) und Cherrapunji (RS 184: +6,37) in einem Höhenniveau von 1.300-1.400 m ü.NN unter Beweis gestellt wird. Auch innerhalb des Shillong-Plateaus ergeben sich deutliche Unterschiede in der Intensität des Sommermonsuns. Die nur ca. 50 km nördlich von Mawsynram und Cherrapunji gelegene Station Shillong (RS 183) ist bereits durch einen negativen Faktorwert von -0,25 gekennzeichnet. Der Höhenunterschied beträgt nur ca. 100 m.

Die Indisch-Burmesischen Grenzgebirge, gekennzeichnet durch sehr starke orographische Gegensätze, sind in den meist Nord-Süd ausgerichteten, hintereinandergestaffelten Gebirgsketten ebenfalls negative Werte zu erkennen: Imphal (RS 213) mit -1,21 und Aizwal (RS 195) mit -0,58. Der Sommermonsun kommt dort nur sehr unterdurchschnittlich ausgeprägt, d.h. die Ergiebigkeit liegt in diesen Bereichen deutlich unter der mittleren Niederschlagssumme des Untersuchungsgebiets.

Der Faktor 2 (Vor- und Nachmonsun) mit 27,6 % der Gesamtvarianz zeigt an, daß die Niederschläge während dieser Zeiträume deutlich geringer sind als beim Sommermonsun. Die Südabdachung des Shillong-Plateaus ist hygrisch zweigeteilt, in einen westlichen Teil mit unterdurchschnittlichen und in einen östlichen Teil mit stark überdurchschnittlichen Niederschlägen (Abb. 20, Anhang). Die Niederschlagsergiebigkeit wird in Mawsynram (RS 234) durch einen Faktorwert von -0,29 charakterisiert, im nur 10 km entfernten Cherrapunji (RS 184) dagegen durch ein Faktorwert von +3,16, was auf überdurchschnittliche Niederschläge schließen läßt. Für Mawsynram bedeutet dies, daß die annuelle Niederschlagsvariation extrem auf die vier Sommermonsunmonate ausgerichtet ist und somit während dieses Zeitraums der weitaus größte Teil der Jahressumme fällt.

Ein Nachteil der ARC/INFO-Isoliniendarstellung (Abb. 20, Anhang) zeigt sich im westlich von Mawsynram anschließenden Gebiet. Aufgrund der extremen Variation der Faktorwerte auf sehr kleinem Raum resultiert nach erfolgter Interpolation eine 'erzwungene' Region mit Faktorwerten von bis zu -2, obwohl dort keine Referenzstation liegt. Ein ähnliche Situation herrscht auch im südwestlichen Teil des Barak-Tals, wo ebenfalls keine Referenzstation liegt, aber Gebiete mit Faktorwerten von -1 ausgewiesen sind.

Der hohe Faktorwert von +3,16 für Cherrapunji (RS 184) wird mit +3,34 noch übertroffen von Bhubrighat (RS 28) im südwestlichen Teil des Barak-Tals, wodurch deutlich über dem Durchschnitt des Untersuchungsgebiets liegende vor- und nachmonsunale Niederschläge angezeigt werden. Dies wirkt sich ausgleichend auf die annuelle Niederschlagsvariation aus, derart daß die Sommermonsunniederschläge einen geringeren Anteil an der Jahressumme ausmachen. Im Vergleich zu Faktor 1 (Abb. 19, Anhang), bei dem das Barak-Tal in Regionen in positive und negative Faktorwerte unterteilt ist, gelten für den Vor- und Nachmonsun, was durch die flächendeckend positiven Faktorwerte zwischen 1 und 2,5 belegt wird.

Als eine weitere Region mit hohem positiven Faktorwert fällt der sehr kleinräumige Bereich im Darjeeling-Himalaya um Makaibari (RS 171) auf. Makaibari liegt in 1.220 m Höhe auf der südöstlich exponierten Hangpartie des Ghoom-Hauptkamms und verzeichnet einen sehr hohen Faktorwert von +2,22. Unterhalb und oberhalb von Makaibari sind die Faktorwerte negativ. Weitere kleinräumige Gebiete, die durch überdurchschnittliche Niederschläge während des Vor- und Nachmonsuns gekennzeichnet sind, liegen im Assam-Himalaya: Dening (RS 223) mit einem Faktorwert + 1,41 und Ziro (RS 234) +1,34 sowie im zentralen oberen Assam-Tal: Sewpur (RS 107) +1,26 und Chota Tingrai (RS 125) +0,75.

Die Isolinie mit dem Faktorwert 0, die die mittlere Niederschlagssumme repräsentiert, besitzt keinen durchgehenden Verlauf, sondern umgrenzt zahlreiche kleinräumige Regionen im mittleren und oberen Assam-Tal. Der einzige, über größere Strecken zusammenhängende Verlauf ist entlang der südlichen Grenze des mittleren und oberen Assam-Tals zu erkennen. Somit unterscheiden sich die Vor- und Nachmonsunniederschläge im Assam-Tal deutlich von den Sommermonsunniederschlägen.

Weite Teile des Untersuchungsgebiets sind für den Vor- und Nachmonsun durch negative Faktorwerte und somit unterdurchschnittliche Niederschlagssummen gekennzeichnet. Besonders betroffen sind dabei das Terai mit Werten unter -2 (RS 174: -2,02) und die Dooars (RS 207: -1,62). Beide Regionen erhalten aber überdurchschnittlich hohe sommermonsunale Niederschläge (Abb. 19, Anhang), wodurch die jährliche Niederschlagsverteilung sich sehr stark auf die vier sommermonsunalen Monate konzentriert. Vergleichsweise geringe Niederschläge verzeichnet fast der gesamte Bereich des Sikkim/Darjeeling-Himalaya, mit Ausnahme von Makaibari (RS 171, +2,22) und Gangtok (RS 219, +0,73). Es ist festzustellen, daß die Werte im Gebirge in nördlicher Richtung abnehmen. Das regionale Minimum wird dabei mit -2,44 in Thanggu (RS 216, Hoch-Sikkim) erzielt.

Der Faktor 3 (Wintermonsun) mit 9,3 % der Gesamtvarianz besitzt den geringsten saisonalen Anteil der Niederschläge. Die während des Wintermonsuns herrschende Trockenheit ist Teil des typischen Monsunregimes. Die Trockenheit ist im Untersuchungsgebiet durch große räumliche Variationen gekennzeichnet, welche anhand der Faktorwerte belegt werden können (Abb. 21, Anhang). Überdurchschnittlich hohe Niederschlagsergiebigkeiten während des Wintermonsuns sind in den randlichen nordwestlichen und nordöstlichen Regionen des Untersuchungsgebiets zu erkennen: in Hoch-Sikkim und im Assam-Himalaya, in der östlichen Verlängerung des oberen Assam-Tals. Die maximalen Faktorwerte betragen +3,43 in Lachen (RS 217, Nordsikkim), bzw. +4,24 in Dening (RS 223, Arunachal Pradesh). Im Übergangsbereich vom mittleren zum oberen Assam-Tal werden die Faktorwerte positiv, d.h. die Winterniederschläge nehmen in östliche Richtung zu. Innerhalb des oberen Assam-Tals, welches flächendeckend mit positiven Faktorwerten gekennzeichnet ist (zwischen +0,5 und +1,5), fallen einige kleinräumige Gebiete mit besonders ergiebigen Winterniederschlägen auf, was durch vergleichsweise hohe positive Faktorwerte angezeigt wird. Dies gilt für die Regionen um Chota Tingrai (RS 125) mit einem Faktorwert +3,98, Koomtaie (RS 11) +2,25, Koomsong (RS 35) +2,23 und Koliamari (RS 155) +1,64.

Ein weiteres Gebiet, wo zunehmend positive Faktorwerte zu erkennen sind, befindet sich in Höhe des Rangit-Flusses im Übergangsbereich vom Darjeeling- zum Sikkim-Himalaya. Ausgehend von -1,21 (RS 168: North Tukvar) steigen die Faktorwerte in nördliche Richtung stark an und erreichen in Nordsikkim Werte von über +3 (RS 217: Lachen). Die Ergiebigkeit der wintermonsunalen Niederschläge nimmt in diesem Bereich, ausgehend vom Rangit-Tal, mit zunehmender Meereshöhe in nördliche Richtung deutlich zu. Die Niederschläge liegen dabei weit über dem Durchschnitt, sinken dann aber im Übergangsbereich zum Hochland von Tibet.

Durchschnittliche Wintermonsunniederschläge, angezeigt durch den Faktorwert 0, sind im o.g. Übergangsbereich vom Darjeeling- zum Sikkim-Himalaya sowie in einigen kleinräumig umgrenzten Gebieten im Barak-Tal zu finden. An der Grenze vom mittleren zum oberen Assam-Tal hat die Nullwert-Isolinie einen annähernden Nord-Süd-Verlauf und teilt das Assam-Tal in bezug auf die wintermonsunalen Niederschläge in zwei unterschiedlich geprägte Abschnitte. Im unteren und mittleren Talabschnitt liegen die Niederschläge deutlich unter dem Durchschnitt, was durch Faktorwerte von bis zu -1 bewiesen wird. Im oberen Assam-Tal dagegen steigt die Niederschlagsergiebigkeit überdurchschnittlich an, was anhand der stark positiven Faktorwerte abzulesen ist. Die vergleichsweise geringsten Niederschlagssummen während des Wintermonsuns verzeichnen das sich nördlich und nordöstlich von Sikkim anschließende Hochland von Tibet (Gyangtse, RS 222, -1,60) und große Teile des Barak-Tals (Kailasha Har, RS 237, -1,74 und Haflong, RS 211, -1,53).

4.1.1.4 Bewertung der durchgeführten Hauptkomponentenanalysen mit der Anzahl der Regentage

Ergänzend zu der vorgestellten Hauptkomponentenanalyse mit den 12 Monatsvariablen der Niederschlagssummen wurde eine Hauptkomponentenanalyse mit der monatlichen Anzahl der Regentage durchgeführt. Allerdings liegen nur für insgesamt 175 Stationen die Daten über die monatliche Anzahl der Regentage vor, im Vergleich zu den 219 Stationen mit monatlichen Niederschlagssummen.

Bei Anwendung des Kaiser-Guttmann-Kriteriums (Eigenwerte >1; BORTZ 1993, p 503) wurden zwei unabhängige Faktoren extrahiert. Diese konnten 77,8 % der Ausgangsvarianz erklären. Dagegen konnten für die monatlichen Niederschlagssummen mit den drei extrahierten Faktoren 83,5 % der Ausgangsvarianz erklärt werden. Beim Faktor 1 wird die monatliche Anzahl der Regentage während des Winter-, Vor- und Nachmonsuns zusammengefaßt. Der Erklärungsanteil beträgt dabei 51,5 % und der Eigenwert 6,16. Der Faktor 2 steht für die Anzahl der Regentage während des Sommermonsuns mit einen Erklärungsanteil von 26,3 % und einem Eigenwert 3,15.

Die Variabilität der monatlichen Regentage ist an den Referenzstationen während der Wintermonate sowie der Vor- und Nachmonsunmonate weitaus geringer als während des Sommermonsuns. Dies wird durch den hohen Erklärungsanteil von 51,5 % dokumentiert, was auch zur Extraktion des Faktors 1 führt. Während des Sommermonsuns sind somit die Schwankungen in bezug auf die Anzahl der Regentage an den einzelnen Referenzstationen derart groß, daß mit dem Faktor 2 nur noch 26,3 % der Ausgangsvarianz erklärt werden können.

Im Vergleich zur Hauptkomponentenanalyse bei den monatlichen Niederschlagssummen ergibt sich, daß bei Einbeziehung der Regentage keine zusätzlichen Informationen resultieren würden. Der Erklärungsanteil an der Ausgangsvarianz liegt um 5,7 % unter dem bei den Niederschlagssummen. Außerdem läßt sich aufgrund von nur zwei extrahierten Faktoren die annuelle Variation der Anzahl der Regentage weniger detailliert darstellen. Der Faktor 1 umfaßt dabei alleine schon einen Zeitraum von 9 Monaten. Es käme zu einer ungleichgewichtigen saisonalen Zweiteilung des Jahres, verbunden mit der Schwierigkeit den inhaltlichen Zusammenhang der genannten Variablengruppe durch eine Hintergrundvariable erklären zu können. Darüber hinaus ist die Ausgangsdatenmenge geringer, da nur 175 Referenzstationen berücksichtigt werden konnten, d.h. es sind 44 Referenzstationen weniger als bei der Hauptkomponentenanalyse mit den monatlichen Niederschlagssummen.

Die beiden bisher vorgestellten Hauptkomponentenanalysen wurden entweder mit den monatlichen Niederschlagssummen oder mit der monatlichen Anzahl der Regentage durchgeführt. In einer abschließenden Hauptkomponentenanalyse wurden sowohl die monatlichen Niederschlagssummen als auch die monatliche Anzahl der Regentage berücksichtigt, d.h. eine Hauptkomponentenanalyse mit insgesamt 24 Ausgangsvariablen. Bei Anwendung des Kaiser-Guttmann-Kriteriums wurden vier von einander unabhängige Faktoren extrahiert, die zusammen 80,9 % der Ausgangsvarianz erklären können. D.h., hier wird der Informationsgehalt im Vergleich zur durchgeführten Hauptkomponentenanalyse mit den Monatsniederschlägen (Erklärungsanteil: 83,5 %) nicht übertroffen.

Der Faktor 1, mit einer erklärten Varianz von 38,8 %, ist einerseits durch sehr hohe Ladungen (>0,7) der Regentagevariablen Januar, Februar, März und Dezember geprägt und andererseits durch ebenfalls hohe Ladungen der Niederschlagssummenvariablen Januar, Februar und Dezember. Der Faktor 1 steht somit in engem Zusammenhang mit den Niederschlagsaktivitäten im wintermonsunalen Jahresabschnitt im Untersuchungsgebiet. Beim Faktor 2, mit einer erklärten Varianz von 27,3 %, sind hohe Faktorladungen (>0,7) bei den Niederschlagsummen von Juni bis Oktober zu erkennen und können inhaltlich mit dem Sommer- und Nachmonsun in Verbindung gebracht werden.

Beim Faktor 3 und 4 treten noch weniger Variablenmonate mit hohen Faktorladungen (>0,7) auf. Die sinnvolle inhaltliche Einordnung der Variablenmonate in eine Variablengruppe ist dabei nicht mehr möglich. Dies dokumentiert die erschwerte Interpretierbarkeit der einzelnen Faktoren, wodurch eine Beschreibung und somit Benennung der Hintergrundvariablen nicht eindeutig durchgeführt werden kann. Da auch die Angaben über die monatliche Anzahl der Regentage für nur 175 Referenzstationen vorliegen, kommt es bei einer gleichzeitigen Berücksichtigung der monatlichen Niederschlagssummen und der Anzahl der Regentage zu einer entsprechenden Ausdünnung des Stationsnetzes von 219 auf 175 Referenzstationen.

Es zeigt sich somit, daß die Hauptkomponentenanalyse mit den monatlichen Niederschlagssummen ausreicht, um mit drei Faktoren die Ausgangsvarianzen (=intra-annuelle Niederschlagsvarianz) in genügendem Umfang zu erklären. Es wird daher auf die Einbeziehung der Regentage in die Hauptkomponentenanalyse verzichtet, nicht aber auf die Regentage als wertvolle Charakterisierungshilfe für die Niederschlagsverhältnisse in Nordostindien. Die monatliche Anzahl der Regentage wird eine wichtige Rolle bei der Präsentation und Analyse der annuellen Typen der Niederschlagsvariation spielen. Es können damit u.a. Aussagen über die Niederschlagsintensitäten in den unterschiedlichen Regionen gemacht werden. Die annuellen Variationen der Anzahl der Regentage und der Niederschlagssummen werden miteinander verglichen, um damit die Niederschlagsverhältnisse in Nordostindien im Sinne einer klimageographischen Betrachtung besser charakterisieren zu können.

4.1.2 CLUSTERANALYSE

Zur räumlichen Identifikation und Analyse der annuellen Typen der Niederschlagsvariation im Untersuchungsgebiet dient die Clusteranalyse. Sie faßt Gruppen zusammen, mit der Vorgabe, daß die Mitglieder einer Gruppe dabei eine weitgehend verwandte (ähnliche) Eigenschaftsstruktur aufweisen. Zwischen den einzelnen Gruppen soll möglichst wenig Ähnlichkeit bestehen. Bei der Gruppenbildung werden alle vorliegenden Eigenschaften gleichzeitig herangezogen. Ferner sollen Gebiete im Untersuchungsgebiet identifiziert werden, die einen ähnlichen Jahresgang des Niederschlags aufweisen, um somit eine Regionalisierung der Niederschlagsverhältnisse zu erreichen. Die Rohdatenmatrix für die angestrebte Cluster analyse wird durch die 219 Referenzstationen gebildet, welche jeweils durch die drei errechneten Faktorwerte beschrieben werden, d.h. die Clusteranalyse wird auf der Basis der unabhängigen, also nicht miteinander korrelierten Faktorwerte durchgeführt.

Um bei der Clusteranalyse möglichst homogene Gruppen zu bilden, muß die Ähnlichkeit der Fälle quantifiziert werden. SPSS for Windows verwendet per Voreinstellung die 'quadrierte Euklidische Distanz'. Dabei wird nicht die Ähnlichkeit, sondern die Unähnlichkeit der Fälle untersucht. Das gewählte Distanzmaß ist das gebräuchlichste Maß und mißt die Unähnlichkeit zweier Fälle anhand der Summe der quadrierten Differenzen der Variablenwerte dieser beiden Fälle (HARTUNG et ELPELT 1995, p 443 ff). Die gewonnenen Distanzmaße bilden den Ausgangspunkt für die Clusteralgorithmen mit dem Ziel der Gruppierung der Objekte (im vorliegenden Fall 219 Referenzstationen).

4.1.2.1 WARD-Fusionierungsverfahren

Aus der Vielzahl der existierenden Clusteralgorithmen wurde das agglomerative hierarchische Verfahren nach WARD ausgewählt, "da das WARD-Fusionierungsverfahren im Vergleich zu anderen Algorithmen in den meisten Fällen sehr gute Partitionen findet und die Elemente 'richtig' den Gruppen zuordnet. Das WARD-Verfahren kann somit als sehr guter Fusionierungsalgorithmus angesehen werden" (BACKHAUS et al. 1994, p 298). Das WARD-Verfahren liefert in der Forschungspraxis sehr anschauliche Ergebnisse, was beispielsweise für die Erarbeitung von typischen Jahresgängen der Temperatur und des Niederschlags in China eindrucksvoll unter Beweis gestellt wird (DOMRÖS et PENG 1988, p 91 und 156).

Die einzelnen Schritte der Cluster-Analyse werden üblicherweise in einem 'Eiszapfen-diagramm' graphisch aufgezeigt, was bei einer hohen Anzahl von Stationen nicht mehr übersichtlich darstellbar ist. Für die vorliegende Untersuchung wurde daher auf das 'Eiszap-fendiagramm' verzichtet. Aus der sehr umfangreichen Agglomerationstabelle wurde die stufenweise Zusammenfassung in einzelne Cluster ersichtlich. Basierend auf den drei jeweiligen Faktorwerten konnten mit Hilfe der Clusteranalyse insgesamt 14 verschiedene Typen der annuellen Niederschlagsvariation im Untersuchungsgebiet identifiziert werden.

Aufgrund des bestehenden individuellen Entscheidungsspielraums bei der Clusteranaly-se wurde die Gruppenzahl beim WARD-Verfahren in parallel durchgeführten Prozeduren verändert. Es soll dadurch einerseits festgestellt und bewertet werden, wie die Fusionierung der Referenzstationen bei der Vorgabe von 10, 11, 12 und 13 zu bildenden Clustern vorgenommen wird. Andererseits kann damit auch überprüft werden, wie stabil die vorge-nommene Einteilung in 14 Cluster ist. Die Auswertung erbrachte, daß bei einer Einteilung in weniger als 14 Cluster (Niederschlagstypen) ihre räumliche Verbreitung durch viele, nicht zusammenhängende Teilregionen gekennzeichnet ist. Bei der Unterteilung in mehr als 14 Niederschlagstypen ergaben sich zwischen einigen Typen zu geringe Unterschiede, was eine Interpretation erschwert. Somit kann die Einteilung in 14 Typen, basierend auf der Interpretation der Distanz-Werte in der Agglomerationstabelle, als sinnvoll betrachtet werden.

Die Jahresgänge der insgesamt 219 Referenzstationen wurden durch die Clusteranalyse nach WARD in 14 Typen (im folgenden mit 'T' abgekürzt) gruppiert; die Zahl der zuge-ordneten Stationen beträgt:

T 1:	51	T 5:	8	T 9 :	2	T 13:	2
T 2:	39	T 6:	13	T 10:	25	T 14:	1
T 3:	30	T 7:	12	T 11:	13		
T 4:	16	T 8:	6	T 12:	1		

Mit Hilfe des Dendrogramms der Clusteranalyse konnte der Fusionierungsprozeß aller Referenzstationen und somit die Gruppierung in 14 Typen nachvollzogen werden. Der jeweilige Distanzwert von 0-25 vermittelt einen ungefähren Eindruck von der Verschieden-heit der einzelnen Niederschlagstypen. Die Auflistung und Beschreibung der Niederschlags-typen erfolgt in der Reihenfolge wie die Anordnung im Dendrogramm. Im oberen Drittel des Dendrogramms sind die Niederschlagstypen 3, 5, 8 2, 9 und 13 durch vergleichbar geringe Distanzwerte (maximal 5) voneinander getrennt, was eine Ähnlichkeit in bezug auf die annuelle Niederschlagsvariation dokumentiert. Die Stufe mit dem größten Distanzwert von 25 trennt die vorher genannten Typen im oberen Drittel des Dendrogramms von denen in den beiden unteren Dritteln. Dabei unterscheiden sich die Niederschlagstypen 7, 1, 11 und 10 durch einen Distanzwert von über 20 von den Typen 12, 14, 6 und 4. Die Distanz-maße stellen ein wichtiges Hilfsmittel dar, um die Unterschiede zwischen den Nieder-schlagstypen quantifizieren zu können.

4.1.2.2 Ausprägung der Faktorwerte in den 14 Niederschlagstypen

Die Faktorwerte auf Clusterebene sollen erste Aufschlüsse zur näheren Charakterisierung der 14 Niederschlagstypen liefern. Die durchgeführte Berechnung basiert auf diesen Faktorwerten, welche ein Maß für die Niederschlagssummen in bezug auf die durchschnittliche Niederschlagssumme des Untersuchungsgebiets sind. Die für die einzelnen Typen errechneten Faktorwerte reichen von -0,91 bis +7,66 (Tab. 5). Dies weist auf sehr große räumliche Variationen hin, die noch näher behandelt werden. Von den 14 Niederschlagstypen liegt bei 8 Typen die sommermonsunale Niederschlagssumme über dem Durchschnitt im Untersuchungsgebiet, was durch die positiven Faktorwerte bewiesen wird.

Tab. 5: Ausprägung der Faktorwerte für die 14 Niederschlagstypen während des Sommermonsuns (Faktor 1)

Typ	Mittel	Standardabweichung	Fälle
T 1	-,5364744	,3091588	51
T 2	,1536980	,2897262	39
T 3	-,4038122	,1690457	30
T 4	-,4912508	,4330203	16
T 5	,3263948	,5928003	8
T 6	,2767644	,5339238	13
T 7	-,8685619	,3661130	12
T 8	,3692080	,4103004	6
T 9	1,2660341	,3565653	2
T 10	,8096328	,5394521	25
T 11	1,5645139	,4456718	13
T 12	6,3704702	-	1
T 13	-,9095193	,4860413	2
T 14	7,6641965	-	1

Fälle insgesamt: 219
ETA = ,9298   ETA² = ,8645

Der Sommermonsun (Faktor 1) verzeichnet im Vergleich zu allen anderen Niederschlagstypen die höchsten Niederschläge in den Typen 14, 12, 11 und 9 (Faktorwerte von >+1). Stark unterdurchschnittliche Niederschlagssummen (Faktorwert von <-0,5) sind in den Typen 1, 7 und 13 zu erkennen.

Eine weitere wichtige Kenngröße zur Beurteilung der Fusionierungsvorgänge mit daraus resultierender Clusterbildung ist die Größe ETA (vgl. BACKHAUS et al. 1994, p 82). Sie ist die prozentuale Varianzaufklärung der abhängigen Variablen (Monate oder Faktoren) durch die Unabhängigen (Cluster). ETA^2 drückt den Anteil der abhängigen Variablen an der Gesamtvarianz aus. Der Erklärungsbeitrag der abhängigen Variablen (Faktor) wächst somit mit der Größe ETA^2, bis $ETA^2=1$. Bei insgesamt 14 Niederschlagstypen ergibt sich für den Faktor 1 eine Größe ETA^2 von 0,865 (Tab. 5), was als sehr zufriedenstellend bezeichnet werden kann (BACKHAUS et al. 1994, p 82).

Überdurchschnittlich hohe Niederschläge kennzeichnen während des Vor- und Nachmonsuns (Faktor 2) die Typen 12, 6, 4, und 9 (Faktorwerte >+1; Tab. 6). Die Typen 12 und

9 fielen bereits beim Faktor 1 durch überdurchschnittliche Niederschläge auf. ETA² beträgt 0,896, was auch bei Faktor 2 die Unterteilung in 14 Typen deutlich unterstreicht.

Insgesamt 8 Typen weisen negative Faktorwerte auf und dokumentieren somit unter dem Durchschnitt liegende Niederschläge. Besonders geringe Niederschläge verzeichnen die Typen 13 und 10 (Faktorwerte -2,16 und -1,35). Beim Faktor 1 beträgt die Schwankungsbreite der Faktorwerte noch 8,57, wogegen sich beim Vor- und Nachmonsun nur noch eine Amplitude von 5,32 ergibt. Dies deutet an, daß die regionalen Variationen in bezug auf die vor- und nachmonsunalen Niederschläge geringer sind als beim Sommermonsun.

Tab. 6:   Ausprägung der Faktorwerte für die 14 Niederschlagstypen während des Vor- und Nachmonsuns (Faktor 2)

Typ	Mittel	Standardabweichung	Fälle
T 1	-,1777165	,2558092	51
T 2	,2104652	,2991196	39
T 3	-,0550906	,2980485	30
T 4	1,2189534	,4809897	16
T 5	,5064371	,5117776	8
T 6	2,5334818	,3443473	13
T 7	-,8659659	,3472494	12
T 8	-,8329424	,3280846	6
T 9	1,0827358	,4619721	2
T 10	-1,3463306	,3438557	25
T 11	-,4341259	,3632273	13
T 12	3,1601732	-	1
T 13	-2,1603847	,3884769	2
T 14	-,2956209	-	1

Fälle insgesamt: 219
ETA = ,9467 ETA² = ,8962

Im Vergleich zum Faktor 1 werden aber beim Faktor 2 weitaus geringere Faktorwerte erreicht, was durch geringe Niederschläge während des Vor- und Nachmonsuns ausgedrückt wird. Typ 13 ist hiervon besonders betroffen, da die sommermonsunalen Niederschläge bereits mit einem Faktorwert -0,91 deutlich unter dem Durchschnitt des Untersuchungsgebiets liegen. Bei Typ 10 variieren die saisonalen Niederschlagsanteile besonders stark, denn der Sommermonsun erreicht einen Faktorwert +0,81, der Vor- und Nachmonsun einen Faktorwert -1,35. Ein noch deutlicherer saisonaler Unterschied kommt beim Niederschlagstyp 14 zum Ausdruck, wo den extrem überdurchschnittlichen Sommermonsunniederschlägen (Faktorwert +7,66) unterdurchschnittliche Niederschläge während des Vor- und Nachmonsuns gegenüberstehen (Faktorwert -0,30).

Für den Wintermonsun (Faktor 3) werden bei den Typen 9, 13, 5 und 8 im Vergleich zu den übrigen Typen überdurchschnittlich hohe Niederschläge registriert (Faktorwerte >+1; Tab. 7). Bei Typ 9 fällt auf, daß alle Faktoren sehr hohe positive Faktorwerte aufweisen. Dies bedeutet, daß in jedem Jahresabschnitt überdurchschnittlich hohe Niederschläge fallen.

Von den 14 Niederschlagstypen sind insgesamt 8 durch negative Faktorwerte gekennzeichnet, woraus vergleichbar geringe Niederschläge abgeleitet werden können. Stark unterdurchschnittliche Niederschläge sind bei den Typen 2, 7, 12 und 14 zu erkennen (Faktorwerte >-0,8). Die Typen 7 und 1 weisen für alle drei Faktoren negative Faktorwerte auf, was vergleichbar geringe Niederschläge bescheinigt. Die Schwankungsbreite der Faktorwerte reicht von +4,11 bis -0,99, woraus sich eine Amplitude von 5,1 ergibt. Diese ist damit ähnlich hoch wie beim Faktor 2. ETA² von 0,895 unterstreicht auch für den Faktor 3 die Unterteilung in 14 Niederschlagstypen.

Tab. 7: Ausprägung der Faktorwerte für die 14 Niederschlagstypen während des Wintermonsuns (Faktor 3)

Typ	Mittel	Standardabweichung	Fälle
T 1	-,5916123	,3237936	51
T 2	,9918421	,2455487	39
T 3	,4095478	,2645785	30
T 4	-,7886357	,4045588	16
T 5	1,9487067	,3240054	8
T 6	-,6662694	,4574827	13
T 7	-,9862901	,3696244	12
T 8	1,2896946	,5035298	6
T 9	4,1124895	,1833871	2
T 10	-,5460091	,3640419	25
T 11	-,7360651	,2904921	13
T 12	-,8619053	-	1
T 13	2,8524169	,8137670	2
T 14	-,8575505	-	1

Fälle insgesamt: 219
ETA = ,9460   ETA² = ,8948

4.1.3 MITTELWERTSBERECHNUNG BEI DEN NIEDERSCHLÄGEN UND DER ANZAHL DER REGENTAGE

Im Rahmen von SPSS X wurde für jeden Niederschlagstyp eine Mittelwertsberechnung auf Jahres- sowie Monatsbasis durchgeführt. Mit den Ergebnissen wird ein Vergleich der einzelnen Typen in bezug auf deren Niederschlagssummen ermöglicht und dient somit einer detaillierten Charakterisierung der im Untersuchungsgebiet vorherrschenden Niederschlagsverhältnisse. Die gleiche Berechnung wurde für die Anzahl der Regentage durchgeführt. Dabei wurde die Clustereinteilung bei den Niederschlagssummen auch als Einteilungsschema für die Anzahl der Regentage genommen. Allerdings lagen für nur 175 Referenzstationen brauchbare Datenreihen über die Anzahl der monatlichen Regentage vor, so daß die Clusterbesetzung bei den Regentagen im Vergleich zu den Niederschlagssummen um insgesamt 44 Referenzstationen reduziert vorliegt (Tab. 8).

Die auftretenden Differenzen, d.h. die Referenzstationen ohne Angaben über die Regentage, sind nicht allzu groß, so daß die Anzahl der Regentage zur weiterführenden Charakterisierung und Interpretation der Niederschlagstypen mit herangezogen wird. Nur beim Niederschlagstyp 14 kann nicht auf Daten über die Zahl der Regentage zurückgegriffen werden.

Anhand der durchgeführten Berechnungen können folgende klimageographische Fragestellungen beantwortet werden: Wie groß sind die Jahressummen des Niederschlags und der

Anzahl der Regentage in den einzelnen Typen? Wie sieht die annuelle Niederschlagsvariation aus und welche räumlichen Unterschiede existieren im Untersuchungsgebiet?

Tab. 8: Anzahl der Referenzstationen für die Cluster-Besetzung bei den Niederschlägen und den Regentagen

Cluster	Niederschlag	Regentage	Differenz
T 1	51	37	14
T 2	39	36	3
T 3	30	28	2
T 4	16	11	5
T 5	8	8	0
T 6	13	11	2
T 7	12	9	3
T 8	6	3	3
T 9	2	2	0
T 10	25	16	9
T 11	13	12	1
T 12	1	1	0
T 13	2	1	1
T 14	1	-	1
Gesamt	219	175	44

4.2 Typisierung nach den jährlichen Niederschlagssummen und der Anzahl der Regentage

Die mittlere jährliche Niederschlagssumme für alle Stationen beträgt 2.772 mm. Dieses Gebietsmittel von Nordostindien kann aber nicht als repräsentativ angesehen werden, da die 219 Referenzstationen ungleichmäßig gestreut sind. Der errechnete Mittelwert ist daher als grober Anhaltspunkt bzw. Annäherungswert an das wahre Gebietsmittel zu verstehen. Es existiert lediglich ein als repräsentativ akzeptiertes Saisonmittel von Nordostindien, welches für den vier Monate dauernden Sommermonsun errechnet worden ist (PARTHASARATHY 1993) und bei der Betrachtung der saisonalen Niederschlagsvariation mit dem des Untersuchungsgebiets verglichen wird (Kap. 4.4). Als Vergleichsbasis für die räumlichen Differenzierungen im Untersuchungsgebiet wird die Gesamtindien-Jahressumme des Niederschlags herangezogen. Sie beträgt 1.072 mm (Kap. 3.2), d.h. 1.700 mm weniger Jahresniederschlag als im Untersuchungsgebiet. Dieses sind lediglich 39 %, gemessen an der Niederschlagssumme in Nordostindien, was somit den Untersuchungsraum als eine niederschlagsreiche Region innerhalb des Indischen Subkontinents charakterisiert.

Bereits bei der räumlichen Verteilung der Faktorwerte (Kap. 4.1.1.3) sowie bei den Faktorwerten der einzelnen Niederschlagstypen (Kap. 4.1.2.2) deuteten sich große Ergiebigkeitsunterschiede an, die auf beträchtliche räumliche wie auch zeitliche Niederschlagsvaria-

tionen innerhalb des Untersuchungsgebiets schließen lassen. Um einleitend die angesprochene hygrische Differenzierung vorzustellen, wird die Jahressumme des Niederschlags
sowie die Anzahl der Regentage für die einzelnen Niederschlagstypen (Cluster) betrachtet.
Da die Jahresmittelwerte generell nur eine sehr begrenzte Aussagekraft besitzen, werden
diese nur in Form einer kurzen Übersicht dargestellt. Die Betrachtungsreihenfolge der 14
Niederschlagstypen wird durch die Clusteranordnung im Dendrogramm vorgegeben. Diese
Reihenfolge wird auch bei der späteren Vorstellung der annuellen Variation der Niederschlagstypen beibehalten, um dadurch die Unterschiede bei geringen Distanzwerten und
somit ähnlichen Jahresgängen besser herausarbeiten zu können.

Auffallend sind die beträchtlichen Unterschiede in bezug auf die jährliche Niederschlagssumme (Abb. 22), was die hygrische Heterogenität von Nordostindien in besonderem Maße unterstreicht. Die im Dendrogramm benachbarten Typen mit geringen Distanzwerten zueinander sind dennoch durch unterschiedlich große Niederschlagsjahressummen
gekennzeichnet, die in allen Fällen mindestens um 200 mm differieren. Die Clusteranalyse
wurde auf der Basis der einzelnen Faktorwerte durchgeführt (Kap. 4.1.2) und somit werden
geringe Distanzwerte erst bei der späteren Betrachtung der annuellen Niederschlagsvariationen entsprechende Ähnlichkeiten bedingen.

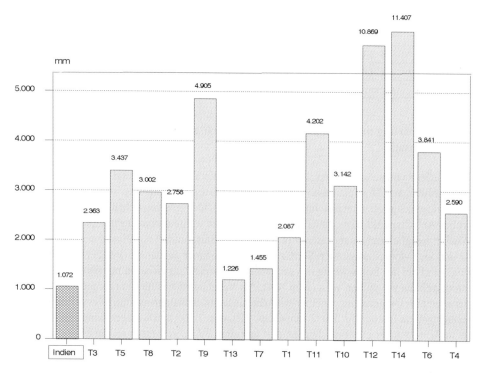

Abb. 22: Mittlere Jahressumme des Niederschlags in den einzelnen Typen

Die Niederschlagstypen 14 und 12 verzeichnen mit 11.407 und 10.869 mm die höchsten jährlichen Niederschlagssummen, was zu den weltweit höchsten Ergiebigkeiten gezählt werden kann. Daneben gibt es im Untersuchungsraum Niederschlagstypen mit einer Jahressumme von nur 1.226 und 1.455 mm (T 13 und T 7). Die Schwankungsbreite der Jahresniederschlagssummen beträgt somit über 10.000 mm. Die Jahressumme Gesamtindiens von 1.072 mm wird von allen 14 Niederschlagstypen deutlich übertroffen, was den Niederschlagsreichtum des untersuchten Raumes eindrucksvoll unterstreicht.

Durchschnittlich regnet es pro Jahr an 132 Tagen in Nordostindien. Leider existieren keine Angaben über die Jahresmenge der Regentage von Gesamtindien, so daß hier ein Vergleich nicht möglich ist. Die jährliche Anzahl der Regentage in den einzelnen Niederschlagstypen zeigt eine weitaus geringere Schwankungsbreite an (Abb. 23), als noch bei den Niederschlagssummen der Fall gewesen ist. Die geringste Anzahl an Regentagen verzeichnet der Niederschlagstyp 7, der auch schon durch eine vergleichsweise geringe Niederschlagsjahressumme gekennzeichnet ist (Abb. 22). Diese Niederschlagsarmut deutete sich auch schon bei der Betrachtung der Faktorwerte an (Kap. 4.1.2.2), wo alle drei Faktoren durch stark negative Faktorwerte auffielen.

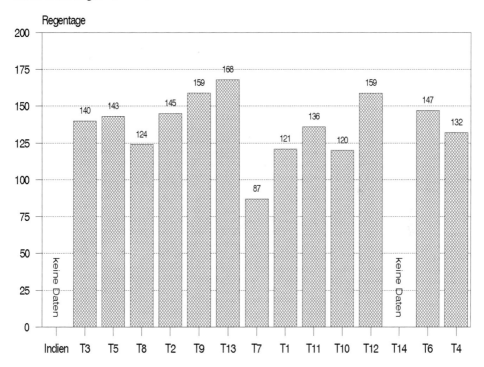

Abb. 23: Mittlere Jahressumme der Anzahl der Regentage in den einzelnen Typen

Aber nicht immer entspricht einer vergleichsweise hohen Jahressumme des Niederschlags auch eine entsprechend hohe jährliche Anzahl an Regentagen. Große Niederschlagsunterschiede in den einzelnen Typen bedingen auch keine entsprechend großen

Unterschiede bei der Anzahl der Regentage. Ein extremes Beispiel dafür ist der Niederschlagstyp 13. Dort wird mit 1.226 mm die geringste jährliche Niederschlagssumme registriert (Abb. 22), jedoch wird mit 168 Regentagen das Maximum im Untersuchungsgebiet erreicht. Der hohe positive Wert beim Faktor 3, d.h. die überdurchschnittlich hohe wintermonsunale Niederschlagssumme sowie die negativen Werte bei den Faktoren 1 und 2 (Kap. 4.1.2.2) deuteten bereits darauf hin, daß dieser Niederschlagstyp eine besondere Stellung einnimmt.

Der extreme Niederschlagsreichtum im Typ 12 bedingt zwar eine hohe Jahressumme von 159 Regentagen, was aber noch keinen Extremwert für das Untersuchungsgebiet darstellt. Leider liegen für den Niederschlagstyp 14 keine Angaben über die Anzahl der Regentage vor. Weiterhin auffällig ist die vergleichbar geringe Jahressumme der Regentage in den sehr niederschlagsreichen Typen 11 und 10. Bei den Faktorwerten für die beiden Niederschlagstypen waren die Faktoren 2 und 3 mit negativen Faktorwerten gekennzeichnet (Kap. 4.1.2.2), was eine sehr auf den Sommermonsun konzentrierte annuelle Niederschlagsvariation erwarten läßt.

Die Niederschlagsmenge pro Regentag, als Maß für die Niederschlagsintensität an einem Standort, wurde aus den Daten von Abb. 22 und 23 berechnet. Die mittlere Niederschlagsintensität beträgt für das Untersuchungsgebiet 25 mm pro Regentag. Erwartungsgemäß überragt der Niederschlagstyp 12 mit 68 mm Niederschlag pro Regentag deutlich die

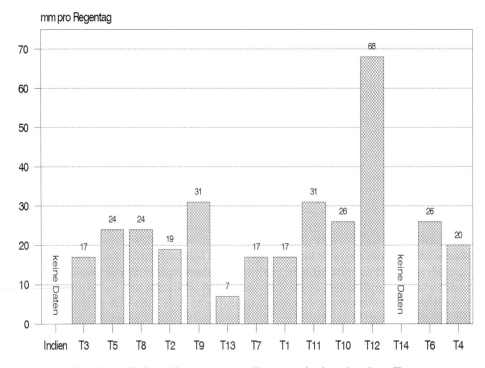

Abb. 24: Niederschlagsmenge pro Regentag in den einzelnen Typen

restlichen Typen (Abb. 24). Nur 7 mm/Regentag wurden für den Niederschlagstyp 13 errechnet, was durch die bestehende Niederschlagsarmut bei vergleichbar sehr hoher Anzahl von Regentagen begründet ist. Werte von über 30 mm/Regentag verzeichnen die Typen 9 und 11. Diese Angaben werden bei der späteren Betrachtung der räumlichen Verbreitung der Niederschlagstypen im Untersuchungsgebiet eine wichtige Rolle spielen, da anhand der Niederschlagsintensitäten weiterführende Aussagen in bezug auf die Erosionsgefahren in steilen Hanglagen sowie über die Überschwemmungsgefahren in Tiefländern gemacht werden können.

4.3 Annuelle Niederschlagsvariation im Vergleich zum Gesamtindien-Jahresgang

Zu Beginn der Betrachtungen wird der Jahresgang für das Untersuchungsgebiet, basierend auf den monatlichen Niederschlagssummen aller 219 Referenzstationen, dem Gesamtindien-Jahresgang gegenübergestellt (Abb. 25). Dabei ist anzumerken, daß die Verwendung der Gesamtindien-Mittelwerte mit einer gewissen Problematik verbunden ist. Die Niederschlagsvariationen in Indien sind beträchtlich, wodurch ein solches 'Gebietsmittel' von Indien kritisch hinterfragt werden kann. Ziel dieser Betrachtung sind die tendenziellen Unter-

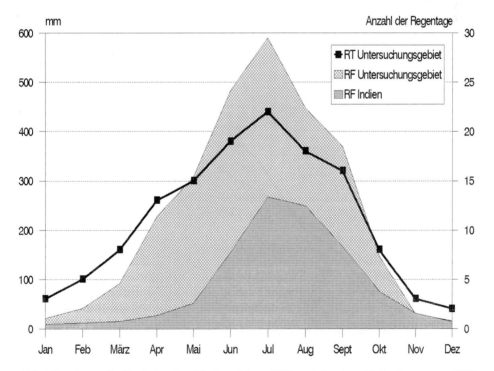

Abb. 25: Annuelle Variation des Niederschlags (RF) und der Anzahl der Regentage (RT) für das Untersuchungsgebiet im Vergleich zum Gesamtindien-Jahresgang

schiede, wodurch eine hygrische Einordnung Nordostindiens innerhalb des Indischen Subkontinents ermöglicht werden soll.

Weiterhin fällt auf, daß der Anstieg und der Rückgang der Monatswerte während des Vor- und Nachmonsuns im Untersuchungsgebiet nicht in der abrupten Weise vonstatten geht, was insbesondere bei den April- und September-Werten zum Ausdruck kommt. Dagegen liegen die Augustniederschläge deutlich unter den Juli-Werten, wo für das Untersuchungsgebiet ein vergleichbar rascher Rückgang resultiert und somit der Juli als ausgeprägtes Niederschlagsmaximum erscheint. Der Jahresgang der Anzahl der monatlichen Regentage ist mit dem Jahresgang der Niederschläge zu vergleichen. Das bedeutet, daß hohe Niederschlagsergiebigkeiten auch mit einer hohen Niederschlagshäufigkeit in Nordostindien verbunden sind.

Um die beiden Niederschlagsjahresgänge aus einem anderen Blickwinkel zu vergleichen, wurde der Jahresgang in Prozentanteilen der Jahressumme dargestellt (Abb. 26). Die Niederschlagssumme ist zwar im Untersuchungsgebiet deutlich höher, aber bei den jeweiligen prozentualen Monatsanteilen ergibt sich ein völlig anderes Bild. Es zeigt sich, daß die monatlichen Prozentanteile in der zweiten Jahreshälfte für Gesamtindien größer sind. Darin enthalten sind auch drei der vier niederschlagsreichsten, Monate (Juli, August und September). Alleine im Juli werden für Gesamtindien rund 25 % des Jahresniederschlags

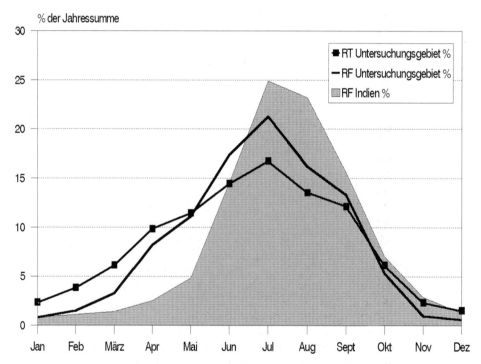

Abb. 26: Prozentualer Anteil der Monatswerte an der Jahressumme für das Untersuchungsgebiet im Vergleich zum Gesamtindien-Jahresgang

gemessen, wogegen dies im Untersuchungsgebiet knapp 4 % weniger sind. Dies bedeutet, daß beim Gesamtindien-Jahresgang die sommermonsunalen Niederschläge zwar einen höheren prozentualen Anteil besitzen, mengenmäßig aber weit unter denen des Untersuchungsgebiets bleiben. In Nordostindien erreichen die Prozentanteile das Maximum im Juli mit über 20 % des Jahresniederschlags. Der Sommermonsun ist dabei sehr stark auf den Juli ausgerichtet, da die Prozentanteile von Juni und August mit rund 17 und 16 % bereits deutlich niedriger sind. Insbesondere der starke Anteilsrückgang von Juli auf August ist bemerkenswert, welcher für Gesamtindien wesentlich langsamer vonstatten geht (von 24,9 auf 23,2 %).

Der Grund für die unterschiedlichen Jahresgänge ist in erster Linie, daß im Untersuchungsgebiet die vormonsunalen Niederschlagsanteile deutlicher höher sind, was insbesondere für den April und Mai gilt. Bereits bei der Faktorenextrahierung (Tab. 4) fiel der Monat Mai durch hohe positive Faktorladungen bei Faktor 1 wie auch bei Faktor 2 auf. Diese Übergangsstellung zeigt, daß im Vergleich zum Gesamtindien-Jahresgang der sommermonsunale Einfluß im Untersuchungsgebiet bereits früher beginnt und auch mit stärkeren Niederschlägen verbunden ist. Der Sommermonsun klingt dann aber früher ab, was durch die deutlich geringeren August- und Septemberanteile zum Ausdruck gebracht wird.

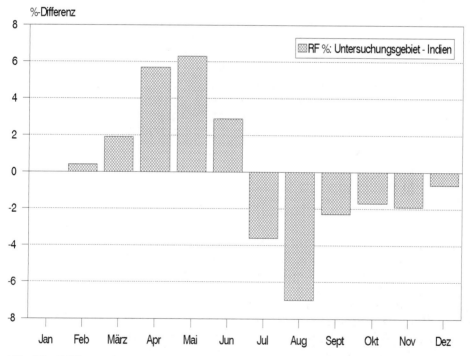

Abb. 27: Differenz des prozentualen Jahresanteils der monatlichen Niederschlagssummen zwischen dem Untersuchungsgebiet und Gesamtindien

Werden die prozentualen monatlichen Niederschlagsanteile Gesamtindiens von denen des Untersuchungsgebiets subtrahiert, resultiert daraus die annuelle Variation der Differenzwerte (Abb. 27). Dabei werden die bereits oben angedeuteten Unterschiede deutlich sichtbar. Auffallend ist das prozentuale Übergewicht für die Monate April, Mai und eingeschränkt noch im Juni. Das prozentuale Defizit erreicht im Vergleich zu Gesamtindien sein Maximum im August, hält aber noch bis November und Dezember an. Somit erlangen die vormonsunalen und beginnenden sommermonsunalen Niederschläge im Untersuchungsgebiet durch den Vergleich mit dem Gesamtindien-Jahresgang eine besondere Bedeutung.

Bei den prozentualen Monatsanteilen der Anzahl der Regentage ist die annuelle Variation etwas ausgewogener, in der Art, daß die sommermonsunalen Monate im Vergleich zu den Niederschlägen durch wesentlich geringere Prozentwerte gekennzeichnet sind (Abb. 26). Selbst während des niederschlagsarmen Wintermonsuns ist der prozentuale Anteil der Regentage vergleichsweise hoch. Dieser Unterschied in bezug auf die Prozentanteile verstärkt sich noch und reicht bis zum Ende des Vormonsuns (Mai). Bei der Differenzdarstellung erscheinen daher diese Monate mit negativen Säulen, denn die Prozentwerte des Niederschlags liegen unter denen der Regentage (Abb. 28).

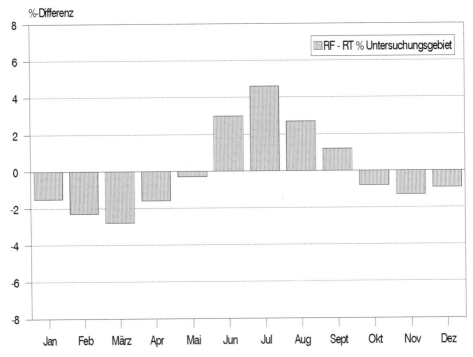

Abb. 28: Differenz des prozentualen Jahresanteils zwischen Niederschlagssumme und Anzahl der Regentage

Während der sommermonsunalen Monate wird auch die zunehmende Niederschlagsintensität deutlich. Es fallen verhältnismäßig mehr Niederschläge, was durch die positiven Säulen zum Ausdruck kommt. Das Verhältnis kehrt sich ab Oktober wieder um. Das Überwiegen der negativen Säulen dokumentiert einerseits, daß ein vergleichbar ausgeglichenerer Jahresgang bei den Regentagen existiert und andererseits, daß insbesondere die niederschlagsärmeren Jahresabschnitte nicht durch eine verhältnismäßig geringere Anzahl von Niederschlagsereignissen gekennzeichnet sind.

Eine weitere Kenngröße zur Charakterisierung der Niederschlagsverhältnisse in Nordostindien ist die Niederschlagsintensität, ausgedrückt durch die Niederschlagsmenge pro Regentag. Sie besitzt einen ausgeprägten Jahresgang mit großen saisonalen Unterschieden (Abb. 29). Die sommermonsunalen Monate sind erwartungsgemäß durch sehr hohe Intensitäten gekennzeichnet und erreichen Werte von 23-27 mm/Regentag.

Die niederschlagsarmen Wintermonsunmonate mit <10 mm/Regentag unterscheiden sich untereinander nur geringfügig in bezug auf die Niederschlagsintensitäten, wogegen die restlichen Monate deutlichere Unterschiede im Vergleich zum vorherigen oder folgenden Monat aufweisen. Nach Erreichen des Maximums im Juli gehen die Niederschlagsintensitäten stufenweise zurück, wobei die größten Unterschiede während des Nachmonsuns von Oktober auf November (von 18 auf 10 mm/Regentag) sowie während des Vormonsuns von März auf April (von 12 auf 18 mm/Regentag) zu erkennen sind. Das Vorrücken bzw. der Rückzug des Sommermonsuns wird bei der Betrachtung der einzelnen Niederschlagstypen noch genauer analysiert.

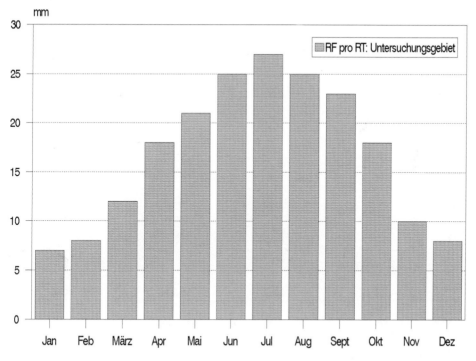

Abb. 29: Annuelle Variation der Niederschlagsintensität in Nordostindien

4.4 Saisonale Niederschlagsvariation im Vergleich zum Gesamtindien-Jahresgang

Die Niederschlagsvariation im Untersuchungsgebiet zeigt eine ausgeprägte Saisonalität, derart daß der Winter- und der Nachmonsun durch sehr geringe Niederschläge, dagegen der Sommer- und Vormonsun durch sehr hohe Niederschläge gekennzeichnet sind (Abb. 30).

Während der vier Sommermonsunmonate Juni-September fallen mit 1.890 mm mehr als doppelt so hohe Niederschläge als für Gesamtindien. Damit hat der sommermonsunale Jahresabschnitt für Nordostindien einen überdurchschnittlich ausgeprägten, regenbringenden Charakter. Bei einer Untersuchung der Sommermonsunniederschläge wurde der Indische Subkontinent wird in insgesamt 29 hygrische Gebietseinheiten unterteilt (PARTHASARATHY 1993). Das Untersuchungsgebiet wird dabei zu 80 % von drei hygrischen Gebietseinheiten abgedeckt: Nordassam, Südassam und West Bengalen mit einer Gesamtfläche von 201.216 km². Die restlichen Gebiete, zum größten Teil Gebirgsregionen im Sikkim- und Assam-Himalaya, wurden von PARTHASARATHY nicht berücksichtigt. Solche Datenlücken existieren in der Untersuchung von PARTHASARATHY nur in Nordostindien, so daß in den 26 anderen hygrischen Gebietseinheiten von repräsentativen Gebietsmitteln des Sommermonsuns auszugehen ist.

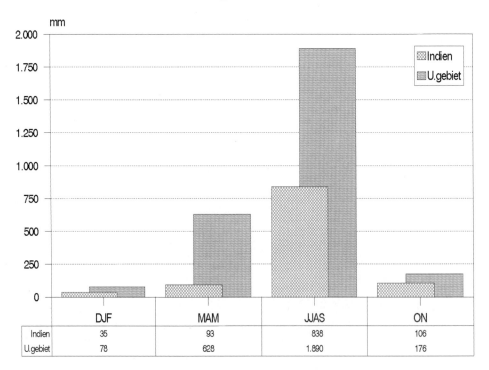

Abb. 30: Saisonale Niederschlagsvariation des Untersuchungsgebiets im Vergleich zum Gesamtindien-Jahresgang

Die mittlere Niederschlagssumme während des Sommermonsuns (Beobachtungszeitraum: 1961-1990) beträgt für die drei hygrischen Gebietseinheiten im Mittel 1.596 mm. Für die 219 Referenzstationen des Untersuchungsgebiets wurden während des gleichen Zeitraums bei 1.890 mm im Mittel genau 300 mm oder 18 % mehr Niederschläge errechnet. Das als repräsentativ akzeptierte Gebietsmittel von PARTHASARATHY kann daher nur als eine Annäherung an ein wahres Gebietsmittel verstanden werden, was ebenfalls für den im Untersuchungsgebiet errechneten Mittelwert von 1.890 mm Gültigkeit hat.

Die vormonsunalen Niederschläge erzielen in Nordostindien fast die siebenfache Menge gegenüber Gesamtindien, was den Niederschlagsreichtum im Untersuchungsgebiet unterstreicht. Bemerkenswert bei der saisonalen Niederschlagsvariation innerhalb des Untersuchungsgebiets sind die oben angesprochenen hohen Niederschlagssummen während des Vormonsuns (628 mm), welche um mehr als ein Dreifaches über denen des Nachmonsuns (176 mm) liegen. Bei der Gesamtindien-Saisonvariation weist der Vor- und Nachmonsun mit 93 und 106 mm eine ähnlich hohe Niederschlagssumme auf. Somit kommt dem Vormonsun im Untersuchungsgebiet eine niederschlagsbringende Bedeutung zu, was sich schon bei der Betrachtung der monatlichen Niederschlagssummen andeutete (Abb. 25). Der stärker werdende Einfluß der Wintermonsunniederschläge (Faktor 3) in den äußerst nordöstlichen und nordwestlichen Regionen des Untersuchungsgebiets (Abb. 21, Anhang) erhöht deutlich das Gebietsmittel, in der Art, daß die Winterniederschläge mit 78 mm im Vergleich zur Gesamtindien-Niederschlagssumme um mehr als das Doppelte höher sind.

Die prozentualen Anteile der einzelnen Jahresabschnitte an der gesamten jährlichen Niederschlagsmenge (RF) unterstreichen die vorher betrachteten saisonalen Niederschlagsvariationen sehr deutlich (Abb. 31). Während der vier Sommermonsunmonate fallen im Untersuchungsgebiet 68 % der Jahresniederschläge. Wird der niederschlagsreiche Vormonsun mit einbezogen, wächst der Anteil auf fast 91 %. In den übrigen fünf Monaten des Nach- und Wintermonsuns werden nur noch 9 % der Jahressumme verzeichnet.

Werden die Prozentanteile mit denen von Gesamtindien verglichen, zeigen sich große Unterschiede. Die annuelle Niederschlagsvariation ist für Gesamtindien mit einem Anteil von 78,2 % noch stärker auf die vier sommermonsunalen Monate ausgerichtet. Der Anteil des Vormonsuns liegt mit 8,7 % sehr deutlich unter dem des Untersuchungsgebiets, was den sehr hohen Prozentanteil der Sommermonsunniederschläge begünstigt. Während des Wintermonsuns sind die prozentualen Jahresanteile mit 3,2 und 2,8 % fast gleich.

Wird die prozentuale Verteilung der Anzahl der Regentage (RT in Abb. 31) für die einzelnen Jahresabschnitte im Untersuchungsgebiet betrachtet, sind vergleichsweise geringere saisonale Unterschiede zu erkennen. Mit etwa 58 % Jahresanteil während des Sommermonsuns ist der Prozentanteil um fast 11 % geringer als bei den Niederschlägen. Dies bedingt ein starkes Anwachsen der Niederschlagsintensität (Abb. 29). Während des Vormonsuns erreicht der Prozentanteil mit 27,2 % sogar einen um 4,5 % höheren Wert. Dies unterstreicht die bereits angesprochene besondere Rolle dieses Jahresabschnitts.

Weiterhin auffallend ist der sehr hohe Anteil während des Wintermonsuns, welcher mit 7,6 % genauso hoch ist wie der Prozentanteil während des Nachmonsuns. Es müssen daher in einigen Regionen des Untersuchungsgebiets bereits andersartige Niederschlagsregime vorherrschen, die zu einem derart hohen Anteil führen. Dafür kommen die äußersten Nord-

regionen in Frage, die mit hohen Faktorwerten für den Wintermonsun (Faktor 3) gekennzeichnet sind (Abb. 21, Anhang).

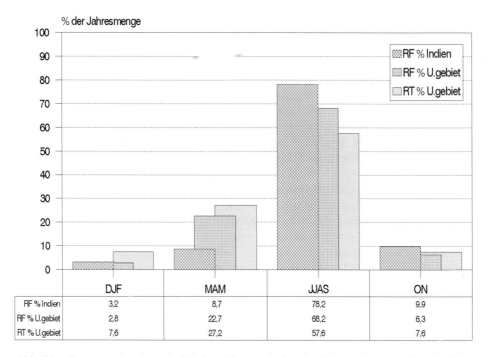

	DJF	MAM	JJAS	ON
RF % Indien	3,2	8,7	78,2	9,9
RF % U.gebiet	2,8	22,7	68,2	6,3
RT % U.gebiet	7,6	27,2	57,6	7,6

Abb. 31: Prozentuale saisonale Niederschlagsvariation des Untersuchungsgebiets im Vergleich zum Gesamtindien-Jahresgang

Die saisonale Aufsplittung der Jahresniederschlagssumme ist für das Untersuchungsgebiet im Vergleich zu Gesamtindien durch ein mehrfaches, mengenmäßiges Überwiegen der
sommer- und vormonsunalen Niederschläge gekennzeichnet. Jedoch zeigt sich bei der prozentualen Niederschlagsvariation, daß für Gesamtindien fast 80 % der Jahressumme
während der vier sommermonsunalen Monate von Juni bis September verzeichnet werden,
wogegen dieses im Untersuchungsgebiet um 10 % weniger der Fall ist. Der Vormonsun
spielt in Nordostindien als Regenbringer eine besondere Rolle. Die restlichen fünf Monate
des Jahres sind durch geringe Niederschläge gekennzeichnet, was insbesondere für den
Wintermonsun von Dezember bis Februar Gültigkeit hat (78 mm Niederschlag oder 2,8 %
Jahresanteil). Somit darf der Monsun nicht nur als Regenbringer, sondern auch als Schönwetterphänomen verstanden werden, der für die auftretende Trockenheit verantwortlich ist.
DOMRÖS (1989, p 90) fordert daher zurecht eine hygrisch differenzierte Betrachtungswei-
se des Monsuns, was in der vorliegenden Arbeit bei den einzelnen Niederschlagstypen auch
versucht werden soll.

4.5   Prüfung der Gruppenhomogenität durch die Varianzanalyse

Die bisher vorgestellten Monatssummen bezogen sich auf das gesamte Untersuchungsgebiet, d.h. auf alle Referenzstationen. Bevor die annuellen Variationen für die 14 Niederschlagstypen detailliert betrachtet werden, wird mit Hilfe der in SPSS durchgeführten Varianzanalyse die Gruppenhomogenität für jeden einzelnen Monat überprüft. Damit kann gezeigt werden, in welchem Maße die Einteilung in 14 Typen in bezug auf den Jahresverlauf homogen ist.

Eine solche Analyse wurde bereits für die einzelnen Faktoren durchgeführt (Kap. 4.1.2.2). Dabei wurde die Größe ETA² als Kenngröße für die Gruppentrennung herangezogen. ETA² kann als der Anteil der Varianz in der abhängigen Variablen interpretiert werden (Faktoren, Monate), die durch die Differenz zwischen den Gruppen (Clustern) erklärbar ist. Es existiert keine einheitliche Meinung über die Mindestgröße von ETA², welche gerade noch akzeptiert werden kann. Allgemein wird die Kenngröße ETA² >0,6 als akzeptabler Wert für eine zufriedenstellende Gruppenhomogenität eingestuft (BACKHAUS et al. 1994, BORTZ 1993, McGREGOR 1993, MILLS 1995).

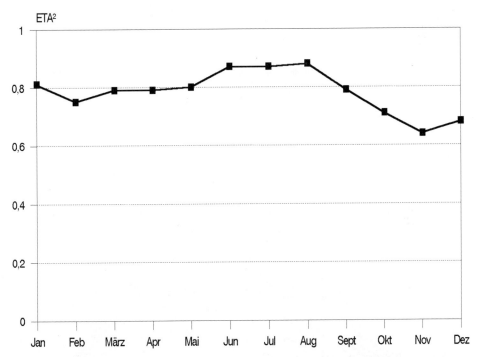

Abb. 32:   Annuelle Variation von ETA² als Kenngröße für die Gruppenhomogenität bei einer Einteilung in 14 Niederschlagstypen

Die Varianzanalyse wurde für die monatlichen Niederschlagssummen der 219 Referenzstationen durchgeführt. Im Jahresgang ergeben dabei zufriedenstellend hohe ETA²-Werte,

die in allen Monaten >0,6 sind (Abb. 32). Die höchsten Werte während fast aller Sommermonsunmonate von Juni, Juli und August (>0,85) dokumentieren die geringe räumliche
Variabilität innerhalb der 14 Typen und gleichzeitig die hohen Zwischengruppendistanzen
während des Sommermonsuns.

Dieses Ergebnis unterstreicht eine hohe Gruppenhomogenität, was somit die Einteilung
in 14 Typen rechtfertigt. Lediglich von Oktober bis Dezember wird CTA^a kleiner, was auf
eine höhere räumliche Variabilität hindeutet. Die entsprechenden Werte liegen allerdings
immer noch über dem oben genannten Grenzwert von 0,6.

4.6 Typen der annuellen Niederschlagsvariation und ihre räumliche Verbreitung

4.6.1 EINFÜHRENDE PRÄSENTATION ALLER NIEDERSCHLAGSTYPEN

Die Darstellung der annuellen Variation des Niederschlags sowie der Anzahl der Regentage
für die 14 Niederschlagstypen wird im Blick auf eine klimageographische Untersuchung
durchgeführt, um dabei die räumlichen und zeitlichen Niederschlagsvariationen in Nordostindien aufzuzeigen. Zunächst werden alle 14 Niederschlagstypen graphisch verglichen
(Abb. 33).

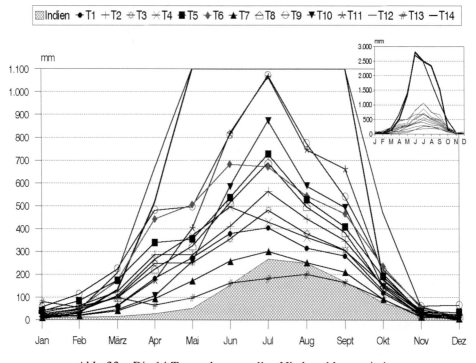

Abb. 33: Die 14 Typen der annuellen Niederschlagsvariation

86

Es fällt auf, daß im Vergleich zu Gesamtindien fast alle Niederschlagstypen durch sehr hohe Monatsniederschläge gekennzeichnet sind. Dies gilt insbesondere während des Vor- und Sommermonsuns. Lediglich beim Niederschlagstyp 13 liegen die sommermonsunalen Niederschlagssummen unter denen von Gesamtindien. Die Unterschiede der Jahresgänge sind während des Wintermonsuns am kleinsten. Sie steigen während des Vormonsuns langsam an (März) und erreichen im April ein erstes Maximum und liegen dann im Mai wieder etwas enger beisammen.

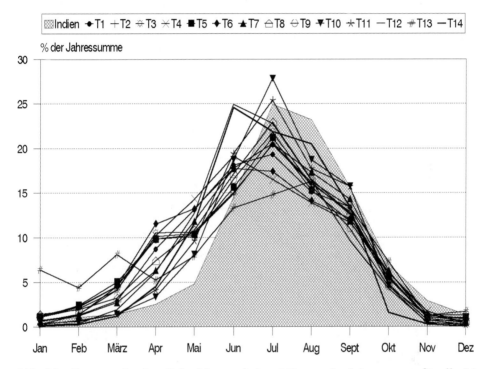

Abb. 34: Prozentualer Anteil der Monatsniederschläge an der Jahressumme für alle 14 Niederschlagstypen

Die größten Unterschiede bei der annuellen Niederschlagsvariation treten während des Sommermonsuns auf. Die niedrigsten Monatsmittel betragen um 200 mm (T 13, T 7), die höchsten >1.000 mm (T 9, T 11), bis sogar >2.000 mm (T 14, T 12). Die Typen 14 und 12 sind durch derart hohe Monatssummen gekennzeichnet, daß die Werte von Mai bis August nicht mehr darstellbar sind und in einer Fenstergraphik mit einem anderen Ordinatenmaßstab aufgezeigt werden. Beim Niedeschlagstyp 14 wird das absolute Monatsmaximum im Juni mit 2.811 mm Niederschlag erzielt, gefolgt vom Niederschlagstyp 12 mit 2.702 mm. Das Maximum des Niederschlags liegt bei der Mehrzahl der Typen im Juli. Nur bei den oben genannten sowie beim Typ 13 wird die höchste Monatssumme im Juni bzw. im August gemessen. Ein sehr abrupter Rückgang der Unterschiede in den Niederschlagssummen vollzieht sich von September auf Oktober, d.h. mit beginnendem Nachmonsun. Im Oktober liegt der Großteil der Monatssummen nur noch zwischen 100 und 200 mm.

Aus der präsentierten Gesamtdarstellung der insgesamt 14 verschiedenen Niederschlagstypen ergibt sich einerseits zwar ein relativ heterogenes Bild, wodurch aber andererseits die zum Teil recht gravierenden räumlichen und zeitlichen Niederschlagsvariationen innerhalb des Untersuchungsgebiets aufzeigt werden. Aufgrund der großen Unterschiede bei den absoluten Monatsniederschlägen ist in bezug auf die zeitliche Niederschlagsverteilung nur eine bedingte Vergleichbarkeit gewährleistet. Daher wird zusätzlich die annuelle Variation der monatlichen Prozentanteile an der Niederschlagsjahressumme untersucht, um eine bessere Vergleichbarkeit zwischen den einzelnen Niederschlagstypen zu erzielen (Abb. 34).

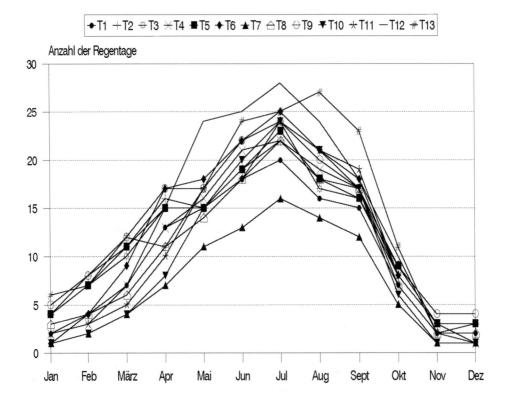

Abb. 35: Annuelle Variation der Anzahl der Regentage für alle 14 Niederschlagstypen

Im Vergleich zum Gesamtindien-Jahresgang zeigt sich, daß die Prozentanteile der meisten Niederschlagstypen während des Sommer- und Nachmonsuns kleiner sind, was sich aber im Vormonsun und beginnenden Sommermonsun umkehrt. Bei den Niederschlagstypen 14 und 12, die durch extrem hohe Niederschläge während des Vor- und Sommermonsuns gekennzeichnet sind, werden nicht die höchsten monatlichen Prozentanteile erzielt. Für die Niederschlagstypen 10 und 11 wurden jeweils im Juli die Maxima mit 28 und 25 % Anteil an der Jahresniederschlagssumme errechnet, welche als einzige den maximalen Gesamtindien-Jahresanteil von fast 25 % übertreffen. Eine andersartige annuelle Variation der Niederschläge sowie deren Prozentanteile ist für den Typ 13 zu erkennen, welcher neben dem Jahresmaximum im August vergleichbar hohe Niederschlagsanteile während des Winter- und beginnenden Vormonsuns besitzt.

Die Gesamtdarstellung zeigt, daß die Unterschiede zwischen den einzelnen Niederschlagstypen geringer sind als bei der Darstellung der absoluten monatlichen Niederschlagssummen (Abb. 33). Die im Vergleich zu Gesamtindien deutlich höheren vormonsunalen Niederschlagsanteile weisen bereits hier auf die besondere hygrisch-klimatische Stellung des Untersuchungsgebiets innerhalb des Indischen Subkontinents hin.

Die annuelle Variation der Anzahl der Regentage für die 14 Niederschlagstypen macht deutlich, daß während der Wintermonsunmonate weitaus größere Unterschiede innerhalb des Untersuchungsgebiets vorherrschen (Abb. 35). Dies gilt auch für die vormonsunalen Monate März und April, in denen noch größere Unterschiede zwischen den einzelnen Niederschlagstypen zu erkennen sind. Der Mai ist dagegen durch eine äußerst geringe Variation der Regentage gekennzeichnet. Der Mittelwert liegt bei 15 Regentage im Mai (Abb. 25).

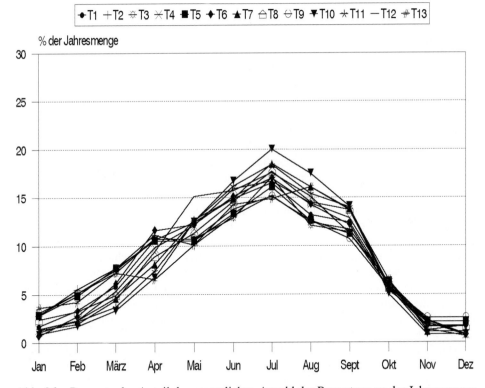

Abb. 36: Prozentualer Anteil der monatlichen Anzahl der Regentage an der Jahressumme für alle 14 Niederschlagstypen

Nur die Werte in einem der niederschlagsärmeren Typen (T 7) und in einem der niederschlagsreicheren Typen (T 12) liegen deutlich unter bzw. über dem Mittelwert von 15 Regentagen.

Die größten Unterschiede bei den monatlichen Regentagen treten während des Sommermonsuns im Juli auf (T 7: 16, T 12: 28 Regentage). Weiterhin fällt bei den Monaten Juni bis September auf, daß der niederschlagsärmste Typ 13 (Abb. 34) durch eine sehr hohe Anzahl von Regentagen gekennzeichnet ist. Der August-Wert liegt dabei mit 27 Regentagen deutlich über den Häufigkeiten der übrigen Typen. Hier ist die geringste Jahressumme des Niederschlags im gesamten Untersuchungsgebiet auf die höchste Anzahl der Regentage verteilt.

Die annuelle Variation des prozentualen Anteils der monatlichen Regentage an der Jahressumme (Abb. 36) zeigt die im Vergleich zu den Niederschlägen (Abb. 34) deutlich geringeren Unterschiede zwischen den einzelnen Niederschlagstypen an. Bei der Betrachtung der absoluten Monatswerte der Regentage waren die räumlichen Variationen erheblich größer (Abb. 35).

Die Schwankungsbreite beträgt in allen Monaten nicht mehr als 5-6 %, welche bei den Niederschlagssummen in zahlreichen Monaten zwischen 10 und 15 % lag (Abb. 34). Dies macht die vergleichbar ausgeglichenere annuelle Verteilung der Regentage deutlich.

4.6.2 RÄUMLICHE VERBREITUNG DER NIEDERSCHLAGSTYPEN

Die räumliche Darstellung der Niederschlagstypen erlaubt einen besseren Eindruck von der Verbreitung der unterschiedlichen annuellen Niederschlagsvariationen im Untersuchungsgebiet (Abb. 37, Anhang).

Die Karte wurde mit TIN (Triangulated Irregular Network) in ARC/INFO erstellt. Das TIN Software Package erzeugt ein Oberflächenmodell in Form von sich nicht überschneidenden Dreiecken, ausgehend von unregelmäßig verteilten Punkten im Raum (219 Referenzstationen). Nepal, Bhutan, weite Teile von Arunachal Pradesh und Myanmar wurden von der linearen Interpolation ausgenommen, da dort keine Referenzstationen liegen. Die genannten Regionen erscheinen daher als weiße Flächen. In Südtibet wurde die Begrenzung der Clusterfläche mit Hilfe eines Halbkreises erzwungen, um die stationslosen Regionen nicht zu groß werden zu lassen. Aufgrund der geringeren Stationsdichte in einigen Bereichen des Untersuchungsgebiets, wie zum Beispiel auf dem Shillong-Plateau sowie im südlich davon angrenzenden Bengalischen Tiefland (Abb. 7, Anhang), ist es nicht zu vermeiden, daß die Clusterflächen sehr groß und undifferenziert werden. Dies wird entsprechend bei der Interpretation der Niederschlagsverhältnisse berücksichtigt. Die Farbabstufung wurde willkürlich festgelegt.

Der erste Eindruck vermittelt ein heterogenes Farbmosaik. Es ist zu erkennen, daß es sich bei der räumlichen Verbreitung der Niederschlagstypen nicht in allen Fällen um regional zusammenhängende Flächen handelt. Teilweise kommen die gleichen Typen der annuellen Variation in ganz unterschiedlichen Regionen vor.

4.6.3 Präsentation der einzelnen Niederschlagstypen

Bei der detaillierten Betrachtung der annuellen Variationen des Niederschlags und der Anzahl der Regentage für die einzelnen Niederschlagstypen werden die Abb. 33-36 als Diagrammvorlage herangezogen. Die Jahresganglinien der zu besprechenden Niederschlagstypen werden dabei deutlich hervorgehoben und die übrigen gepunktet dargestellt. Es soll damit eine direkte Vergleichsmöglichkeit gegeben sein. Bei der Reihenfolge wird entsprechend vorgegangen, wie dies das WARD-Fusionierungsverfahren vorgegeben hat (Kap. 4.1.2.1). Anhand des Dendrogramms werden von oben nach unten die jeweiligen Niederschlagstypen präsentiert. Diejenigen Niederschlagstypen mit geringen Distanzwerten (<5) untereinander und somit ähnlichen annuellen Variationen des Niederschlags werden in einem gemeinsamen Diagramm dargestellt und besprochen. Damit sollen die zwar geringen, aber dennoch bestehenden Unterschiede besser erkennbar gemacht werden. Dadurch kann es vorkommen, daß zwei oder drei Niederschlagstypen gleichzeitig in einem Diagramm auftauchen.

Die Präsentation der einzelnen Niederschlagstypen erfolgt in der Art, daß im Anschluß an ihre räumliche Verbreitung die annuelle Variation des Niederschlags und der Anzahl der Regentage aufgezeigt und dann die prozentualen Anteile an der Jahressumme gegenübergestellt werden. Die Darstellung der annuellen Variation der Prozentanteile erwies sich bereits als sehr anschaulich und hilfreich (Kap. 4.3), um die Vergleichbarkeit untereinander sowie mit dem Gesamtindien-Jahresgang zu gewährleisten. Dabei werden in den entsprechenden Diagrammen auch die saisonalen Prozentsummen integriert, um somit einen besseren Überblick über die Verteilung während der einzelnen Monsunjahreszeiten zu ermöglichen und die Vergleichbarkeit mit den anderen zu erhöhen. In den graphischen Darstellungen der annuellen Variation werden als Zusatzinformation die für die einzelnen Niederschlagstypen errechneten Faktorwerte (Kap. 4.1.2.2) mit angegeben, um damit die Bedeutung der einzelnen Faktoren in Verbindung mit der annuellen Variation zum Ausdruck zu bringen. Den einzelnen Niederschlagstypen werden neben ihrer Kennzahl auch entsprechende Namen zugewiesen, welche sich auf die größte räumliche Verbreitung innerhalb des Untersuchungsgebiets beziehen.

4.6.3.1 Niederschlagstyp 2, 3 und 8: oberes Assam-Tal mit Tiefländern und Fußzonen der Randgebirge

Der Niederschlagstyp 2 hat seine größte räumliche Verbreitung im oberen Assam-Tal (Abb. 37, Anhang). Er reicht von der Fußzone der umrahmenden Gebirge fast flächendeckend bis ca. 50-70 km ins Tiefland hinein, spart aber den inneren Bereich des oberen Assam-Tals aus. 37 von den insgesamt 39 Referenzstationen befinden sich im vorher genannten Talabschnitt. Darüber hinaus existieren zwei Regionen mit jeweils einer Referenzstation, die sich außerhalb dieser Kernregion befinden. Kellyden (RS 115) liegt ca. 200 km westlich des Hauptverbreitungsgebiets des Niederschlagstyps 2 im mittleren Assam-Tal. Die orographische Besonderheit hierbei ist, daß sich die Station in der nördlich bis nordwestlich exponierten, zerlappten Hangfußzone der Mikir- und Rengma-Berge befindet. Gangtok (RS 219) liegt an der sehr steilen, westlich bis südwestlich exponierten Talflanke des Tista-Flusses im westlichen Landesteil von Sikkim. Die Tista besitzt in diesem Bereich einen annähernd Nord-Süd Verlauf und hat bei der Durchschneidung der West-Ost verlaufenden Gebirgsfalten sehr tiefe Kerbtäler geschaffen.

Die meisten der 30 Referenzstationen des Niederschlagstyps 3 befinden sich im inneren Bereich des oberen Assam-Tals sowie im westlichen Anschluß an den Typ 2 (Abb. 37, Anhang). Die räumliche Verbreitung ist dabei durch eine große räumliche Aufsplitterung gekennzeichnet. Weiterhin sind zwei kleinräumige "Inseln" des Niederschlagstyps 3 am Nordufer im mittleren Assam-Tal zu erkennen. Es handelt sich hierbei um New Purupbari (RS 141) und Addabarie (RS 135), welche in ca. 100 bzw. 200 km westlich der Kernregion von T 3 liegen.

Der Niederschlagstyp 8 beinhaltet 8 Referenzstationen, welche sich größtenteils in den Fußzonen der umgebenden Gebirge (Assam-Himalaya und Indisch-Burmesische Grenzgebirge) im oberen Assam-Tal befinden (Abb. 37, Anhang). Die Höhenlage reicht dabei von 150 - 900 m ü.NN. Weiterhin gehört zum Typ 8 die Region um Geyzing (RS 220, 1.734 m ü.NN) in einem NW-SO verlaufenden Tal im südwestlichen Landesteil von Sikkim.

Die annuelle Variation des Niederschlags ist für Typ 2 und 3 sehr ähnlich (Abb. 38), obwohl bei Typ 2 fast 400 mm Jahresniederschläge gemessen werden (Abb. 22). Diese Ähnlichkeit ist bereits im Dendrogramm durch die geringen Distanzwerte von <5 deutlich

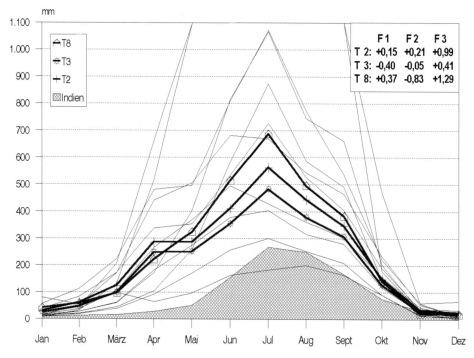

Abb. 38: Typen 2, 3 und 8 der annuellen Variation des Niederschlags

zum Ausdruck gekommen. Das Niederschlagsmaximum wird jeweils im Juli mit ca. 500 mm erreicht, wobei im äußersten Bereich des oberen Assam-Tals (T 2) die Monatssumme um 81 mm höher liegt als im inneren Talbereich. Die sehr niedrigen bzw. negativen Faktorwerte für den Faktor 1 mit +0,15 (T 2) sowie -0,40 (T 3) zeigen an, daß die sommermonsunalen Niederschläge im oberen Assam-Tal im Vergleich zu den anderen Regionen im Untersuchungsgebiet unterdurchschnittlich ausgeprägt sind. Dies wird im Diagramm auch bei der Gegenüberstellung mit den gepunkteten sommermonsunalen Maxima der anderen Niederschlagstypen sehr deutlich.

Eine merkliche Zunahme der Niederschläge ist im Bereich der Fußzonen zu erkennen. Das Niederschlagsmaximum für T 8 beträgt im Juli 688 mm und liegt damit um 125 mm höher als bei T 2. Die vergleichsweise höheren sommermonsunalen Niederschläge kommen auch durch den Faktorwert von +0,37 zum Ausdruck.

Der Anstieg der vormonsunalen bzw. die Abnahme der nachmonsunalen Niederschläge verläuft für T 2 und T 3 sehr langsam, woraus im Vergleich zu den meisten anderen Niederschlagstypen ein eher ausgewogener Jahresverlauf resultiert. Auffallend ist für beide Typen das annähernde Erreichen eines sekundären Niederschlagsmaximums im April, was bei sonst keinem anderen Typ so ausgeprägt ist. Die Niederschläge im April liegen mit 285 mm (T 2) und mit 247 mm (T 3) nur 1 bzw. 4 mm unter denen im Mai. Die Faktorwerte sind für die vor- und nachmonsunalen Niederschläge (F 2) in ähnlicher Weise ausgeprägt, wie dies beim Faktor 1 der Fall war, d.h. für T 3 mit -0,05 schwach negativ und für T 2 mit +0,21 leicht positiv. Diese Unterschiede werden ausschließlich durch die Vormonsunniederschläge hervorgerufen, da kaum nennenswerte nachmonsunale Summenunterschiede zu verzeichnen sind.

Ganz anders ist dagegen der vormonsunale Anstieg der Niederschläge in den Fußzonen der das obere Assam-Tal umgebenden Gebirge (T 8). Die März- und April-Niederschläge liegen dabei einerseits unter denen von T 2 und T 3, und andererseits ist zwischen April und Mai mit 102 mm ein sehr deutlicher Niederschlagsunterschied zu verzeichnen. Während des Nachmonsuns sind die Niederschlagssummen ähnlich denen von T 2 und T 3.

Die geringsten Monatssummen werden bei allen drei Niederschlagstypen während des Wintermonsuns, insbesondere im Dezember, erreicht (18 bzw. 24 mm). Im Januar und Februar steigen die Monatssummen für die drei Niederschlagstypen deutlich an und liegen im Februar um 300 % über dem Dezember. Im Vergleich zu den anderen Niederschlagstypen werden insbesondere im Januar und Februar die dritt und viert höchsten Monatssummen registriert. Die positiven Faktorwerte für den Faktor 3 dokumentieren sehr deutlich die überdurchschnittlichen Niederschlagssummen während des Wintermonsuns, wobei eine Zunahme vom inneren (T 3: +0,41) zum äußeren (T 2: +0,99) oberen Assam-Tal zu erkennen ist, die sich in den Fußzonen der umgebenden Gebirge weiter verstärkt (T 8: +1,29).

Anhand der überdurchschnittlich hohen Wintermonsunniederschlägen, ausgedrückt in der starken positiven Ausprägung des Faktors 3, läßt sich die Zugehörigkeit von den isoliert liegenden Referenzstationen herleiten. Beispielsweise bei der räumlichen Verteilung der Faktorwerte (Abb. 21, Anhang) fiel auf, daß Kellyden (RS 115, T 2) im mittleren Assam-Tal durch einen hohen positiven Faktorwert beim Faktor Wintermonsun gekennzeichnet ist (+0,86) und sich diesbezüglich überdeutlich von seiner Umgebung unterschied. Derart hohe Faktorwerte werden erst im oberen Assam-Tal erreicht.

Sikkim ist durch mehrere Niederschlagstypen charakterisiert (Abb. 37, Anhang und Abb. 7, Anhang). Im südlichen Landesteil sind dies T 2 und T 8 mit den Referenzstationen Gangtok (RS 219) und Geyzing (RS 220). In beiden Fällen sind die wintermonsunalen Niederschläge überdurchschnittlich (+0,80 und +0,62). Bei Geyzing (RS 220) fällt darüber hinaus beim Faktor 2 der sehr geringe Faktorwert von -1,35 auf, was für den gesamten Niederschlagstyp 8 die geringsten vor- und nachmonsunalen Niederschlagssummen bedeutet.

Beim Vergleich der annuellen Niederschlagsvariationen der Typen 2, 3 und 8 im oberen Assam-Tal mit der von Gesamtindien sind kaum Gemeinsamkeiten zu erkennen. Das Niederschlagsmaximum liegt jeweils im Juli, aber die annuelle Variation weist insbesondere während des Vor- und Sommermonsuns erhebliche Unterschiede auf. Die Niederschlagssumme im Juli unterscheidet sich bei den betrachteten Typen sehr deutlich von der im August, während für Gesamtindien nur ein geringfügiger Unterschied zu erkennen ist. Dies gilt auch in bezug auf die Höhe der Niederschlagssumme, denn beispielsweise am Ende des Vormonsuns werden bei den betrachteten Typen des oberen Assam-Tals bereits Summen erreicht, die über dem Jahresmaximum von Gesamtindien liegen.

Bei der annuellen Variation der Anzahl der Regentage (Abb. 39) wird bei allen drei Typen das Maximum im Juli erreicht, wobei aber der niederschlagsärmere Typ 3 mit 24 die meisten Juli-Regentage aufweist. Im April ist bei den Typen 2 und 3 ein sekundäres Maximum im April zu erkennen, d.h. die Niederschlagshäufigkeit ist im Mai geringer als im April. Dies zeichnete sich andeutungsweise auch bei den Niederschlagssummen ab (Abb. 38). Die während des Vormonsuns erreichte Anzahl der Regentage gehört mit zur höchsten in Nordostindien. Für den Typ 8 ist ähnlich wie bei den Niederschlägen kein vormonsunales Maximum vorhanden, sondern ein rasches Ansteigen von Monat zu Monat zu verzeichnen. Für alle drei Typen ist am Ende des Sommermonsuns (von August auf den September) ein langsamer Rückgang der Anzahl der Regentage erkennbar und läßt fast ein drittes Maximum im September entstehen. Eine vergleichbar hohe Anzahl von Regentagen existiert am Ende des Nach- und während des Wintermonsuns. Bis auf den Juli liegen alle Monatswerte des Typs 3 unter denen des Typs 2. Die Jahressumme der Anzahl der Regentage zeigt mit 145 (T 2) und 140 (T 3) aber nur einen geringen Unterschied an (Abb. 23). Hohe Jahresniederschläge führen nicht gleichzeitig zu einer hohen Anzahl an Regentagen, was beim Typ 8 mit zwar 3.002 m, aber mit nur 124 Regentagen pro Jahr deutlich zum Ausdruck kommt (T 2: 145, T 3: 140 Regentage).

Die prozentualen Anteile der monatlichen Niederschlagssummen bestätigen für die Typen 2 und 3 die überdurchschnittlichen Niederschläge während des Vormonsuns. Im April werden mit jeweils 10 % annähernd die höchsten Anteile im gesamten Untersuchungsgebiet erreicht. Von Januar bis Mai liegen die Anteile deutlich über denen von Gesamtindien, wodurch die besondere Bedeutung des Winter- und Vormonsuns für Nordostindien zum Ausdruck gebracht wird. Dies drückt sich auch in den saisonalen Prozentsummen aus, denn rund 25 % der Jahresniederschlagssumme fallen während der drei vormonsunalen Monate, was den Gesamtindien-Wert von 8,7 % (Abb. 10 und Abb. 31) deutlich übersteigt.

Während des Sommermonsuns geht der prozentuale Anteil bei T 2 und T 3 deutlich zurück und liegt bei 64 %, rund 14 % unter dem von Gesamtindien. Dies bedeutet für das obere Assam-Tal eine ausgeglichenere Niederschlagsverteilung, wofür in erster Linie der überdurchschnittlich ausgeprägte Vormonsun verantwortlich ist. Der sommermonsunale Anteil beträgt für Typ 8 rund 69 %, wobei alleine im Juli 23 % der Jahresniederschläge fallen und damit fast den Gesamtindien-Juli-Wert von 25 % erreicht. Bezüglich der absoluten Monatssumme fallen aber mit 688 mm rund 250 % mehr Niederschlag als für Gesamtindien, wo die Monatssumme lediglich 267 mm beträgt. Während des Nachmonsuns fallen bei allen drei Typen zwischen 6 und 7 % der Jahresniederschläge, damit rund 3 % weniger als für Gesamtindien (Abb. 31).

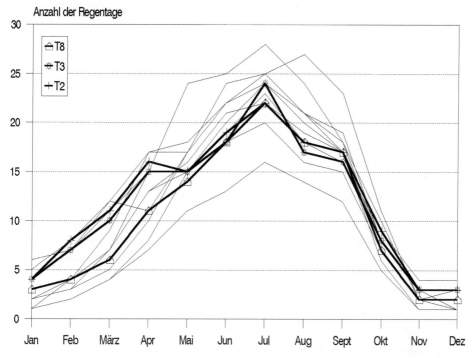

Abb. 39: Typen 2, 3 und 8 der annuellen Variation der Anzahl der Regentage

Anhand der prozentualen annuellen Variation der Regentage wird deutlich, daß die saisonale Verteilung der Regentage bei T 2 und T 3 im Vergleich zu den anderen Niederschlagstypen äußerst ausgeglichen gestaltet ist. Dies gilt insbesondere für Typ 2, dem äußeren Teil des oberen Assam-Tals. Dort hat der Sommermonsun nur einen Anteil von 53 %, was zu dem niedrigsten Wert im gesamten Untersuchungsgebiet gezählt werden kann. In den anderen Jahresabschnitten werden dagegen die höchsten Prozentanteile erreicht, was den vergleichbar ausgeglichenen Jahresgang für die Anzahl der Regentage unterstreicht.

4.6.3.2 Niederschlagstyp 5, 9 und 13: oberes Assam-Tal mit exponierten Standorten und Randgebirgen sowie Nordsikkim

Die meisten der acht Referenzstationen des Niederschlagstyps 5 liegen im oberen Assam-Tal (Abb. 37, Anhang) und haben alle ein gemeinsames orographisches Merkmal: Sie überragen ihre Tieflandsumgebung um durchschnittlich 30-60 m, im Falle von Pasighat (RS 212) sogar bis 157 m. Im Talvorlauf existieren eine ganze Reihe solcher isoliert stehender Hügel. Desweiteren gibt es Geländeerhöhungen wie Schuttkegel, Riedelflächen, Schwemmfächer, Uferwälle und bis ins Tiefland reichende schmale Sporne der umrahmenden Gebirgszüge. Eine weitere Teilregion des Typ 5 befindet sich im nordöstlichen Landesteil von Sikkim. Chungtang (RS 218) liegt an der sehr steilen, westlich bis südwestlich exponierten Talflanke des Tista-Flusses in einer Höhe von über 1.600 m ü.NN.

Der Niederschlagstyp 9 wird nur aus zwei Referenzstationen gebildet: Dening (RS 223, 1.420 m ü.NN), an der südwestlich exponierten Flanke des oberen Lohit-Tals (Abb. 6: 17, Anhang) im Assam-Himalaya sowie der beginnenden Indisch-Burmesischen Grenzgebirge (Abb. 37, Anhang); Chota Tingrai (RS 125), etwa 110 km westlich von Dening, im zentralen Teil des oberen Assam-Tals. Die orographischen Verhältnisse von Chota Tingrai sind mit denen vom Niederschlagstyp 5 vergleichbar: ca. 50 m erhöht auf einer Riedelfläche und ca. 5 km vom mächtigen Brahmaputra-Nebenfluß Burhi Dihing entfernt (Abb. 6: 16, Anhang).

Durch den Niederschlagstyp 13 sind Regionen gekennzeichnet, die sich in den höheren Lagen von Nordsikkim befinden (Abb. 37, Anhang) und mit nur 1.226 mm die geringsten Jahresniederschläge im gesamten Untersuchungsgebiet erhalten (Abb. 22). Die beiden Referenzstationen Thanggu (RS 216) und Lachen (RS 217) liegen zwischen 4.200 und 3.000 m ü.NN in der Quellregion des Tista-Flusses im Hohen Sikkim-Himalaya (Abb. 7, Anhang).

Die Typen 5 und 9 der annuellen Niederschlagsvariation ähneln sich untereinander, obwohl die Niederschläge in den einzelnen Monaten sehr unterschiedlich hoch sind (Abb. 40). Bezogen auf die Jahressumme werden bei Typ 9 insgesamt 1.468 mm mehr Niederschläge registriert als bei Typ 5 (Abb. 22). Auffällig sind die deutlich positiven Faktorwerte für alle drei Faktoren, d.h. in den Regionen des Typs 5 und 9 fallen in allen Jahresabschnitten überdurchschnittlich hohe Niederschläge.

Ähnlich wie bei den zuvor beschriebenen Niederschlagstypen des oberen Assam-Tals (T 2, 3 und 8) wird das Jahresmaximum im Juli erreicht. Für den Typ 9 werden dabei durchschnittlich 1.071 mm Niederschlag gemessen, was rund 340 mm über dem Juli-Wert von T 5 liegt und was nur noch von zwei anderen Typen in Nordostindien übertroffen wird, nämlich T 12 und T 14. Der Faktorwert von +1,27 belegt die überdurchschnittlichen Niederschläge während des Sommermonsuns. Der Juli erscheint als deutlich ausgeprägtes Jahresmaximum, d.h. die Niederschläge im Juni und im August sind deutlich geringer (um mindestens 250 mm). Im Vergleich zu Gesamtindien fällt bei T 9 während dieses Monats mit 1.071 mm fast genau die Jahressumme des Niederschlags von 1.072 mm (Abb. 22).

Die Niederschlagssummen während des Vor- und Nachmonsuns sind bei beiden Typen überdurchschnittlich groß, wobei der Faktorwert bei T 9, d.h. im Assam-Himalaya (RS 223) und in der 'extremen Feuchtregion' um Chota Tingrai (RS 125), mit +1,08 bereits zu den höchsten im gesamten Untersuchungsgebiet gehört (Tab. 6). Dies wird insbesondere durch die ergiebigen Vormonsunniederschläge dokumentiert, wobei mit 222 mm der absolut höchste März-Wert erreicht wird. Im Vergleich zu Typ 5 sind die saisonalen Unterschiede wesentlich größer als bei den zuvor betrachteten Typen 2, 3 und 8. Im April (480 mm) und Mai (496 mm) beträgt die Differenz zu Typ 5 rund 150 mm. Allerdings, ähnlich wie bei Typ 2 und 3, fallen die nur sehr geringen Differenzen zwischen April und Mai auf.

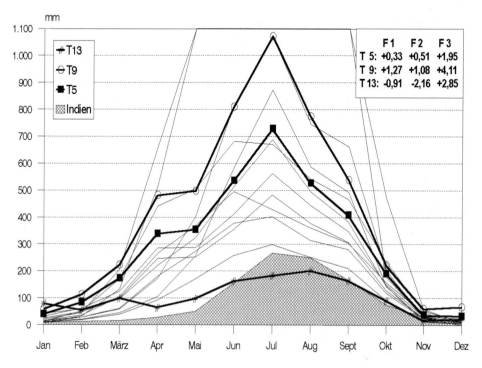

Abb. 40: Typen 5, 9 und 13 der annuellen Variation des Niederschlags

Die Niederschläge während des Wintermonsuns erreichen im oberen Assam-Tal die vergleichbar höchsten Ergiebigkeiten. Die entsprechenden Faktorwerte bei T 2 und 3 deuteten dies bereits an. Im Bereich der exponiert gelegenen Regionen im oberen Assam-Tal (T 5) beträgt der Faktorwert +1,95. Bei der räumlichen Verbreitung der Faktorwerte konnte bei den Teilregionen des Typs 5 festgestellt werden, daß insbesondere beim Wintermonsun, im Vergleich zu den umgebenden Regionen, höhere positive Werte erzielt werden (Abb. 21, Anhang). Der absolut höchste Faktorwert von +4,11 (Tab. 7) und damit die höchsten Niederschläge werden jedoch bei Typ 9 registriert. Die Dezember- und Februarniederschläge betragen dabei 66 und 112 mm und liegen um rund 30 mm über denen von Typs 5 und um rund 40-60 mm über denen des restlichen oberen Assam-Tals (T 2 und 3), was in relativen Zahlen ausgedrückt, rund 100-200 % ausmacht. Im Januar sind die räumlichen Unterschiede etwas geringer.

Der Niederschlagstyp 13, in den höheren Lagen von Nordsikkim, ist durch die absolut geringsten Jahresniederschläge gekennzeichnet. Im Jahresverlauf wird das Maximum von

200 mm im August erreicht und liegt sogar unter dem August-Wert von Gesamtindien (Abb. 40), was auch für die Juli- und September-Niederschläge gilt. Im März ist mit 98 mm ein sekundäres Maximum zu erkennen, eine Monatssumme, die sogar noch leicht über dem Mai liegt. Insgesamt ist der Jahresgang des Niederschlags im Vergleich zu den anderen Typen äußerst ausgeglichen. Auffällig ist, daß im Januar, mit 79 mm, der absolut höchste Wert registriert wird.

Die Faktorwerte für den Sommer- sowie für den Vor-und Nachmonsun sind durch die niedrigsten Werte im gesamten Untersuchungsgebiet gekennzeichnet (Tab. 5 und 6). Die überdurchschnittliche Ausprägung beim Wintermonsun wird durch den zweithöchsten Faktorwert von +2,85 (Tab. 7) dokumentiert. Der Typ 13 wird im Dendrogramm mit Typ 9 in die benachbarte Stufe bei der Clusterbildung eingruppiert. Dies deutet an, daß die Ähnlichkeiten in bezug auf die annuelle Niederschlagsvariation am ehesten beim Typ 9 zu finden sind, obwohl sich die Jahressummen des Niederschlags um fast 3.700 mm unterscheiden. Die größte Gemeinsamkeit ist die überdurchschnittliche Niederschlagssumme während des Wintermonsuns (Faktor 3), wobei mit +4,11 (T 9) und +2,85 (T 13) die höchsten Faktorwerte in Nordostindien erreicht werden (Tab. 7).

Die annuelle Variation der Anzahl der Regentage für den Typ 5 (Abb. 41) ist mit der des Typs 2 und 3 vergleichbar (Abb. 39), was auch in bezug auf die Jahressumme zutrifft, die für die genannten Typen zwischen 140 und 145 Regentage beträgt (Abb. 23). Eine ähnliche annuelle Variation für die Regentage ist auch beim Niederschlagstyp 9 zu erkennen, wobei aber die Jahressumme der Regentage mit 159 wesentlich höher ist. Im Juli regnet es durchschnittlich an 24 Tagen, bei Typ 5 an 23 Tagen. Die Unterschiede in der Anzahl der Regentage sind während des Vormonsuns am größten, betragen aber dennoch nur 2-3 Tage pro Monat. Während des Winter- und Vormonsuns wird bei Typ 9 die höchste Anzahl von Regentagen registriert.

In Nordsikkim (T 13) werden mit 168 die meisten annuellen Regentage registriert (Abb. 23), bei aber nur 1.226 mm Niederschlag (Abb. 22). Der Jahresgang der Regentage ist ähnlich wie bei den Niederschlägen durch ein Maximum im August gekennzeichnet, welches mit 27 Tagen die weitaus größte Niederschlagshäufigkeit für diesen Monat im gesamten Untersuchungsgebiet darstellt. In den anderen Sommermonaten ist ebenfalls eine große Häufigkeit festzustellen, welche im September sogar die Werte der restlichen Niederschlagstypen um größtenteils 5-7 Regentage übersteigt. Im März ist ein sekundäres Maximum zu erkennen, wobei eine sehr hohe Anzahl von 12 Regentagen registriert wird. Das Jahresminimum mit 2 Regentagen liegt im November. Ein zweites Minimum wird, ähnlich wie bei den Niederschlägen, im April erreicht.

Bei der prozentualen Verteilung der Monatsniederschläge zeigt sich für T 5 und 9 ein ähnlicher Verlauf wie bei den räumlich benachbarten Typen 2 und 3. Obwohl die monatlichen Niederschläge sehr stark differieren (Abb. 40), ist die annuelle Variation der Prozentanteile im oberen Assam-Tal und in den angrenzenden Gebirgsregionen sehr einheitlich. Bei T 9 erreicht der Faktorwert für die Winterniederschläge einen Rekordwert von +4,11, wogegen der prozentuale Anteil bei den Winterniederschlägen nur 5 % beträgt. Dies zeigt, daß sich die Niederschläge bei T 9 in allen Jahresabschnitten gleichmäßig erhöhen, ohne die Niederschlagsvariation wesentlich zu verändern.

Anders ist dies dagegen in Nordsikkim (T 13), wo die Winterniederschläge mit einem Anteil von 13 % den für das gesamte Untersuchungsgebiet höchsten Wert erzielen. Bei den nachmonsunalen Prozentanteilen wird ebenfalls mit 9 % ein vergleichbar hoher Wert erreicht, wogegen beim Sommermonsun mit 57 % die vergleichbar geringsten Prozentanteile resultieren.

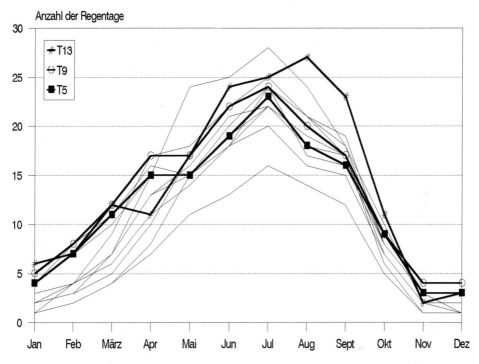

Abb. 41: Typen 5, 9, und 13 der annuellen Variation der Anzahl der Regentage

Bei der prozentualen Monatsverteilung der Regentage ergibt sich für den T 5 und T 9 beim Vergleich mit Typ 2 und 3 ein ähnliches Bild, wie dies bereits bei den Niederschlägen der Fall gewesen ist. Diese Tatsache unterstreicht somit auch bei den Regentagen die große Gemeinsamkeit in bezug auf die annuelle Variation im oberen Assam-Tal. Auffällig bei Typ 9 ist, wie auch schon bei Typ 2 festgestellt wurde, daß der Jahresgang der prozentualen Anteile der Regentage durch einen vergleichbar ausgeglichenen Verlauf charakterisiert ist. Durch die große jährliche Anzahl an Regentagen in Nordsikkim (T 13), welche insbesondere mit sehr hohen Werten während des Sommermonsuns gekennzeichnet ist (Abb. 41), resultiert in diesem Jahresabschnitt, im Vergleich zu T 5 und T 9, mit 59 % ein leichtes Überwiegen. Dagegen werden während des Vormonsuns nur noch 24 % verzeichnet, was rund 5 % unter denen von T 5 und T 9 liegt.

4.6.3.3 Niederschlagstyp 1 und 7: mittleres und unteres Assam-Tal mit Tiefländern sowie orographisch abgeschirmte Standorte

Der Niederschlagstyp 1 gehört zu den niederschlagsärmeren Typen innerhalb des Untersuchungsgebiets. Die 51 Referenzstationen befinden sich zum größten Teil im mittleren und unteren Assam-Tal (Abb. 37, Anhang). Die Regionen südwestlich (RS 182) und südöstlich (RS 55 und 120) der Mikir- und Rengma-Berge gehören ebenfalls zum T 1 sowie Imphal (RS 213), im intramontanen Becken der meist Nordost-Südwest oder Nord-Süd verlaufenden Faltengebirgszüge der Mainpur-Berge (Abb. 6: 4d, Anhang). Dazu kommt noch ganz im Süden ein Teil des Tieflands von Bangla Desh (Abb. 6: 8, Anhang), mit Narayanganj (RS 202).

Die 12 Referenzstationen des Niederschlagstyps 7 besitzen zum größten Teil eine besondere orographische Lage, derart daß sie sich in äußerst geschützten, meist durch orographische Barrieren extrem abgeschirmten, Bereichen befinden. Der sehr niederschlagsarme Typ 7 setzt sich aus verschiedenen, räumlich deutlich voneinander getrennten Teilregionen zusammen (Abb. 37, Anhang):

– Tibet: Yatung (RS 201) in Südtibet, 3.000 m ü.NN, liegt im tief eingeschnittenen Tal des Amo-Flusses. Die Station wird von bis zu 5.000 m hohen Gebirgsfalten des Hohen Himalaya umrahmt. Gyangtse (RS 222) befindet sich bereits auf der Nordseite des Hohen Himalaya im Hochland von Tibet (4.000 m ü.NN).

– Südufer mittleres Assam-Tal (von W nach O): Bhorjar (RS 193), Gauhati (RS 180), Gopal Krishna (RS 117) und Chaparmukh (RS 230) liegen in unmittelbarer Nähe der nördlichen Abdachung des Shillong-Plateaus auf der schmalen Süduferseite des Brahmaputra.

– Nordufer mittleres Assam-Tal: Sonabheel (RS 93) und Belseri (RS 103) liegen an der Ostseite spornartiger Ausläufer aus dem Bhutan-Himalaya.

– Norddarjeeling: North Tukvar (RS 168) befindet im Bereich der nach Norden exponier--ten Talflanke des tief eingeschnittenen Rangit-Tals in 500 m ü.NN.

– Bengalisches Tiefland: Malda (RS 189) und Berhampore (RS 190) liegen in der Gangesniederung. In der Nähe erheben sich die Rajmahal-Berge, der nordöstlichste, spornartige Ausläufer des Chota Nagpur-Plateaus, mit sehr steilen Hängen zwischen 300 und 500 m ü.NN. Sylhet (RS 215) in Bangla Desh liegt ca. 40 km südlich des Shillong-Plateaus. Die Station hat eine gewisse Ausnahmestellung, da sich keine orographischen Hindernisse in unmittelbarer Nähe befinden, und somit kann Sylhet als eine frei zugängliche Tieflandstation charakterisiert werden.

Im Dendrogramm ist eine markanter Gruppierungsunterschied zwischen den vorher beschriebenen Typen 2, 3, 6, 8, 9 und 14 zu allen nachfolgenden zu erkennen, was durch den maximalen Distanzwert von 25 belegt wird. Dies dokumentiert eine vergleichbar größere Verschiedenheit der annuellen Variation. Typ 1 und 7 liegen im Dendrogramm sehr dicht zusammen und sind nur durch einen geringen Distanzwert (< 5) getrennt. Obwohl die Jahressumme des Niederschlags um 632 mm differiert, besteht eine große Ähnlichkeit in bezug auf die annuelle Niederschlagsvariation (Abb. 42). Regionen, die durch T 1 und T 7 gekennzeichnet sind, gehören zu den niederschlagsärmsten des Untersuchungsgebiets, was neben der Jahressumme auch eindrucksvoll anhand der für alle Faktoren stark negativ ausgeprägten Werte bewiesen wird. Insbesondere für den Typ 7 liegen alle Faktorwerte unter -0,8.

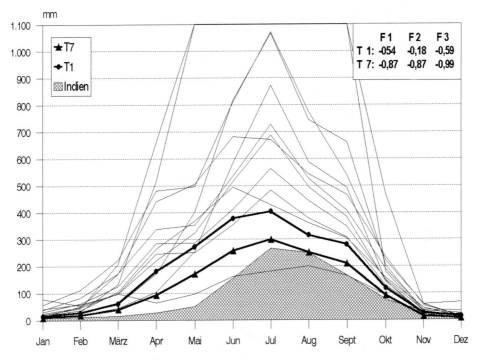

Abb. 42: Typen 1 und 7 der annuellen Variation des Niederschlags

Das Niederschlagsmaximum wird jeweils im Juli erreicht, liegt aber mit 299 und 403 mm deutlich unter den meisten anderen Typen. Die vormonsunalen Niederschläge nehmen von April auf Mai viel stärker zu als dies bei den bisher betrachteten Typen der Fall ist. Dagegen gehen die Niederschläge am Ende des Sommermonsuns weitaus langsamer zurück, wodurch die Unterschiede zwischen den einzelnen Monaten geringer erscheinen. Die Differenz zwischen August und September ist vergleichbar gering und beträgt ca. 40 mm, im oberen Assam-Tal (Typ 2, 3, 5, 8, 9) dagegen zwischen 70 und 230 mm. Aufgrund der ausgeglicheneren Niederschlagsvariation während des Sommermonsuns, tritt das Maximum im Juli weitaus weniger markant in Erscheinung. Die Wintermonsunniederschläge sind als sehr unterdurchschnittlich zu bezeichnen, was durch die Faktorwerte von -0,99 (T 7) und -0,59 (T 1) dokumentiert wird (Tab. 7). Beim Typ 7 werden mit 6, 9 und 18 mm mittlerer Niederschlagssumme in den Wintermonaten die geringsten Werte im gesamten Untersuchungsgebiet registriert. Beim Typ 1 liegen die Monatssummen während des gesamten Jahres über denen von Typ 7. Beim Vergleich der annuellen Niederschlagsvariation mit der von Gesamtindien lassen sich bis auf den Vormonsun und das Ende des Sommermonsuns einige Gemeinsamkeiten feststellen.

Die Anzahl der monatlichen Regentage ist ebenfalls für die beiden Typen 1 und 7 vergleichbar gering (Abb. 24). Mit nur 87 Regentagen wird beim Typ 7 die niedrigste Jahressumme erreicht. Die Differenz zu Typ 1 beträgt dabei 34 Regentage, was im Verhältnis zur Niederschlagsdifferenz sehr groß ist. Die annuelle Variation der Anzahl der Regentage (Abb. 43) ähnelt den räumlich benachbarten Typen 2 und 3 im oberen Assam-Tal (Abb. 39), wobei allerdings das sommermonsunale Maximum weniger markant in Erscheinung tritt. Mit jeweils 20 (T 1) und 16 (T 7) Regentagen werden im Juli die geringsten Häufigkeiten im gesamten Untersuchungsgebiet erreicht. Die Anzahl der Regentage im April ist im Vergleich zum oberen Assam-Tal weitaus geringer und tritt nicht mehr markant in Erscheinung, wie dieses zum Beispiel bei T 2 und T 3 durch ein sekundäres April-Maximum zum Ausdruck kommt (Abb. 39). Lediglich der langsame Rückgang am Ende des Sommermonsuns (September) bleibt noch schwach erhalten. Der Typ 7 zeigt eine vergleichbar andersartige annuelle Variation der Regentage mit einem gleichmäßigem Ansteigen (Vormonsun) sowie mit einem raschen Absinken nach dem sommermonsunalen Juli-Maximum. Alle Monatsmittel gehören zu den niedrigsten im Untersuchungsgebiet.

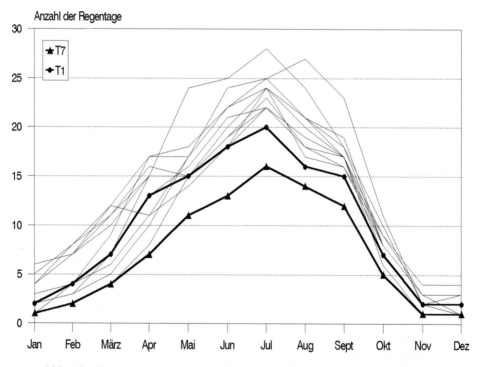

Abb. 43: Typen 1 und 7 der annuellen Variation der Anzahl der Regentage

Werden die jeweiligen prozentualen Anteile an den Jahresniederschlägen analysiert, so zeigt sich, daß der Typ 7 von Juli bis Oktober vergleichbar hohe Prozentanteile besitzt. Aufgrund der geringen Monat-zu-Monat Unterschiede erreichen die Niederschläge während des Sommermonsuns einen vergleichbar hohen Jahresanteil von 70 %, der alle anderen Typen im Assam-Tal um über 5 % übertrifft. Im Oktober ist der Typ 7 mit 6,3 % Jahresanteil der Niederschläge neben T 13 (7,3 %) sogar durch den höchsten Wert im gesamten Untersuchungsgebiet gekennzeichnet.

Bei der absoluten Anzahl der Regentage weisen beide Niederschlagstypen vergleichbar geringe Werte auf (Abb. 43), was jedoch für die prozentualen Jahresanteile keine Gültigkeit mehr hat. Während des Sommermonsuns erreicht der Typ 7 mit 63 % den höchsten Jahresanteil im gesamten Untersuchungsgebiet.

4.6.3.4 Niederschlagstyp 10 und 11: Darjeeling, Terai und Dooars

Gebiete des Niederschlagstyps 10 befinden sich in den Gebirgsregionen von Darjeeling und der südlich vorgelagerten Terai-Fußzone (Abb. 37, Anhang). Die Referenzstationen in der Darjeeling-Region liegen sowohl auf den oberen und mittleren Hangpartien der südlichen wie auch auf der nördlichen Flanke des Ghoom-Hauptkamms sowie seiner spornartigen Ausläufer. Dazu kommt noch die sich östlich vom Terai anschließende mittlere Dooars-Region. Die Referenzstationen liegen dort auf den sich weiter zum Tiefland hin, dreiecksförmig öffnenden, mächtigen Schwemmfächern, welche den Raum zwischen den benachbarten, höher gelegenen Schuttkegeln ausfüllen (Kap. 2.1.2). Ihre mittlere Höhenlage beträgt dabei ca. 100 m ü.NN. Insgesamt gehören 25 Referenzstationen zu Typ 10.

Die 13 Referenzstationen des Niederschlagstyps 11 liegen größtenteils im westlichen sowie östlichen Teil der Dooars-Region auf den höher gelegenen Partien der Schuttkegel (Abb. 37, Anhang). Insbesondere die Lage an den südlich exponierten Kanten der 200-300 m hohen Schuttkegel zeichnet den Großteil der Stationen aus. Unmittelbar im nördlichen Anschluß an die Schuttkegel beginnt der sehr steile und abrupt aufragende Bhutan-Himalaya. Tura (RS 194), im westlichen Teil des Shillong-Plateaus, liegt ca. 40 km von der südlichen und westlichen Plateaukante entfernt (Abb. 7, Anhang); in 370 m ü.NN. Aufgrund der geringen Stationsdichte in diesem Bereich, erstreckt sich der Niederschlagstyp 11 sehr weit bis ins Tiefland von Bengalen, was nicht mehr als repräsentativ angesehen werden kann.

Die beiden Niederschlagstypen sind im Dendrogramm durch einen Distanzwert von 3 getrennt. Gegenüber den Typen 1 und 7 beträgt der Distanzwert allerdings schon 15, wodurch die große Verschiedenheit in bezug auf die annuelle Niederschlagsvariation dokumentiert wird. Die Jahressummen unterscheiden sich bei den beiden Niederschlagstypen um 1.060 mm (Abb. 22). Während des Sommermonsuns werden mit +0,81 (T 10) und +1,56 (T 11) stark positive Faktorwerte erreicht, wogegen die Faktorwerte für den Faktor 2 und 3 stark negativ sind. Dies deutet auf eine hohe Niederschlagsergiebigkeit während des Sommermonsuns hin.

Das Niederschlagsmaximum wird jeweils im Juli erreicht (Abb. 44) und liegt mit 873 und 1.066 mm weit über den meisten anderen Typen.

Da die Niederschlagsunterschiede zwischen den einzelnen sommermonsunalen Monaten sehr groß sind (zwischen 200-300 mm), tritt dadurch der Juli als Maximum sehr markant in Erscheinung. Dies wird verstärkt durch die großen Monat-zu-Monat-Unterschiede vor und nach dem Sommermonsun. So steigen beispielsweise die Niederschläge bei Typ 11 von

402 mm im Mai auf 817 mm im Juni an, was ein Unterschied von 415 mm ergibt. Noch größer ist der Unterschied von September auf den Oktober mit 458 mm. Der vergleichbar hohe September-Wert und der dadurch geringere Niederschlagsunterschied zum August bedingt ein langsameres Abklingen des Sommermonsuns.

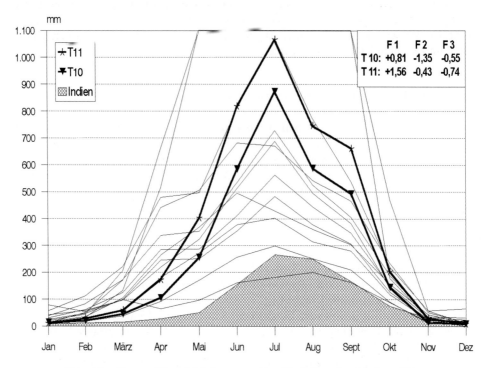

Abb. 44: Typen 10 und 11 der annuellen Variation des Niederschlags

Weiterhin auffallend sind die vergleichbar niedrigen Monatsmittel während des Vormonsuns. Der für alle bislang vorgestellten Niederschlagstypen charakteristische hohe April-Wert und der dadurch bedingte geringe Niederschlagsunterschied zum Mai ist bei T 10 und T 11 nicht mehr zu erkennen. Es erfolgt dagegen während des Vormonsuns ein extrem starker Anstieg der Niederschlagsergiebigkeiten. Ähnliches gilt umgekehrt auch für den Nachmonsun, der einerseits durch sehr geringe Monatssummen gekennzeichnet ist sowie andererseits durch ein abruptes Absinken der Niederschläge nach dem Sommermonsun. Dies zeigt sich insbesondere für den Typ 11 (Faktorwert von -1,35). Da auch die Wintermonsunniederschläge vergleichbar gering sind, ist somit die annuelle Variation des Niederschlags wie kaum bei einem anderen bisher vorgestellten Typ durch das Überwiegen des Sommermonsuns gekennzeichnet.

Wie auch schon bei den Niederschlagssummen konnte ebenfalls in bezug auf die jährliche Anzahl der Regentage ein sehr großer Unterschied zwischen den Typen 10 und 11 festgestellt werden: 120 und 136 Regentage (Abb. 23). Bei der Betrachtung der sehr ähnlichen annuellen Variation der Regentage fällt auf, daß insbesondere während des Vor- und Nachmonsuns sowie während des Wintermonsuns vergleichbar wenige Niederschlagsereignisse registriert werden (Abb. 45). Dies gilt in besonderem Maße für den Niederschlagstyp 10, wo für diesen Zeitraum mit die niedrigste monatliche Anzahl im gesamten Untersuchungsgebiet verzeichnet wird. Während der Vor- und Sommermonsunmonate steigt dagegen die Niederschlagshäufigkeit bei beiden Typen stark an und erreicht im Juli mit 24 bzw. 25 monatlichen Regentagen das Jahresmaximum. Das absolut stärkste Absinken der Anzahl der Regentage nach dem Sommermonsun ist bei Typ 10 erkennbar, wo die Monatssumme von 17 im September auf 6 Regentage im Oktober zurückgeht.

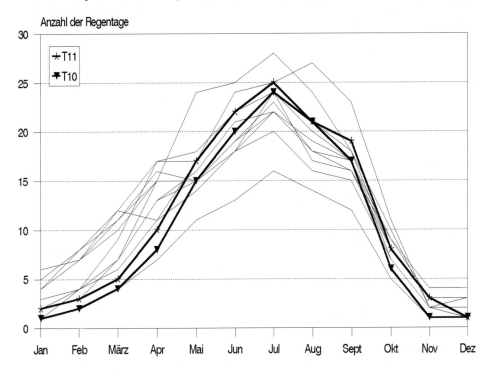

Abb. 45: Typen 10 und 11 der annuellen Variation der Anzahl der Regentage

Die prozentualen Anteile der monatlichen Niederschläge an der Jahressumme dokumentieren für beide Typen die Dominanz der sommermonsunalen Niederschläge. Während des vier-monatigen sommermonsunalen Jahresabschnitts fallen zwischen 81 % (T 10) und 78 % (T 11) des annuellen Niederschlags. Bisher lag die absolute sommermonsunale Niederschlagssumme in fast allen betrachteten Typen über der von Gesamtindien. Beim prozentualen Saisonanteil an der Jahressumme wurde jedoch bisher von keinem Niederschlagstyp die 78,2 % von Gesamtindien (Abb. 31) erreicht, was durch die ergiebigen vormonsunalen Niederschläge im Untersuchungsgebiet verursacht wird.

Das Maximum wird jeweils im Juli erreicht. Beim Typ 10 werden dabei fast 28 % der gesamten Jahresniederschläge registriert. Der niederschlagsreichere Typ 11 ist somit während des Sommermonsuns speziell im Juli und August durch geringere Anteile gekennzeichnet. Der Juli-Anteil beträgt 25,4 %, was leicht über dem Juli-Anteil von Gesamtindien liegt. Die absolute Niederschlagssumme im Juli liegt mit 1.066 mm rund viermal über der von Gesamtindien. Besonders gering sind die Prozentanteile während des Vormonsuns ausgeprägt, die mit 13 % (T 10) und 15 % (T 11) sehr deutlich unter denen der bereits vorgestellten Typen liegen (20-25 % Vormonsunanteile).

Auch die monatlichen Anteile der Anzahl der Regentage unterstreichen die Dominanz des Sommermonsuns in bezug auf die annuelle Niederschlagsvariation. Zwischen 68 % (T 10) und 64 % (T 11) der jährlichen Anzahl der Regentage werden während der vier Sommermonate registriert, wobei der höchste Anteil, wie schon bei den prozentualen Niederschlagsangaben, beim Typ 10 erzielt wird. Im Juli werden mit 20 % (T 10) und 18 % (T 11) die höchsten Monatsanteile im gesamten Untersuchungsgebiet erreicht.

4.6.3.5 Niederschlagstyp 12 und 14: Kantenbereich des Shillong-Plateaus mit Cherrapunji und Mawsynram

Cherrapunji gehört zum Niederschlagstyp 12 und liegt unmittelbar an der südlich exponierten Bruchkante (RS 184, 1.313 m ü.NN) des Shillong-Plateaus (Abb. 37, Anhang). An diese Bruchkante schließt sich direkt ein Steilabfall nach Süden von über 1.000 Höhenmetern an.

Der Niederschlagstyp 14 besteht ebenfalls nur aus einer einzigen Station. Das Shillong-Plateau ist im Süden stark zerlappt und durch tief eingeschnittene Täler gekennzeichnet. Mawsynram (RS 236, 1.401 m ü.NN) liegt nicht wie das 16 km entfernte Cherrapunji an der südlich exponierten Bruchstufe, sondern an der Kante gegen ein tief eingeschnittenes, NW-SE verlaufendes Tal (Abb. 37, Anhang und 7, Anhang).

Bedingt durch die lineare Interpolation zwischen den einzelnen Referenzstationen (Triangulated Irregular Network in ARC/INFO, Kap. 4.6.2), umfaßt die räumliche Verbreitung dieses Niederschlagstyps eine sehr große Fläche, die sich rund 50 km um die Referenzstation Mawsynram ausbreitet. Dies ist ein Nachteil, welcher aber bei der gewählten Darstellungsform nicht zu vermeiden ist.

Die beiden Niederschlagstypen 12 und 14 liegen im Dendrogramm auf der gleichen Stufe der Clusterbildung, sind aber durch einen Distanzwert von 3 getrennt. Dies deutet trotz der räumlichen Nähe auf bestehende Unterschiede bei der annuellen Niederschlagsvariation hin. T 12 und T 14 unterscheiden sich allerdings erheblich von den vorher betrachteten Typen 1, 7, 10 und 11, was durch einen Distanzwert von 23 zum Ausdruck gebracht wird. Aufgrund der extrem hohen mittleren Jahressummen von über 10.000 mm gehören Cherrapunji (RS 184) und Mawsynram (RS 236) zu den niederschlagsreichsten Regionen der Erde.

Bei der graphischen Darstellung der annuellen Niederschlagsvariation wurde ausnahmsweise von der bisher üblichen Ordinatenskalierung in 100 mm-Intervallen bis 1.300 mm abgewichen. Aufgrund der extrem hohen Monatssummen wurden 500 mm-Intervalle gewählt und die Ordinatenskalierung auf 3.000 mm hochgesetzt (Abb. 46). Der extreme Niederschlagsreichtum deutete sich bereits bei der Betrachtung der Faktorwerte an, die für den Sommermonsun +6,37 (T 12) und +7,66 (T 14) betragen. Bei den vor- und nachmonsunalen Niederschlägen bestehen jedoch größere Unterschiede (Faktor 2). Für den Wintermonsun liegen die Faktorwerte unter -0,8, was auf vergleichsweise geringe Niederschläge hindeutet (Tab. 7).

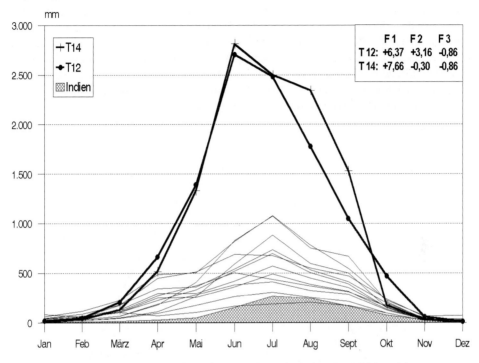

Abb. 46: Typen 12 und 14 der annuellen Variation des Niederschlags

Die sommermonsunalen Monatsmittel übersteigen um ein Vielfaches die Niederschlagssummen anderer Typen. Das Maximum wird bereits im Juni erreicht und beträgt jeweils 2.702 mm und 2.811 mm. Während der vier sommermonsunalen Monate fallen in Cherrapunji 8.012 mm und in Mawsynram 9.182 mm. Die Gesamtindien-Saisonsumme von 838 mm wird dabei um das Zehnfache überschritten. Die annuelle Niederschlagsvariation unterscheidet sich in der ersten Jahreshälfte kaum in den beiden Typen. Die größten Monat-zu-Monat-Unterschiede herrschen in der Übergangsphase vom Vormonsun zum Sommermonsun (vom Mai zum Juni); sie betragen 1.314 mm (T 12) und 1.479 mm (T 14). Nach Erreichen des Maximums im Juni gehen die Niederschläge zurück, wobei die Summenunterschiede bei T 14 erst ab August sehr groß werden (bei T 12 bereits ab Juli). Während des dreimonatigen Wintermonsuns fallen in Cherrapunji nur 75 mm und in Mawsynram nur 38 mm Niederschlag. Die niedrigsten Monatssummen werden in Mawsynram registriert: Dezember <1 mm, Januar 6 mm. Somit ergibt sich eine extrem hohe Jahresamplitude, welche für Cherrapunji 2.691 mm und für Mawsynram 2.811 mm beträgt (Gesamtindien: 258 mm).

Die Jahressumme der Regentage erreicht in Cherrapunji mit 159 nicht den absolut höchsten Wert im gesamten Untersuchungsgebiet (Abb. 23), was aber bei der Niederschlagsintensität von 68 mm pro Regentag wieder der Fall ist (Abb. 24). Für die Region um Mawsynram liegen keine Angaben vor. Die annuelle Variation der Anzahl der Regentage (Abb. 47) ist durch einen sehr starken Anstieg während des Vormonsuns gekennzeichnet und erreicht im Mai mit 24 Regentagen das Saisonmaximum, welches durchschnittlich 7-9 Tage über dem der anderen Typen liegt. Das annuelle Maximum wird nicht wie bei den Monatssummen des Niederschlags im Juni erreicht, sondern einen Monat später. Im Juli regnet es an 28 Tagen bei einer Niederschlagssumme von 2.480 mm, was eine Intensität von 89 mm/Regentag bedeutet. Im Monat Juni wird das absolute Intensitätsmaximum im gesamten Untersuchungsgebiet mit 108 mm Niederschlag/Regentag erreicht. Die 75 mm während des Wintermonsuns fallen nur an 5 Regentagen.

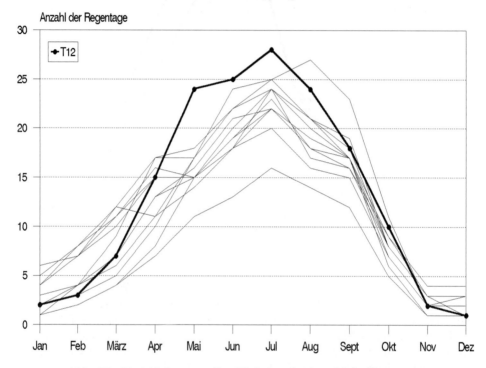

Abb. 47: Typ 12 der annuellen Variation der Anzahl der Regentage

Die überdurchschnittliche Bedeutung der sommermonsunalen Niederschläge wird durch einen Jahresanteil von 74 % (T 12) und 80 % (T 14) deutlich. Die Niederschläge im Monat Juni erzielen schon einen Jahresanteil von knapp 25 %, was für diesen Monat einzigartig für das gesamte Untersuchungsgebiet ist. Beim Typ 12 liegt der sommermonsunale Jahresanteil mit 74 % noch knapp unter dem von Gesamtindien (Abb. 31: 78,2 %). Die annuelle Variation der prozentualen Niederschlagsanteile beim Typ 12 zeigt zwar zeitversetzte, aber dennoch gewisse Ähnlichkeiten mit dem von Gesamtindien.

Während des Vor- und Nachmonsuns sowie am Ende des Sommermonsuns werden bei Typ 12 und 14 zwar die absolut höchsten Niederschläge gemessen, aber in Prozentzahlen ausgedrückt, liegen die jeweiligen Anteile an der Jahressumme deutlich unter denen anderer Typen. Dies gilt zum Beispiel für die Monate September, Oktober, November und März, die alle vergleichbar sehr niedrige Prozentanteile aufweisen. Weiterhin auffallend ist, daß die Winterniederschläge nur einen Jahresanteil von 0,7 % (T 12) und 0,4 % (T 14) besitzen, was das absolute Minimum im gesamten Untersuchungsgebiet darstellt.

Bei den monatlichen Prozentanteilen für die Anzahl der Regentage fällt der niedrige Wintermonsunanteil mit 4 % sowie der vergleichbar hohe Anteil für den Vormonsun mit 29 % auf. Der Dezember ist durch den mit Abstand geringsten Anteil von nur 0,6 % gekennzeichnet, wobei im Mai mit 15 % der höchste Anteil im gesamten Untersuchungsgebiet erreicht wird. Im Juli wird zwar mit 28 Regentagen das absolute Maximum erreicht, wobei der Anteil an der Jahresmenge von 17,6 % noch von drei anderen Typen übertroffen wird.

4.6.3.6 Niederschlagstyp 4 und 6: Barak-Tal mit Süd- und Nordflanke sowie angrenzende Bergregionen

Insgesamt 8 der 16 Stationen des Niederschlagstyps 4 befinden sich im Südteil des nach Westen geöffneten Barak-Tals (Abb. 37, Anhang). Es handelt sich um den größtenteils nach Norden exponierten, schwach geneigten Hangbereich, der in seinem tiefsten Punkt das Südufer des Barak-Flusses (30 m ü.NN) erreicht. Die Hangpartien setzen sich aus den Ausläufern der Indisch-Burmesischen Grenzgebirge zusammen, die in diesem Bereich eine Höhe bis zu 400 m ü.NN erreichen. Die Stationen liegen in den zwischen den Spornen und Riedeln entstandenen Ausraumzonen. Der nordöstliche Teil des Tieflands von Bangla Desh gehört räumlich nicht mehr zum Niederschlagstyp 4; ein bereits angesprochenes Problem der linearen Interpolation (Kap. 4.6.3.5). Hinzu kommen Regionen (RS 195, 214 und 237) in den südlich und östlich angrenzenden Mizoram-Bergen bis in Höhenlagen von knapp 1.100 m ü.NN. (Abb. 6: 4e, Anhang). Die verbleibenden Stationen des Typs 4 befinden sich im unteren Assam-Tal (RS 123 und 104), an der Ostabdachung der Rengma-Berge (RS 20), im zentralen Teil des Shillong-Plateaus (RS 183) sowie im Assam-Himalaya (RS 234).

Der Niederschlagstyp 6 hat sein größtes Verbreitungsgebiet im nördlichen Teil des Barak-Tals an der leicht ansteigenden, südlich exponierten Talflanke (Abb. 37, Anhang), wo 11 der insgesamt 13 Referenzstationen liegen. Haflong (RS 211) liegt bereits im nördlich exponierten Kammbereich der Barail-Kette (Abb. 6: 4c, Anhang) in knapp 700 m ü.NN. Ein weit entfernter Teil des Typs 6 liegt um Makaibari (RS 171) in 1.220 m ü.NN, an den steilen, meist südöstlich exponierten Hängen des Ghoom-Hauptkamms (2.000-2.500 m ü.NN). Bei der Betrachtung der einzelnen Faktorwerte fiel übereinstimmend auf, daß sowohl um Makaibari als auch im Nordteil des Barak-Tals sehr hohe Faktorwerte für den Vor- und Nachmonsun auftraten (Abb. 20, Anhang).

Die beiden Typen 4 und 6 liegen im Dendrogramm auf einer Stufe und unterscheiden sich in bezug auf die annuelle Niederschlagsvariation durch einen Distanzwert von 3, obwohl die Jahressumme von Typ 6 um 1.251 mm über der von Typ 4 liegt (Abb. 22). Gegenüber den Typen 12 und 14 sind die Unterschiede beträchtlich, ausgedrückt durch den Distanzwert von 15. Noch größer sind allerdings die Unterschiede der vier genannten Typen im Vergleich zu den Typen 10 und 11 (Distanzwert: 23).

Die Monatssummen des Niederschlags liegen bei Typ 6 durchweg über denen von Typ 4 (Abb. 48). Das Maximum wird im Barak-Tal (T 4 und 6), ähnlich wie bei den Typen 12 und 14 (Kap. 4.6.3.5), bereits im Juni erreicht, was die stufenmäßige Verbundenheit im Dendrogramm unterstreicht. Bei Typ 6 beträgt der Niederschlagsunterschied zum Nachfolgemonat Juli nur 11 mm, im südlichen Barak-Tal (Typ 4) bereits 67 mm. Die langsame Abnahme der Niederschläge nach Erreichen des Maximums ist somit ein markantes Charakteristikum, welches in dieser Form nur bei Typ 6 ausgebildet ist. Ab September nehmen die Monatssummen bei beiden Typen sehr deutlich ab.

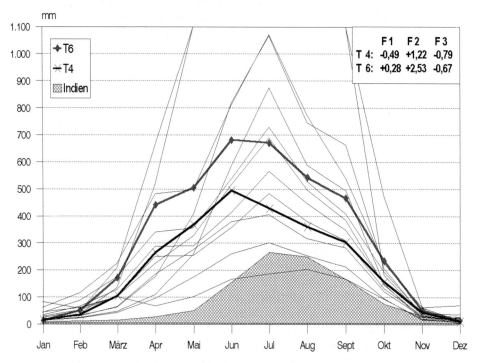

Abb. 48:   Typen 4 und 6 der annuellen Variation des Niederschlags

Anhand der Faktorwerte läßt sich die saisonale Bedeutung der Niederschläge in bezug auf den gesamten Untersuchungsraum abschätzen. Beim Faktor Sommermonsun verzeichnet T 4 einen negativen Wert mit -0,49, d.h. unterdurchschnittliche Niederschlagssummen. Anders dagegen die südlich exponierten Talflanken im nördlichen Teil des Barak-Tals (T 6), die durch einen leicht positiven Faktorwert von +0,28 gekennzeichnet sind. Hierdurch wird die Zweiteilung des nach Westen geöffneten Talbereichs am deutlichsten dokumentiert. Weiterhin auffallend sind die vergleichbar hohen Monatsniederschläge während des Vor- und Nachmonsuns, was insbesondere für den Typ 6 gilt. Überdeutlich heben sich die Niederschläge im April (441 mm) und Mai (505 mm) vom Großteil der anderen Typen ab. Aber auch im Oktober und November werden für den Typ 6 mit 234 mm und 53 mm mit die höchsten Werte im gesamten Untersuchungsgebiet registriert (Faktorwert: +2,53).

Dies gilt in etwas abgeschwächter Form auch für den Typ 4 (Faktorwert: +1,22). Bei keinem anderen Niederschlagstyp spielt der Vor- und Nachmonsun eine derart dominante Rolle. Die Wintermonsunniederschläge sind bei beiden Typen unterdurchschnittlich ausgeprägt (negative Faktorwerte).

Die überdurchschnittliche vormonsunale Niederschlagsergiebigkeit zeigt sich auch in der vergleichbar hohen Anzahl der monatlichen Regentage, welche im April und Mai mit an der Spitze des gesamten Untersuchungsgebiets liegt (Abb. 49). Besonders gilt dies für T 6 mit 17 bzw. 18 Regentagen. Das Maximum des Niederschlags wird bei beiden Typen bereits im Juni erreicht, wogegen das Maximum bei der Anzahl der Regentage erst im Juli liegt. Auffallend ist, daß die annuelle Variation der Anzahl der Regentage in beiden Typen annähernd parallel verläuft, obwohl die Jahresniederschläge um 1.251 mm differieren. Bei Typ 6 werden mit 147 annuellen Regentagen insgesamt 15 Regentage mehr registriert als beim Typ 4 (Abb. 23).

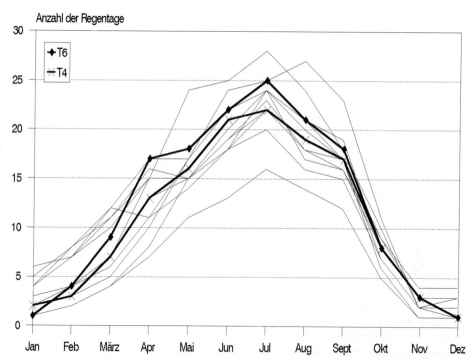

Abb. 49: Typen 4 und 6 der annuellen Variation der Anzahl der Regentage

In Prozent ausgedrückt, bedeutet dies, daß ausgehend von den Werten des Typ 4 beim Typ 6 rund 48 % mehr Niederschlag, aber nur 11 % mehr Regentage registriert werden. Die Anteile an den Jahresniederschlägen unterstreichen die große Bedeutung des Vormonsuns für das gesamte Barak-Tal, die mit jeweils 29 % an der Spitze des gesamten Untersuchungsgebiets liegen. Während des Sommermonsuns sind Anteile von rund 17 % im Juli sowie 14 % im August zu erkennen, die zu den geringsten im gesamten Untersuchungsgebiet zählen. Insgesamt fallen während der vier sommermonsunalen Monate nur 61 % der Jahresniederschläge, was nur vom Typ 13 in Nordsikkim unterschritten wird (57 %). Der annähernd parallele Verlauf der beiden Kurven dokumentiert die Cluster-Eingruppierung auf einer Stufe.

Die Prozentbetrachtung der Anzahl der Regentage hebt die überdurchschnittliche Ausprägung des Vormonsuns hervor, welche insbesondere im Monat April zum Ausdruck kommt und einen Jahresanteil von 10 (T 4) und fast 12 % (T 6) erreicht. Während des Wintermonsuns sinken einige monatliche Prozentanteile beim Typ 6 sogar unter 1 %.

Im Untersuchungsgebiet konnten nach erfolgter Faktor- und Clusteranalyse insgesamt 14 unterschiedliche Typen der annuellen Niederschlagsvariation erarbeitet werden, welche eingehend vorgestellt worden sind. Die räumliche Verbreitung zeigt eine mosaikartige Struktur (Abb. 37, Anhang). Auf der einen Seite gibt es dabei Niederschlagstypen, die nur in einer bestimmten Region innerhalb des Untersuchungsgebiets auftreten, aber auf der anderen Seite existieren Typen der annuellen Niederschlagsvariation mit zahlreichen Teilregionen, die räumlich weit gestreut in Erscheinung treten.

Bei der Betrachtung der Niederschlagsjahresgänge wurden zwischen den einzelnen Niederschlagstypen beträchtliche zeitliche Variationen herausgearbeitet, wodurch die hygrische Heterogenität des Untersuchungsgebiets unter Beweis gestellt werden konnte (Abb. 33). Das jährliche Niederschlagsmaximum wird überwiegend im Juli erreicht. Innerhalb des Untersuchungsgebietes variieren die Juli-Werte von 2.498 mm (T 14, Region um Mawsynram) bis 182 mm (T 13, Nordsikkim). Das Jahresminimum der Niederschläge liegt bei den meisten Typen im Dezember oder Januar. Während des Wintermonsuns werden nur noch geringe Niederschläge verzeichnet, so daß die absoluten Niederschlagsunterschiede zwischen den einzelnen Typen im Dezember maximal bei 66 mm (T 9: 66 mm, T 14: 0 mm) und im Januar bei 73 mm (T 13: 79 mm, T 14: 6 mm) liegen.

Häufig sind extrem große Summenunterschiede in unmittelbar benachbarten Regionen anzutreffen. So werden beispielsweise im Juni beim Niederschlagstyp 14 (Region um Mawsynram, RS 236) durchschnittlich 2.811 mm Niederschlag gemessen, wogegen beim Typ 4 (Teilregion um Shillong, RS 183) durchschnittlich 545 mm registriert werden. Dies ist ein Unterschied von rund 2.300 mm Niederschlag bei einer Entfernung von lediglich 50 km (Abb. 37, Anhang). Die Niederschläge während des vier-monatigen Sommermonsuns erreichen die höchsten saisonalen Prozentanteile an der Jahressumme. Der Maximalanteil von 81 % wird in der Darjeeling-Region und den vorgelagerten Tiefländern (T 10) erreicht. Eine ausgeglichenere Variation der Prozentanteile kann in Nordsikkim (T 13) festgestellt werden, wo der sommermonsunale Anteil nur 57 % beträgt. Bei der Anzahl der Regentage wird beim Sommermonsun nur ein Maximalanteil von 68 % erreicht (T 10), was eine im Vergleich zu den Niederschlägen ausgeglichenere annuelle Variation bei der Anzahl der Regentage andeutet.

Bei der Gegenüberstellung mit dem Gesamtindien-Jahresgang des Niederschlags wird das mengenmäßige Überwiegen der vor- und sommermonsunalen Niederschläge im Untersuchungsgebiet sehr deutlich (Abb. 33), wodurch die hygrisch-klimatische Besonderheit von Nordostindien unterstrichen wird.

5 ANALYSE DER RAUM-ZEIT-VARIABILITÄTEN DES NIEDERSCHLAGS IN NORDOSTINDIEN

5.1 Regionalisierung und Analyse der Niederschlagstypen

Die Regionalisierung der Niederschlagstypen wird auf der Basis des Dendrogramms. In bezug auf die annuelle Niederschlagsvariation kann dabei das Untersuchungsgebiet in verschiedene großräumige Regionen unterteilt werden. Anhand der gebildeten Stufen sowie der entsprechenden Distanzwerte im Dendrogramm wird die Regionalisierung der Niederschlagstypen durchgeführt, welche in der stark vereinfachten und zusammengefaßten Dendrogrammdarstellung ersichtlich ist (Abb. 50).

Die 14 Typen der annuellen Niederschlagsvariation lassen sich in zwei Großregionen unterteilen: A und B (gestrichelte Trennlinie). Ausgehend von dieser makroskaligen Regionalisierung erfolgt die eine weiterführende Einteilung in verschiedene mesoskalige Niederschlagsregionen. Zur räumlichen Verdeutlichung dient die bereits eingehend vorgestellte Karte mit der Verbreitung der 14 Niederschlagstypen (Abb. 37, Anhang).

Die Typen der Großregion A sind im oberen Assam-Tal sowie in den nördlich angrenzenden Gebirgsregionen des Assam- und des Sikkim-Himalaya anzutreffen. Die Niederschlagstypen 9 und 13 liegen jeweils in den äußerst nordwestlichen wie nordöstlichen Randbereichen des Untersuchungsgebiets (Niederschlagsregion A2). Beide unterscheiden sich deutlich von Typen 2, 3, 5 und 8 im oberen Assam-Tal (Niederschlagsregion A1), was durch die hohen Distanzwerte zum Ausdruck gebracht wird.

Die Niederschlagstypen der Großregion B liegen westlich der o.g. Großregion A und können mesoskalig wie folgt unterteilt werden: Die Niederschlagsregion B1 beinhaltet die Typen des mittleren und unteren Assam-Tals (B1a) sowie den Darjeeling-Himalaya und die vorgelagerten Tiefländer Terai und Dooars (B1b). Die Niederschlagsregion B2 befindet sich im südlichen Teil des Untersuchungsgebiets. Dazu gehören die Südkante des Shillong-Plateaus (B2a) mit den extremen Niederschlagsstandorten Mawsynram und Cherrapunji sowie das Barak-Tal und umgebende Gebirge (B2b). Das Assam-Tal ist somit in bezug auf die annuelle Niederschlagsvariation zweigeteilt (Region A1 und B1a), denn der obere Talabschnitt unterscheidet sich doch sehr deutlich vom mittleren und unteren Talbereich. Der Darjeeling-Himalaya erscheint dagegen trotz seiner vielfältigen orographischen Verhältnisse relativ homogen und ist größtenteils durch den Niederschlagstyp 10 gekennzeichnet. Überraschenderweise ist aber das sich nördlich anschließende Gebiet von Sikkim durch eine Reihe unterschiedlicher Niederschlagstypen geprägt.

5.1.1 OBERES ASSAM-TAL MIT FUSSZONEN DER RANDGEBIRGE UND SIKKIM

Die innerhalb dieser Niederschlagsregion A1 existierenden Typen 2, 3, 5 und 8 der annuellen Niederschlagsvariationen wurden ausführlich beschrieben (Kap. 4.6.3.1 und teilweise 4.6.3.2) und graphisch dargestellt (Abb. 38 und 39 sowie Abb. 40 und 41. Die klimageographische Analyse der o.g. Typen beginnt im Assam-Tal und behandelt erst im Anschluß

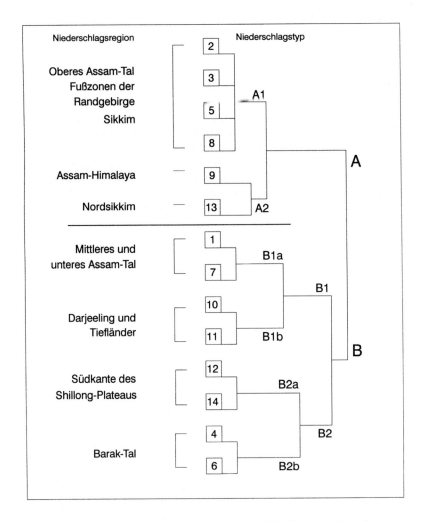

Abb. 50: Regionalisierung der Niederschlagstypen auf der Basis des Dendrogramms nach
WARD

daran die davon betroffenen Regionen in Sikkim, was aufgrund der großen räumlichen
Trennung sinnvoll erscheint.

Die Jahressummen der Niederschlagstypen 2, 3, 5 und 8 nehmen von den flußnahen
Tieflandbereichen des oberen Assam-Tals hin zu den Fußzonen der umrahmenden Gebirgen
deutlich zu (Abb. 22). D.h., die größere Meereshöhe innerhalb der Niederschlagsregion A1
ist auch durch höhere annuelle Niederschlagssummen gekennzeichnet. Dies trifft nicht nur
über die größeren Distanzen in Richtung der umrahmenden Gebirge zu, sondern auch in
sehr kleinräumigem Maße, denn einige isolierte 'Inseln' des Typs 5 liegen in unmittelbarer
Nähe des Typs 3 im oberen Assam-Tal. Die Höhenunterschiede betragen dabei lediglich

30-50 m, die annuellen Niederschläge differieren jedoch um >1.000 mm. Bei der jährlichen Anzahl der Regentage (Abb. 23) sind die Unterschiede weitaus geringer.

Die Niederschlagsintensität steigt mit zunehmender Meereshöhe im oberen Assam-Tal von rund 18 auf 24 mm Niederschlag/Regentag an (Abb. 24). Offensichtlich besteht in der Niederschlagsregion A1 ein gewisser Zusammenhang zwischen der Meereshöhe bzw. Nähe zu den umrahmenden Gebirgen und der Niederschlagssumme bzw. -intensität.

Beim Vormonsun fallen insbesondere bei den Typen 2, 3 und 5 die vergleichsweise hohen Niederschläge im April auf, d.h. im Tiefland des oberen Assam-Tals selbst (T 2, T 3) und in den darin höher gelegenen Standorten (T 5). Bei den Regentagen zeigt sich ebenfalls eine erhöhte Anzahl im April, wobei bei Typ 2 sogar ein sekundäres, annuelles Maximum ausgeprägt ist. Die Faktorwerte des Faktors 2 beziehen sich sowohl auf den Vor- wie auch auf den Nachmonsun. Deren zunehmende positive Ausprägung von -0,05 (T 3), +0,21 (T 2) auf +0,51 (T 5) ist aber auf die ergiebigen vormonsunalen Niederschläge zurückzuführen. Rund 25 % der annuellen Niederschläge fallen während des Vormonsuns, was zu den höchsten Ergiebigkeiten in Nordostindien gehört.

Im oberen Assam-Tal kommt es zu einem gehäuften Auftreten von 'Norwesters', deren mittlere Zugbahnen im Bereich der South Bank des oberen Assam-Tals verlaufen (BORA 1976). Dies führt besonders in den höher gelegenen Teilregionen des Typs 5 infolge eines kleinräumig wirksamen Luv-Effekts zu sehr ergiebigen Niederschlägen. Dies ist bevorzugt im April der Fall und wird auch durch die vergleichsweise hohe Anzahl der Regentage deutlich (Abb. 39). Die in Assam als 'Bardoichilas' bezeichneten Gewitterstürme dauern ca. 2-3 Tage an einem Ort, was sich durchschnittlich 12-mal und zeitlich häufig dicht hintereinander während des Vormonsuns vollzieht (BARTHAKUR 1968). Somit fungieren die 'Bardoichilas' als Regenbringer (SINGH 1971). Durch insgesamt 19 Befragungen von Feldarbeitern in Dhoedaam (RS 15), Sewpur (RS 107) und Anandabari (RS 119) über die Häufigkeit und Niederschlagsaktivität der Gewitterstürme konnte die Lokalisierung dieser Zugbahnen für den Typ 5 verifiziert werden. Beim Großteil der Antworten wurde die lokal eng begrenzte 'Feuchtregion' ('wet pocket') eingehend herausgestellt und das gehäufte Auftreten der 'Bardoichilas' im April bestätigt (6-7 Ereignisse).

Pasighat (RS 212), eine weitere Teilregion von T 5, befindet sich im Dihang-Tal (Abb. 6: 15, Anhang) im nördlichen Anschluß an das obere Assam-Tal. Hier spielen die vormonsunalen Niederschläge keine überdurchschnittliche Rolle, denn der Faktor 2 ist negativ: -0,15. Nach mündlichen Angaben des Stationsleiters von Pasighat entfalten sich dort mit nur durchschnittlich 3-4 'Bardoichilas' eine weitaus geringere Anzahl regenbringender Gewitterstürme während des Vormonsuns.

Beim Niederschlagstyp 8 ist von einem geringeren Auftreten der 'Bardoichilas' auszugehen, was sich einerseits anhand des negativen Faktorwerts von -0,83 beim Faktor 2 und andererseits durch den andersartigen Anstieg der vormonsunalen Niederschlagssummen äußert (Abb. 38). T 8 weist nur 11 Regentage im April auf, was auf einen verminderten Einfluß der 'Norwesters' hindeutet und somit außerhalb der mittleren Zugbahnen liegt. Auch im März und Mai ist die Niederschlagshäufigkeit deutlich geringer, wodurch die insgesamt niedrigere Jahresanzahl der Regentage bedingt ist. Die Faktorwerte sind beim Faktor 2 für alle Stationen negativ. Bei den Teilregionen handelt es sich größtenteils um die Fußzonen und die Mittelgebirgslagen der Indisch Burmesischen Grenzgebirge (RS 233, 235) im östlichen und südöstlichen Anschluß an die South Bank sowie um die Fußzonen im nordwestlichen Anschluß an die North Bank (RS 114, 155).

Das annuelle Niederschlagsmaximum wird in der Niederschlagsregion A1 während des Sommermonsuns erreicht. Mit über 20 % der annuellen Niederschlagssumme liegt der Juli um rund 5 % über den Nachbarmonaten Juni und August, was im Jahresgang ein deutlich ausgeprägtes Niederschlagsmaximum in Erscheinung treten läßt. Unmittelbar nach der Sommersonnenwende bewirkt die hohe Strahlungsintensität ein Konvergenz- wie auch ein Konvektionsmaximum der feucht-labilen Luftmassen, was zu ergiebigen Niederschlägen führt. Im Juli erreicht die Monsunkonvergenz ihre nördlichste Position und beeinflußt somit das gesamte Assam-Tal sowie die umrahmenden Gebirge. Die unmittelbare Nähe zur Monsunkonvergenz führt während des sommermonsunalen Jahresabschnitts zu maximalen Niederschlägen (RAO 1976 und SIKKA et GADGIL 1980). Desweiteren sind es die überwiegend im Juli auftretenden Monsundepressionen, welche über dem Golf von Bengalen entstehen, dann nordwärts wandern und als Niederschlagsbringer angesehen werden können (Kap. 3.4.2).

Während des Sommermonsuns ist ein merklicher Anstieg der Niederschläge vom inneren (T 3) zum äußeren Bereich (T 2) des oberen Assam-Tals zu erkennen. Am deutlichsten ist diese Zunahme in den Fußzonen und in den umrahmenden Gebirgen (T 5 und T 8) mit maximalen Monatssummen von 727 bzw. 688 mm im Juli, welche bis zu 200 mm über denen der benachbarten Tieflandsregionen liegen. Der Anstieg der absoluten Niederschlagssummen wird auch durch die Faktorwerte beim Faktor 1 dokumentiert. Bemerkenswerterweise treten zwischen den Typen 5 und 8 während des Sommermonsuns keine nennenswerten Summenunterschiede auf, was beim Vormonsun noch der Fall war. Eine solche Mengenzunahme zeichnet sich aber nicht bei der Anzahl der Regentage ab. Es sind innerhalb der Niederschlagsregion A1 keine signifikanten räumlichen Unterschiede zu erkennen. Der innere Teil des oberen Assam-Tals weist sogar eine leicht höhere Niederschlagshäufigkeit auf. Das bedeutet, daß in Richtung der Fußzonen und umrahmenden Gebirgen mit der Zunahme der Niederschlagssummen auch die Niederschlagsintensität zunimmt.

Für die Erklärung der aufgezeigten Niederschlagsvariationen können auch die Windverhältnisse herangezogen werden (GOSWAMI 1986). Die Daten stammen von Referenzstationen der Tocklai Tea Experimental Station: Margherita-Village (RS 204), Tocklai (RS 203), Thakurbari (RS 205), Nagrakata (RS 208) und Nagri-Farm (RS 210). Über einen Zeitraum von 11 Jahren (1975-1985) wurde bei jedem Niederschlagsereignis während der vier sommermonsunalen Monate die dabei vorherrschende Windrichtung in 3 m über dem Grund aufgezeichnet. Die Ergebnisse an den einzelnen Stationen werden jeweils bei der klimageographischen Analyse der entsprechenden Niederschlagsregion vorgestellt.

Die Station Margherita-Village (RS 204) liegt im südöstlichen Teil der Niederschlagsregion A1 in unmittelbarer Nähe der sich anschließenden Fußzone der Indisch-Burmesischen Grenzgebirge (Abb. 7, Anhang). Während des Sommermonsuns fallen 40 % aller Niederschläge bei Winden aus nördlichen Richtungen, 24 % bei Südwinden und 15 % bei Westwinden. 16 % Niederschlag bei Windstille ist im Vergleich zu den restlichen vier Referenzstationen der höchste sommermonsunale Durchschnittsanteil.

Die niederschlagsbringenden West- und Südwinde im Bereich von Margherita-Village können mit dem Einströmen der feuchten Luftmassen in die unmittelbar nördlich davon gelegene Monsunkonvergenz in Zusammenhang gebracht werden, wobei sie in zyklonaler Winddrehung zum Aufsteigen gezwungen werden (FLOHN 1970). Der sehr hohe Anteil von Niederschlägen bei Windstille deutet darauf hin, daß Margherita-Village häufiger direkt im Einflußbereich der Monsunkonvergenz liegt. Dieses stellt somit auch die starke Lageveränderlichkeit des Monsuntrogs im oberen Assam-Tal unter Beweis (Kap. 3.4.2).

Die Dominanz der Winde aus nördlichen Richtungen (40 %) weisen auf weitere niederschlagsbringende Komponenten im oberen Assam-Tal hin. Dabei handelt es sich um die von FLOHN (1970, 1971b) und TROLL (1952) eingehend beschriebenen Talwinde, die offensichtlich bereits in den leicht ansteigenden Fußzonen der Niederschlagsregion A1 einen niederschlagsbringenden Charakter besitzen. Die sehr heißen Talwinde, welche tagsüber von der sehr wasserreichen und sumpfigen Brahmaputra-Talsohle in Richtung der Fußzonen und umrahmenden Gebirge wehen sind extrem feuchtigkeitsbeladen (Kap. 3.4.5). Schon bei leichtem Anstieg des Geländes kommt es zu Kondensationserscheinungen, welche mit Niederschlägen verbunden sind (BORA 1976, YOSHINO 1975). Somit kann bei weiterem Anstieg der Meereshöhe mit zunehmenden Niederschlagssummen gerechnet werden. Dies trifft auch zu, was durch die hohen sommermonsunalen Summen der Niederschlagstypen 5 und 8 unter Beweis gestellt wird und somit die Rolle der Tal- und Hangaufwinde als 'Regenbringer' deutlich unterstreicht (Abb. 16).

Die lokalen Erhebungen des Typs 5 wirken innerhalb der Tieflandregion des oberen Assam-Tals als orographische Hindernisse und sind auch während des Sommermonsuns durch hohe Niederschläge gekennzeichnet (BARTHAKUR 1968). Bei jeder Windrichtung kann es zu kleinräumigen Abbremsungs- und Staueffekten der extrem feucht-labilen Luftmassen kommen, was mit einer sofortigen Kondensation verbunden ist (YOSHINO 1975).

Die Niederschläge gehen nach Erreichen des Maximums im Juli abrupt zurück. Beim Gesamtindien-Jahresgang sind die Niederschläge im August unwesentlich niedriger als im Juli, d.h. die Verweildauer der sommermonsunalen Strömung ist länger anhaltend. Im oberen Assam-Tal führt aber das komplexe Zusammenwirken der orographischen Verhältnisse, die Nähe zur tibetischen Heizfläche, der Einfluß der Monsunkonvergenz und die Ausbildung von Talwinden zu einer weitaus höheren niederschlagsbringenden Wirkung.

Die Augustniederschläge im inneren Bereich des oberen Assam-Tals (T 2 und 3) liegen leicht über denen des Juni. Im äußeren Bereich des Assam-Tals (T 5 und 8) ist dies genau umgekehrt der Fall. Dies zeigt, daß der Rückzug der sommermonsunalen Regenbringer in den Fußzonen und umrahmenden Gebirgen schneller voranschreitet, was insbesondere für die Monsunkonvergenz gilt. Dennoch sind dort noch immer die höheren Niederschlagssummen zu erkennen. Dies läßt auf die lange anhaltende regenbringende Wirksamkeit der Tal- und Hangaufwinde schließen, die im oberen Assam-Tal bis weit in den Oktober hinein nachweisbar sind (BORA 1976, FLOHN 1970). Dies erklärt auch die überraschend hohe Anzahl der Regentage am Ende des Sommermonsuns, was insbesondere im September fast zur Ausbildung eines sekundären annuellen Maximums führt (Abb. 39).

Ein weiterer Grund für eine erhöhte Niederschlagsaktivität ist aber auch noch in den Monsunpausen zu sehen, die am Ende des Sommermonsuns gehäuft auftreten und insbesondere am Himalaya-Rand extrem hohe Niederschläge verursachen (Kap. 3.4.2). Im oberen Assam-Tal ist zwar ein weniger starker Niederschlagsrückgang im September zu beobachten, der aber nur sehr schwach mit den Monsunpausen in Verbindung gebracht werden kann. Dann wäre auch zu erwarten, daß der äußere Bereich des oberen Assam-Tals (T 5 und T 8) einen stärker hervortretenden Septemberwert aufweist als der innere Bereich (T 2 und T 3). Es kann aber auch an den fehlenden Gebirgsstationen im östlichen Assam-Himalaya liegen, die durch eine extrem weite Nordlage der Monsunkonvergenz während der Monsunpausen durch hohe Niederschlagssummen gekennzeichnet wären,

Während des Nachmonsuns gehen die Niederschlagssummen in der Region A1 abrupt zurück, wobei der Unterschied September/Oktober weitaus größer ist als der Unterschied Oktober/November, was somit den schnellen Rückzug der Monsunkonvergenz deutlich unterstreicht. Auffallend ist, daß beim Typ 8 der Rückgang der Niederschlagssummen wie auch der Anzahl der Regentage am stärksten ausgeprägt ist. Dies führt zu vergleichsweise geringen Oktober- und Novemberwerten, die sogar noch unter denen vom Typ 2 liegen. Die während des Nachmonsuns vorherrschenden Nordwinde (Kap. 3.4.3) haben für die Teilregionen des Typs 8 keine niederschlagsbringende Wirkung. Die im Nordwesten des oberen Assam-Tals gelegenen Fußzonen (RS 114, RS 155) sind nach Süden geneigt, was eine Niederschlagsbildung bei Nordwinden nicht ermöglicht. Die anderen Teilregionen befinden sich ganz auf der Südseite des oberen Assam-Tals, in den Fußzonen sowie in den Indisch-Burmesischen Grenzgebirgen (RS 233, RS 235). Die niederschlagsbringende Wirkung der Nordwinde ist aufgrund der großen Distanz verloren gegangen. Die während dieser Zeit herrschende große Nebelhäufigkeit in den Niederungen des Assam-Tals und andererseits die höher gelegenen, wolkenfreien Fußzonen und umrahmenden Gebirge sprechen für den leicht feuchteren Talgrund (SINGH 1971).

Die Teilregionen des Typ 5 liegen zwar auf erhöhten Standorten, aber überwiegend in der Talsohle (South Bank) des oberen Assam-Tals. Bevor die Nordwinde die o.g. Regionen erreichen, wehen sie zwangsläufig über den Brahmaputra und seine feuchten Uferareale. Selbst an solch kleinräumig auftretenden orographischen Hindernissen kommt es zu Luv-Effekten und zu Niederschlagsereignissen (YOSHINO 1975), was in Verbindung mit der größeren Nebelhäufigkeit der Talsohle zu vergleichbar hohen Ergiebigkeiten führt (insbesondere im Oktober). Der Einfluß von tropischen Zyklonen und damit verbundenen Starkniederschlägen im oberen Assam-Tal ist nur äußerst selten gegeben. Es kommt daher in diesem Zeitraum auch zu keinen nennenswerten mechanischen Schädigungen an den Kulturpflanzen, was die Existenz von tropischen Zyklonen im oberen Assam-Tal weitgehend ausschließt (BORBORA 1992, mündlich).

Anhand der Faktorwerte kann die Ausprägung des Wintermonsuns in der Niederschlagsregion A1 quantifiziert werden. Die wintermonsunalen Niederschlagssummen steigen vom inneren zum äußeren oberen Assam-Tal, angezeigt durch die größer werdenden Faktorenwerte beim Faktor 3: +0,44 (T 3), +0,99 (T 2), +1,29 (T 8) und +1,95 (T 5). Diese vergleichbar hohen positiven Faktorwerte deuteten darauf hin, daß in dem äußersten nordwestlichen Teil des Untersuchungsgebiets andersartige Regenbringer an Bedeutung zunehmen. Die Niederschlagssummen liegen dabei sowohl über denen von Gesamtindien als auch über denen der meisten anderen Niederschlagsregionen, was eine hygrische Besonderheit während des Wintermonsuns darstellt. Bei der Anzahl der Regentage sind kaum mehr räumliche Unterschiede innerhalb der Niederschlagsregion A1 zu erkennen, was bei unterschiedlich großen Niederschlagssummen bedeutet, daß die Intensität in Richtung der Fußzonen und umrahmenden Gebirgen zunimmt.

Im Winter kommt es im Untersuchungsgebiet 3-6 mal pro Monat zum Durchzug regenbringender Wolkenfelder. Es handelt sich dabei um nach Osten wandernde Höhentröge der
außertropischen Westwinddrift, "deren Kern von Oktober bis Mai als 'subtropischer Strahlstrom' knapp südlich des Himalaya, im Sommer dagegen auf der Nordflanke des tibetischen
Hochlandes liegt" (FLOHN 1970, p 37). Diese sog. 'western disturbances' werden von der
einheimischen Bevölkerung als Schlechtwettergebiete bezeichnet, und sie fungieren als
Regenbringer während des Wintermonsuns. Diese Winterregen sind ausschließlich advektiven Ursprungs (SONTAKKE 1993). Bei den ansonsten vorherrschenden kalten, kontinentalen Nordwinden kommt es zu keinen nennenswerten Kondensationserscheinungen, zumal
sich die Luftmassen bei Erreichen tiefer gelegener Regionen gemäß dem adiabatischen
Temperaturgradienten erwärmen und somit keinen regenbringenden Einfluß besitzen. Da
diese Nordwinde aber trotzdem noch wesentlich kälter sind, als die Winde während der
'western disturbances', werden sie im Untersuchungsgebiet als 'cold wave' bezeichnet. Nur
in den Berglagen resultieren daraus Niederschläge (Graupelregen, Schnee).

Abschließend werden noch die isoliert liegenden Bereiche der Niederschlagsregion A1
betrachtet. Innerhalb des mittleren Assam-Tals sind dies Kellyden (RS 115), welche zum
Typ 2 gehört sowie die zum Typ 3 zugeordneten Stationen Addabarie (RS 135) und New
Purupbari (RS 141). Umgeben werden die o.g. Regionen vom deutlich niederschlagsärmeren Typ 1, welcher für alle Faktoren negative Werte aufweist.

Kellyden (RS 115) liegt an der nördlich bis nordwestlich exponierten, zerlappten Hangfußzone der Mikir- und Rengma-Berge im Bereich der South Bank (Kap. 4.6.3.1). Bei der
Betrachtung der einzelnen Faktorwerte fällt auf, daß dort die geringsten sommermonsunalen
Niederschläge des Typs 2 zu verzeichnen sind, was durch den stark negativen Faktorwert
von -0,84 zum Ausdruck kommt. Die Ursache dafür ist die Leelage zu den aus Süden heranziehenden, feucht-labilen Luftströmungen während des Sommermonsuns. Dagegen liegt der
Faktorwert für den Faktor 2 mit +0,51 sogar weit über dem Durchschnitt und beim Wintermonsun mit +0,86 dem Typendurchschnitt entsprechend. Dies zeigt, daß aufgrund der
besonderen orographischen Lage dieser Referenzstation und dadurch bedingten Niederschlagsergiebigkeiten während des Vor-, Nach-, und Wintermonsuns (Luv-Effekt bei Nordwinden), die gerechtfertigte Eingruppierung in den Niederschlagstyp 2 bei der Clusteranalyse vorgenommen wurde.

Die dem Niederschlagstyp 3 zugeordneten Regionen um New Purupbari (RS 141) und
Addabarie (RS 135) liegen auf der North Bank und weisen zumindest bei einem der drei
Faktorwerte einen positiven Wert auf, was für die benachbarten Referenzstationen des Typs
1 nicht mehr gegeben ist. Zu erkennen ist, daß die sommer- und wintermonsunalen Niederschläge bei der westlicher gelegenen Station Addabarie (RS 135) abnehmen. Der Einfluß
des Vor- und Nachmonsuns aber ist in Addabari (+0,39) stärker als in New Purupbari
(-0,21). Bei der Betrachtung der absoluten Niederschlagssummen für die beiden Stationen
zeigt sich, daß sich dies insbesondere beim Nachmonsun auswirkt, welcher im Falle von
Addabarie niederschlagsergiebiger ist.

New Purupbari (RS 141) liegt im unteren Bereich der Fußzone, im unmittelbar südlichen Anschluß (Abb. 7, Anhang) an den Niederschlagstyp 8 (Abb. 37, Anhang), welcher
ebenfalls durch vergleichsweise geringe vor- und nachmonsunale Niederschläge gekennzeichnet ist. Somit setzt sich diese Tendenz im Bereich der Gebirgsfußzonen in ähnlicher

Weise fort. Überdurchschnittliche Niederschläge werden nur während des Wintermonsuns erzielt (wie auch beim benachbarten Typ 8), was durch den Faktorwert von +0,32 belegt wird. Somit können die Winterniederschläge als Kriterium für die Eingruppierung in den Niederschlagstyp 3 angesehen werden.

Addabarie liegt in der Niederung der North Bank, im Nahbereich des aus dem Assam Himalaya kommenden Kameng-Flusses, welcher bei Tezpur in den Brahmaputra mündet. Durch die starke Verdunstung über den nahegelegenen Wasserflächen und den ausgedehnten Sumpfgebieten wird genügend Feuchtigkeit bereitgestellt (BARTHAKUR 1968), die zum schnelleren Erreichen des Taupunkts führt und zur Erhöhung der Niederschlagsergiebigkeit beiträgt. Die Anzahl der Regentage ist für beide Referenzstationen während des Nachmonsuns annähernd gleich, was die niederschlagserhöhende Wirkung der benachbarten Wasserflächen unterstreicht.

Ein Großteil von Sikkim liegt in der Niederschlagsregion A1, bestehend aus den Typen 2, 8 und 5. Getrennt durch eine W-O Distanz von rund 800 km kehren somit im nordwestlichen Teil des Untersuchungsgebiets Typen der annuellen Niederschlagsvariation wieder, die ebenso im nordöstlichen Teil, im oberen Assam-Tal, vorkommen. Neben der annuellen Niederschlagsvariation ist als gemeinsames Merkmal die gleiche geographische Breite zu nennen (Abb. 37, Anhang). Was sich aber grundlegend unterscheidet, sind die orographischen Verhältnisse. Alle drei Niederschlagstypen, repräsentiert durch die Referenzstationen Geyzing (RS 220, T 8), Gangtok (RS 219, T 2) und Chungtang (RS 218, T 5) liegen zwischen 1.600-1.800 m ü.NN an unterschiedlich exponierten, teilweise sehr steilen Talflanken.

Beim Faktor 1 zeigt sich, daß die Niederschläge während des sommermonsunalen Jahresabschnitts überdurchschnittlich groß sind, was anhand der positiven Faktorwerte von +0,21, +0,33 sowie +0,04 belegt werden kann. Es ist kaum zu erwarten, daß es sich bei der zunehmenden Nordlage auch gleichzeitig um einen zunehmend sommermonsunalen Einfluß handelt. Bei der Überwindung zahlreicher orographischer Barrieren (z. Bsp. Darjeeling-Himalaya) müßten die aus dem bengalischen Tiefland kommenden Luftmassen eigentlich ihre niederschlagsbringende Wirkung verloren haben. Die Vermutung liegt nahe, daß in diesen Bereichen bereits andere regenbringende Einflüsse wirken.

Die hochgelegene Heizfläche von Tibet erzeugt eine ständig hangaufwärtsgerichtete Strömung, welche von den Himalaya-Tälern hinauf auf das Hochland gerichtet ist und zum Phänomen der Trockentäler führt (Kap. 3.4.5). Die Wärmezone in der oberen Troposphäre bleibt auch nachts bis frühmorgens erhalten, so daß die regenbringenden Talwinde ganztägig nachweisbar sind und somit für enorme Niederschläge sorgen. Die Schauer- und Gewittertätigkeit erreicht am Nachmittag ihren Höhepunkt, setzt sich aber nur unwesentlich abgeschwächt in der Nacht bis zum frühen Morgen fort. Angetrieben wird dies durch die ständig freiwerdende Kondensationswärme der Schauerwolkentürme bei stark feucht-labiler Schichtung (FLOHN 1970, YOSHINO 1975).

Die o.g. Stationen in Sikkim liegen nicht im Bereich der Talsohle, so daß sich der viel zitierte 'TROLL-Effekt' nicht in dem Maße auswirken kann, was auch durch die vergleichbar hohen Jahressummen des Niederschlags zum Ausdruck kommt. Der Wasserdampf in den höheren Lagen wird von den aufsteigenden Talwinden von Süden her geliefert. Gangtok und Chungtang liegen im N-S verlaufenden, tief eingeschnittenen Tista-Tal, in welchem sich die beschriebenen ganztägigen Talwinde ausbilden können (vgl. Kap. 5.2).

Beim Vor- und Nachmonsun sind räumlich sehr unterschiedliche Ausprägungen zu erkennen. Bei Geyzing (RS 220) kann aufgrund des stark negativen Faktors beim Vor- und Nachmonsun (-1,35) sowie der überdurchschnittlichen Niederschläge während des Wintermonsuns (Faktor 3: +0,62) die Eingruppierung in den Typ 8 hergeleitet werden. Bei den anderen beiden Stationen spielt in bezug auf die Clusterbesetzung der Wintermonsun die entscheidende Rolle. Mit +0,80 (RS 219) und +1,89 (RS 218) werden sehr hohe Werte erreicht, woraus die Eingruppierung in den Typ 2 sowie 5 resultiert. Mit zunehmender geographischer Breite ist somit eine Zunahme der wintermonsunalen Niederschläge in Sikkim festzustellen. Diese Winterregen werden verursacht durch die wandernden Höhentröge in der westlichen Höhenströmung. Ihre Windgeschwindigkeit nimmt mit der Höhe in Richtung des Himalaya-Hauptkamms zu, was FLOHN (1970) bis in eine Höhe von 4.000 m ü.NN nachweisen und auch für den untersuchten Raum in Sikkim bestätigen konnte.

5.1.2 ASSAM-HIMALAYA UND NORDSIKKIM

Die innerhalb dieser Niederschlagsregion A2 existierenden Typen 9 und 13 der annuellen Niederschlagsvariation wurden ausführlich beschrieben (Kap. 4.6.3.2) und graphisch dargestellt (Abb. 40 und 41). Es handelt sich dabei um die äußerst nordöstlichen (T 9) sowie äußerst nordwestlichen (T 13) Bereiche des Untersuchungsgebiets, welche sich jeweils im nördlichen Anschluß an die Niederschlagsregion A1 befinden.

Bei der Betrachtung der annuellen Niederschläge des Typs 9 wird eine Zunahme überdeutlich, denn mit 4.905 mm werden 1.500-2.000 mm mehr Niederschlag gemessen als in der Niederschlagsregion A1 (Abb. 22). Wird die Station Dening (RS 223) im Assam-Himalaya für sich genommen, so zeigt sich, daß die Niederschläge im äußersten östlichen Teil des Untersuchungsgebiets auf eine Jahressumme von 5.317 mm ansteigen. Eine ähnliche Tendenz ist auch bei der jährlichen Anzahl der Regentage anzutreffen, welche beim Typ 9 auf 159 ansteigt (Abb. 23), im Falle von Dening sogar auf 163. Aufgrund des starken Anstiegs der annuellen Niederschläge erhöht sich ebenfalls die Niederschlagsintensität auf 31 mm pro Regentag, was eine deutliche Steigerung gegenüber der Niederschlagsregion A1 bedeutet (Abb. 24).

Während des Vormonsuns setzt sich die zunehmend positive Ausprägung des Faktors 2 vom inneren oberen Assam-Tal über den äußeren Teil, bis hin in die umrahmenden Gebirge fort, was durch den Faktorwert +1,08 bewiesen wird. Es kommt zu einer Erhöhung der Monatssummen um 150-250 mm (insbesondere im April und Mai), aber ohne Auswirkung auf den prozentualen Anteil an der Jahressumme, der, wie bei der Niederschlagsregion A1, bei 25 % liegt. Bei der Anzahl der Regentage liegen die Werte nur unwesentlich über denen der Niederschlagsregion A1. Dies bedeutet, daß die Niederschlagsintensitäten erheblich ansteigen (auf 30 mm pro Regentag).

Die hohen Ergiebigkeiten werden durch die regenbringenden 'Norwesters' verursacht (CHADHA 1989a), deren mittlere Zugbahnen in den großen Tälern der umrahmenden Gebirge enden (BORA 1976). Im Falle des Luhit-Tals, mit der Station Dening (RS 223), ist dies besonders gegeben, da die Talöffnung genau in Richtung der herannahenden Gewitter-stürme liegt (TROLL 1967). Im Verlauf dieser mittleren Zugbahnen konnten bereits im oberen Assam-Tal vergleichbar hohe Niederschläge festgestellt werden (Teilregionen des Typs 5 in der Niederschlagsregion A1).

Chota Tingrai (RS 125, Typ 9) liegt mitten im Einflußbereich dieser Zugrichtung nahe dem großen Brahmaputra-Nebenfluß Burhi Dihing (Abb. 6: 16, Anhang). Hier beginnen zahlreiche Riedelflächen, wobei Chota Tingrai sich an der westlich bis nordwestlich expo-nierten Stirnseite befindet und ca. 50 m über das umgebende Tiefland ragt. Dieser relativ geringe Höhenunterschied reicht offensichtlich schon aus, um bei den 'Norwester'-Ereignissen zu derart großen Niederschlagsergiebigkeiten zu führen. Im östlichen Anschluß an RS 125 folgen weitere höher gelegene Standorte (Teilregionen des Typs 5), die ebenfalls durch höhere Niederschläge gekennzeichnet sind (Kap. 5.1.1). Chota Tingrai ist eine lokal eng begrenzte Region, mit vergleichbar extremen Niederschlägen (Jahressumme: 4.494 mm). Bemerkenswert ist, daß die kleinbäuerlichen Pachtflächen in der unmittelbaren Umgebung von Chota Tingrai um die Hälfte billiger sind als in 4-5 km entfernten Anbau-parzellen. Die hohen Niederschlagsintensitäten führen zu nachteiligen Standortbedingun-gen, was im niedrigeren Pachtpreis dokumentiert wird.

Die Ergiebigkeit des Vormonsuns wird darüber hinaus noch bedingt durch den Zustrom feuchter Tropikluft vom Bengalischen Golf (ab Mitte bis März), welche die Sommerregen-zeit hier bei noch ganz winterlicher Höhenströmung früher beginnen lassen, lange bevor die eigentlichen Monsunwinde die Region beeinflussen (FLOHN 1970). Die sehr hohen Nie-derschläge im März deuten dies an, welche insbesondere bei orographischen Kleinbarrieren (RS 125 und die Stationen des Typs 5) sowie bei zunehmender Höhe an den Luv-Seiten der umrahmenden Gebirgen auftreten.

Dening (RS 223) liegt 1.420 m ü.NN im oberen Lohit-Tal und verzeichnet die weitaus höchsten Niederschläge des gesamten Assam-Tals. Es stellt sich die Frage nach weiteren niederschlagsbegünstigenden Faktoren, die hier eine Rolle spielen, denn sonst müßten die übrigen Tallagen bei Zustrom feuchter Tropikluft eine weitaus größere Niederschlagserhö-hung erfahren. Im Lohit-Tal konnten extrem starke Talwinde nachgewiesen werden (TROLL 1967). Die einsetzende Erwärmung während des Vormonsuns sowie das Vorhan-densein von Feuchtigkeit aus der Brahmaputra-Talsohle führt zu Ausbildung der regenbrin-genden Talwinde. Durch diese Saugwirkung werden darüber hinaus die Zugbahnen der 'Norwesters' vom oberen Assam-Tal in das Lohit-Tal hineingesteuert (SINGH 1971), was zur o.g. hohen Ergiebigkeit in Dening (RS 223) beiträgt.

Die Frage nach den Ursachen der extrem hohen Niederschläge stellt sich auch bei der Betrachtung des Sommermonsuns (Faktorwert +1,27). Wie beim Vormonsun kommt es aber zu keiner Veränderung der Jahresanteile. Denn mit 65 % der annuellen Niederschlags-summe erreicht der Sommermonsun genau den gleichen Wert wie die Tiefländer des oberen Assam-Tals. Die Anzahl der Regentage bleibt annähernd gleich, was im Juli beim Typ 9 zu hohen Niederschlagsintensitäten von 45 mm pro Regentag führt. Diese hohen sommermon-sunalen Niederschläge können aber nicht alleine durch die Nähe der Monsunkonvergenz verursacht werden, denn im Falle von Dening (RS 223) ist der direkte Einfluß des Monsun-trogs nicht mehr in dem Maße gegeben. Auch mögliche Niederschlagsereignisse während der Monsunpausen können weitgehend ausgeschlossen werden, sonst würden die August-

bzw. Septembersummen stärker hervortreten (Abb. 41). Dies konnte für das obere Assam-Tal ebenfalls nicht nachgewiesen werden (Kap. 5.1.1).

Somit stellt sich die Frage, ob es sich bei den extrem hohen Niederschlägen um den regenbringenden Einfluß der Talwinde handelt. Feucht-labile Luftmassen werden durch die im Assam-Tal liegende Monsunkonvergenz herbeigeführt. Es kann davon ausgegangen werden, daß der Weitertransport der Luftmassen in größere Höhen des Assam-Himalaya über die Tal- und Hangaufwinde erfolgt. Anhand von aerologischen Aufstiegen an der Station Gauhati (RS 180) konnte festgestellt werden, daß in der feucht-labilen Schichtung von 10-11 km Mächtigkeit, die aufsteigende Wolkenluft in jedem Cumulonimbus-Turm im Schnitt um 1,6 °C wärmer ist als die umgebende Luft (FLOHN 1965, 1970). Gleichzeitig ist das gesamte Warmluftgebiet in der oberen Troposphäre um 5,4 °C wärmer als die 'tropische Standardatmosphäre' (FLOHN 1970, p 30). Durch diese Heizwirkung des tibetischen Hochlands ist die Luft viel wärmer und kann daher mehr Feuchtigkeit aufnehmen. Somit enthält die gesättigte Wolkenluft über den Himalaya-Rändern weitaus mehr 'regenbaren Wasserdampf' als eine gesättigte Luft über dem tropischen Afrika oder im Bereich der südwestindischen West-Ghats. Der Aufstieg erfolgt dabei über die Talwinde, was die regenbringende Bedeutung derselben unterstreicht.

Aufgrund der Tal- und Hangaufwinde bilden sich bereits in den Vormittagsstunden kräftige Wolken über den Gebirgsketten, wogegen die Talfurchen im Hochland weitgehend wolkenfrei bleiben (CHANG et KRISHNAMURTI 1987). Es herrscht starke Konvektion und Abgabe von Wärme nach Kondensation, verbunden mit einer intensiven Gewitter- und Schauertätigkeit. Die enorme Saugwirkung des isolierten, riesigen Wärmezentrums, in Form des kräftigen Höhenhochs über Tibet bewirkt, daß die Talwinde noch bis in 3.000 m Höhe nachweisbar sind (Kap. 3.4.5). Die Niederschläge stehen somit nicht mehr in direktem Zusammenhang mit der Monsunströmung. Durch den Direktabfluß der reichlichen Niederschläge im Ost-Himalaya kommt es während der Sommermonate in den Talbereichen zu gewaltigen Überschwemmungen (DAS 1988). Das dort reichlich vorhandene Verdustungsangebot dient in Zusammenwirkung mit der permanent herangeführten feucht-labilen Monsunströmung erneut zur Feuchteanreicherung der Talwinde, womit sich der "Regenkreislauf" wieder schließt.

Im Fall von Dening (RS 223) kann bei den extrem hohen Niederschlagssummen während des Sommermonsuns davon ausgegangen werden, daß das Kondensationsmaximum in ca. 1.400 m ü.NN auf keinen Fall bereits überschritten ist. Leider existieren in dieser Region keine weiteren Stationen in größerer Höhe, die diese Frage genauer beantworten könnten. Lediglich die von SCHWEINFURTH (1957) und TROLL (1967) durchgeführten Vegetationskartierungen geben Hinweise auf noch höhere Niederschläge in 1.600-1.700 m ü.NN (vgl. 5.2.7).

Chota Tingrai (RS 125), mit seiner besonderes exponierten Tieflandlage, liegt im Einflußbereich der Monsunkonvergenz. Ähnlich wie bei den Teilregionen des Typs 5 kommt es dabei zu sehr ergiebigen Niederschlägen (Kap. 5.1.1). Diese regenbringende Tendenz deutete sich bereits während des Vormonsuns an, was Chota Tingrai zu einer lokalen "Feuchtinsel" werden läßt.

Das Niederschlagsmaximum wird beim Typ 9 im Juli erreicht. Danach nehmen die Niederschläge stark ab. Das Einstrahlungsmaximum ist im Juli auch mit der maximalen Kon-

vergenzaktivität- und intensität verbunden, woraus auch die höchsten Niederschlagsergiebigkeiten resultieren (SIKKA et GADGIL 1980). Danach sinken die Monatssummen abrupt
ab. Der August-Wert liegt dabei unter dem Juni-Wert, was das frühe Abklingen der Kon-
vergenzintensität signalisiert. Bei der Anzahl der Regentage ist dies noch in stärkerem
Maße gegeben. Die am Ende des Sommermonsuns immer noch sehr hohen Monatssummen
resultieren aus der Niederschlagsergiebigkeit der Talwinde, die noch bis Oktober ausgebildet sind (FLOHN 1970).

Während des Nachmonsuns nehmen die Niederschläge weiter ab, ähnlich wie dies auch
für die Niederschlagsregion A1 zu sehen ist (Kap. 5.1.1). Der Niederschlagsunterschied
zwischen September/Oktober beträgt dabei über 300 mm, was durch die zunehmende Dominanz der trockenen Nordwinde verursacht wird. Die Talwinde fungieren überwiegend als
Regenbringer während des Nachmonsuns und erbringen im Vergleich zu den anderen Typen des oberen Assam-Tals vergleichbar hohe Ergiebigkeiten. Tropische Zyklone haben
keinen Einfluß auf die vorgestellten Teilregionen des Typs 9 (BORBORA 1992, mündlich).

Auch für den Faktor Wintermonsun ist der Niederschlagstyp 9 durch einen stark positiven Faktorwert von +4,11 gekennzeichnet. Damit wird der Niederschlagsreichtum während
des ganzen Jahres hindurch unter Beweis gestellt, denn alle drei Faktoren besitzen eine
positive Ausprägung. Die Monatssummen erreichen die höchsten Werte im gesamten Untersuchungsgebiet. Damit wird die zunehmende winterliche Niederschlagsergiebigkeit vom
inneren zum äußeren Teil des oberen Assam-Tals, bis in die umrahmenden Gebirge hinein
zum Ausdruck gebracht. Der für die Niederschlagsregion A1 festgestellte starke Einfluß der
'western disturbances' (Kap. 5.1.1) steigert sich weiter und wirkt sich mit wachsender geographischer Breite und Höhenlage niederschlagsbringend aus, was den zunehmenden
advektiven Klimacharakter unterstreicht (RAO 1981).

Die Anzahl der Regentage ist beim Typ 9 ähnlich hoch wie in der Niederschlagsregion
A1. Dies zeigt, daß sich nicht die Häufigkeit der 'western disturbances' ändert, sondern es
erhöht sich deren Intensität. Bei starkem Einfluß der Nordwinde, im Verlauf einer 'cold
wave', kann es in den Bergregionen zu Graupelregen kommen (TROLL 1967). Dies zeigt
sich aber noch nicht bei einer Höhenlage von 1.400 m ü.NN (Dening, RS 223), da sonst die
Anzahl der Regentage weitaus höher wäre. Somit besitzen die Nordwinde für den Typ 9
keine nennenswerte, niederschlagserhöhende Wirkung.

Beim Vergleich mit der annuellen Niederschlagsvariation von Gesamtindien sind beträchtliche Unterschiede zu erkennen. Diese betreffen die Niederschlagssummen wie auch
die prozentualen Anteile und stellen somit die hygrische Besonderheit von Nordostindien
unter Beweis.

Der Niederschlagstyp 13, ein weiterer Teilbereich der Niederschlagsregion A2, befindet
sich in den höheren Lagen von Nordsikkim und ist durch die niedrigste jährliche Niederschlagssumme von 1.226 mm sowie gleichzeitig durch die höchste annuelle Anzahl von 168
Regentagen gekennzeichnet. In bezug auf die annuelle Niederschlagsvariation bestehen auf
den ersten Blick wenig Zusammenhänge mit dem im Dendrogramm (Abb. 50) auf der
benachbarten Stufe eingruppierten Niederschlagstyp 9. Beide Teilregionen liegen zwar in
derselben Breite, haben aber ein unterschiedliches Höhenniveau; Typ 13 liegt in einer
Höhenlage von 3.000-4.000 m ü.NN an der Südabdachung des Himalaya-Hauptkamms, unmittelbar nördlich des niederschlagsreichen Typs 5 (Jahressumme: 3.437 mm). Somit ist der

Frage nach dem sehr großen räumlichen Niederschlagsunterschied nachzugehen sowie nach den Ursachen für die völlig andersartige annuelle Niederschlagsvariation zu suchen.

Die stark negativen Faktorwerte F 1 (-0,91) und F 2 (-2,16) zeigen an, daß während insgesamt 9 Monaten des Jahres die geringsten Niederschläge innerhalb des gesamten Untersuchungsgebiets registriert werden (Abb. 40). Beim Wintermonsun jedoch kommt es zur Ausprägung des zweithöchsten Faktorwerts von +2,85. Es sind somit die niederschlagsreichsten Wintermonsunregionen des Untersuchungsgebiets bei der Clusteranalyse auf einer Stufe eingruppiert worden. In Nordsikkim (T 13) wird mit 7 mm Niederschlag pro Regentag die absolut geringste Niederschlagsintensität verzeichnet, was schon als ein markanter Hinweis auf ein völlig anderes Niederschlags- und Windregime interpretiert werden kann. Die prozentualen Saisonanteile an der Jahressumme bestätigen dies und zeigen an, daß es sich um eine vergleichsweise ausgeglichene annuelle Niederschlagsvariation handelt.

Während des Vormonsuns sind in Nordsikkim vergleichsweise sehr niedrige Niederschlagssummen zu erkennen. In den bereits besprochenen Niederschlagsregionen A1 und teilweise A2 stiegen die Niederschläge während des Vormonsuns sprunghaft an. Durch das Zusammentreffen von heiß-feuchten Luftmassen aus den Ganges- und Brahmaputra-Tiefländern mit den kalt-kontinentalen Luftmassen aus Zentralasien formierten sich diese 'Norwesters' (Kap. 3.4.1). Die höheren Lagen von Nordsikkim zählen eher noch zu den Liefergebieten von kalten Luftmassen und nicht zu den Inversionsgebieten, da die vormonsunalen, feucht-heißen Luftmassen nicht bis in diese großen Höhen gelangen können. Somit ist davon auszugehen, daß die 'Norwesters' keine regenbringende Wirkung für den Typ 13 haben.

Es handelt sich dabei um die wandernden Höhentröge in der westlichen Höhenströmung, welche die südlich des Himalaya-Hauptkamms gelegenen Regionen von Oktober bis Mai beeinflussen (FLOHN 1970, 1971a). Dies bedeutet, daß Nordsikkim bis Mai noch unter dem Einfluß der Westströmung liegt (SINGH 1971). Es sind die Ausläufer der mediterranen Winter-Frühjahrsregen, die sich über ganz Vorderasien, Iran, Afghanistan, Russisch-Zentralasien bis nach Nordostindien bemerkbar machen (FLOHN 1958). Ihre Ergiebigkeit nimmt dabei von W nach O hin ab, und sie sind in der Höhe stets mit Abkühlung und Labilität verbunden und treten in Bodennähe nur teilweise als Kaltfront auf. Die 'western disturbances' sind daher für Nordsikkim nur noch sehr schwache Regenbringer und bedingen die zwar niedrigen aber fast gleichbleibenden Monatssummen während des gesamten Vormonsuns. Der niedrige April-Wert fällt mit dem Aktivitätsmaximum der 'Norwesters' zusammen, welche in Nordsikkim allerdings keine regenbringende Bedeutung haben.

Die extrem hohe Niederschlagshäufigkeit (vgl. Anzahl der Regentage) bei geringer Ergiebigkeit sowie die gleichbleibenden monatlichen Niederschlagssummen während des Sommermonsuns sind deutliche Anzeichen für einen advektiven Klimacharakter (DHAR et NARAYANAN 1965). Dieser Mechanismus tritt anscheinend in der ganzen Subtropenzone in den Vordergrund, überall da, wo in der Höhe die Ausläufer der Westwinddrift über der nur wenig veränderlichen subtropischen Warmluft hinziehen und Labilität, Wolkenbildung und Advektionsniederschläge auslösen (FLOHN 1958). Durch das Hineinragen in die Ausläufer der subtropischen Strahlströmung nehmen die Windgeschwindigkeiten mit zunehmender Meereshöhe zu. In Tagebuchberichten über Himalaya-Besteigungen ist immer wieder von furchtbaren Höhenstürmen die Rede, die mit dem o.g. Phänomen in Verbindung zu bringen sind (NEDUNGADI et SRINIVASAN 1964). Das annuelle Niederschlagsmaximum wird erst im August erreicht, welches sich aber in der absoluten Niederschlagssumme nicht wesentlich von anderen Sommermonaten unterscheidet und damit den überwiegend advektiven Klimacharakter unterstreicht.

Die Bedeutung der Talwinde als Regenbringer muß in Nordsikkim in Frage gestellt werden. Über dem Hochland von Tibet kommt es von April his Oktober zur Bildung von starken Konvektionszellen, was als thermische Heizquelle eine enorme Saugwirkung auf die feuchten Luftmassen aus dem Bengalischen Tiefland ausübt (Kap. 3.4.5). Beim Aufstieg der Talwinde herrscht bis zu einer gewissen Höhenlage (wird im Kap. 5.2 noch genauer untersucht) starke Konvektion und Abgabe von Wärme nach Kondensation, verbunden mit intensiver Gewitter- und Schauertätigkeit. Nach Überschreiten des maximalen Kondensationsniveaus werden die Talwinde mit zunehmender Höhe trockener und 'ausgeregneter', was in den höheren Lagen von Sikkim eine nur noch sehr abgeschwächte, regenbringende Wirkung hat.

Untersuchungen belegen, daß neben den großräumigen Talwindsystemen (insbesondere bei den meridionalen Durchbruchstälern im Himalaya) auch noch kleinräumige Hangwindzirkulationen entstehen können. Diese fungieren gerade in den höheren Bereichen von Nordsikkim als zusätzliche 'Regenbringer' (TROLL 1952 und YOSHINO 1975). Es konnte nachgewiesen werden, daß die Feuchtigkeit dabei von der aus kleinen Seen bestehenden Quellregion des Tista-Flusses stammt.

In Nordsikkim (T 13) handelt es sich somit um ein Nebeneinander von überwiegend advektiv sowie teilweise konvektiv geprägten sommerlichen Wetterlagen, d.h. zwei grundverschiedene Klimatypen: fremdbürtig und eigenbürtig. Der Begriff 'Monsun' trifft hier nur noch in sehr eingeschränktem Maße zu und sollte durch 'Sommerregen' ersetzt werden.

Während des 'Nachmonsuns' gehen die Niederschläge deutlich zurück und erreichen bereits im November mit 15 mm das jährliche Niederschlagsminimum. Durch die jahreszeitliche Verlagerung der Windgürtel wird Nordsikkim nicht mehr durch die Ausläufer der subtropischen Strahlströmung regenbringend beeinflußt. Die Anzahl der Regentage geht von 11 auf 2 zurück, was den stark schwindenden Einfluß des o.g. Windregimes dokumentiert.

Zu Beginn des 'Wintermonsuns' kommt es zu einem merklichen Anstieg der Niederschlagssummen und -häufigkeiten. Der Januar erreicht mit 79 mm den höchsten Wert im gesamten Untersuchungsgebiet, was auch für die Anzahl der Regentage gültig ist. Dadurch entsteht ein ausgeprägtes intrasaisonales Niederschlagsmaximum, wobei die Dezember- und Februar-Werte um mindestens 50 % deutlich überschritten werden. Mit 13 % Jahresanteil verzeichnen die Winterregen den mit Abstand höchsten Saisonanteil. Es handelt sich dabei wieder um die Ausläufer der mediterranen Winter-Frühjahrsregen, die bis Mai wetterbestimmend sind. Ein Großteil ihrer Feuchtigkeit geht zwar durch den Staueffekt in Nordpakistan und Kaschmir verloren (Hindu Kush, Pamir und Karakorum, vgl. Kap. 5.1.4), aber die Ergiebigkeiten in Nordsikkim erreichen im Vergleich zu den restlichen Bereichen in Nordostindien immer noch die höchsten Werte. Dazwischen dominieren Nordwinde, die sehr richtungskonstant und stürmisch sind. Sie wehen mit großen Geschwindigkeiten über die Pässe in die Täler von N nach S. Windstärke und Windrichtung werden dabei maßgeblich durch die Topographie beeinflußt (RAO 1981).

5.1.3 Mittleres und unteres Assam-Tal

Die innerhalb dieser Niederschlagsregion B1a existierenden Typen 1 und 7 der annuellen Niederschlagsvariation wurden ausführlich beschrieben (Kap. 4.6.3.3) und graphisch dargestellt (Abb. 42 und 43). Die im mittleren und unteren Assam-Tal existierenden Niederschlagsvariationen stehen im Mittelpunkt der nachfolgenden klimageographischen Analyse. Die außerhalb des Tals liegenden Teilbereiche der Niederschlagsregion B1a (insbesondere beim Typ 7) werden im Anschluß daran in verkürzter Weise angesprochen.

Schon bei der Betrachtung der ausschließlich negativ geprägten Faktorwerte wird klar, daß es sich in der Region B1a um deutlich geringere Jahresniederschläge handeln muß. Dies läßt den Schluß zu, daß hier die vergleichbar niederschlagsarmen Standorte des Untersuchungsgebiets vereint sind. Der räumliche Übergang vom oberen Assam-Tal (T 2 und T 3) zum mittleren Talabschnitt ist durch jährliche Summenunterschiede von 300-700 mm gekennzeichnet (Abb. 22). Auch sind durch die Eingruppierung in die Großregion B (Abb. 50) ebenfalls Unterschiede in bezug auf die annuelle Variation gegeben.

Selbst innerhalb der Region B1a ist ein deutlicher Niederschlagsrückgang erkennbar, der sich auf 30 % beläuft. Somit besteht im Assam-Tal und seiner umrahmenden Gebirge ein deutliches Niederschlagsgefälle von Ost nach West. Beim Vergleich der Jahressummen der Typen 9 und 7 beträgt dieses Gefälle rund 3.500 mm (oder 70 %) auf einer Distanz von 500 km. Diese beträchtlichen räumlichen Unterschiede gelten auch für die Niederschlagshäufigkeit (Abb. 23). Die Anzahl der annuellen Regentage sinkt von 159 auf 121 Regentage und innerhalb der Region auf 87 Regentage, d.h. ein Rückgang um 45 % (vom Typ 9 zum Typ 7). Damit verbunden ist ebenfalls ein Rückgang der Niederschlagsintensitäten (Abb. 24) von 31 mm (T 9), 24 mm (T 2 und 3) auf 17 mm/Regentag (T 1 und 7). Im untersten Abschnitt des Assam-Tals steigen die Ergiebigkeiten sowie die Intensitäten des Niederschlags wieder an, wobei der Typ 1 den Talausgang in das Bengalische Tiefland markiert.

Während des Vormonsuns steigen für beide Typen 1 und 7 die monatlichen Niederschlagssummen gleichmäßig an, ohne daß der April besonders niederschlagsergiebig in Erscheinung tritt wie im oberen Assam-Tal (Kap. 5.1.1 und 5.1.2). Neben den absoluten Monatssummen liegen auch die prozentualen Anteile an der Jahressumme weit unter denen der Region A1 und A2. In bezug auf die annuelle Niederschlagsvariation ist dies ein markanter Unterschied zum oberen Assam-Tal. Diese räumliche Veränderung wird auch durch die Regentage zum Ausdruck gebracht, denn die prozentualen Monatsanteile gehen nicht in dem Maße zurück wie bei den Niederschlagssummen. Die vormonsunalen 'Norwesters' sind zwar in den mittleren und unteren Talabschnitten spürbar, was durch den starken Anstieg der Niederschlagshäufigkeit im April erkennbar ist, aber sie besitzen offensichtlich eine eingeschränkte regenbringende Wirkung. Eine intensive Entladung erfolgt erst im von Gebirgen umschlossenen oberen Assam-Tal ('Sack von Assam'), was dort zu den bereits angesprochenen, sehr hohen Niederschlagsergiebigkeiten der 'Norwesters' führt.

Eine weitere Niederschlagsquelle während der heißen vormonsunalen Jahreszeit ist der aus dem Golf von Bengalen kommenden Südwind, der dabei tropisch-maritimen Luftmassen heranführt (Kap. 3.3.1). Die daraus mögliche Niederschlagswirkung scheidet aber für die Region B1a weitgehend aus. Denn die unmittelbar südlich angrenzenden Gebirgsregionen des Shillong-Plateaus, der Mikir- und Rengma-Berge sowie der Barail-Kette (Abb. 6: 5, 9a, 9b, 4c, Anhang) fungieren als West-Ost verlaufende orographische Barrieren, so daß es zu einem großräumigen Windschatteneffekt kommt. Am stärksten betroffen ist dabei der Typ 7, dessen Stationen entweder auf der South Bank in unmittelbarer Nähe der nördlichen Plateauabdachung liegen oder auf der North Bank an der Ostseite spornartiger Ausläufer aus dem Bhutan-Himalaya (KARAN 1967). Diese ausgeprägte Leelage führt zu den geringen Niederschlagsergiebigkeiten wie auch -häufigkeiten.

Der Anstieg der prozentualen Niederschlagsanteile von April zum Mai und von Mai zum Juni ist viel stärker als in den Niederschlagsregionen A1 und A2. Dies ist auch bei den Regentagen zu erkennen und gilt selbst für die genannten Leelagen (Typ 7), deren prozentuale Anteile über denen des oberen Assam-Tals liegen. Das bedeutet, daß der Sommermonsun die Niederschlagsregion B1a zeitlich früher beeinflußt, aber nicht zu hohen Niederschlagsergiebigkeiten und -häufigkeiten führt. Die Annäherung des Monsuntrogs an Nordostindien erfolgt aus westlicher Richtung, wobei die Troglinie beim Eintreffen in West Bengalen einen annähernden Nord-Süd-Verlauf besitzt (Kap. 3.4.2). Die regenbringende Wirkung des Monsuntrogs geht dann von West Bengalen auch ins Assam-Tal über. Daraus erklären sich auch die höheren Prozentanteile des Niederschlags wie auch der Anzahl der Regentage der im unteren und somit westlichen Assam-Tal gelegenen Teilbereiche der Niederschlagsregion B1a (Typ 7 und 1).

Dieses zeigt aus klimageographischer Sicht weiterhin, daß das Vorrücken der Monsunkonvergenz in das Assam-Tal von Westen her einsetzt und dabei die feuchte Monsunströmung ins Tal hineingezogen wird. Darüber hinaus überquert auch ein Teil der aus dem Golf von Bengalen kommenden Luftmassen das Shillong-Plateau sowie die Barail-Kette und erreicht das untere und mittlere Assam-Tal von Süden her, was aufgrund der enormen Saugwirkung des tibetischen Hochlands erklärt werden kann (BARTHAKUR 1968 und FLOHN 1970). Dabei wird aber ein Großteil der Feuchtigkeit an der Südabdachung des Shillong-Plateaus abgegeben, was somit im unmittelbaren Leebereich (Typ 7) zu sehr geringen Niederschlagsergiebigkeiten und -häufigkeiten führt.

Ein Hinweis auf den früheren Einfluß des Sommermonsuns ist auch im Anstieg der Niederschläge zu sehen. Die Juni- und Juli-Niederschläge unterscheiden sich nur geringfügig voneinander, was in der Niederschlagsregion A1 (Typ 2, 3, 5 und 8) und A2 (Typ 9) durch die Ausprägung eines deutlich höheren Julimaximums nicht der Fall ist. Auch die Andauer der sommermonsunalen Strömung ist in der Niederschlagsregion B1a länger, da der Niederschlagsrückgang weniger stark in Erscheinung tritt. Dies zeigt sich auch in den prozentualen monatlichen Niederschlagsanteilen, die im August in den westlich gelegenen Bereichen (Typ 7) durch die höchsten Prozentwerte gekennzeichnet sind.

Die von GOSWAMI (1986) durchgeführten Windmessungen geben wichtige Hinweise bezüglich der Richtung der regenbringenden Winde während des Sommermonsuns. Ergebnisse seiner Messungen liegen innerhalb der Niederschlagsregion B1a für die Stationen Tocklai (RS 203) und Thakurbari (RS 205) vor. Tocklai befindet sich direkt am Südufer des Brahmaputra im östlichen Teil des mittleren Talabschnitts und somit im Übergangsbereich zum oberen Assam-Tal. Dies wird auch daran deutlich, daß im unmittelbaren östlichen Anschluß die Niederschlagsregion A1 beginnt (Typ 2 und 3). Thakurbari liegt ca. 150 km westlich von Tocklai im Bereich der North Bank.

In Thakurbari und Tocklai dominieren zu Beginn des Sommermonsuns (Juni) regenbringende Winde aus nördlichen Richtungen, bei denen rund 50 % der Niederschläge fallen.
Es kann davon ausgegangen werden, daß die Niederschläge bei Nordwinden aus dem Einwehen in die unmittelbar südlich der beiden Stationen gelegenen, zeitlich früh ausgebildete
Monsunkonvergenz resultieren. Werden während des Vormonsuns im weiter östlich liegenden Tocklai noch die höheren Ergiebigkeiten registriert (Einfluß der 'Norwesters' stärker),
so kehrt sich dies zu Beginn des Sommermonsuns sehr deutlich um. Die Niederschlagssummen im Juni und auch im Juli liegen dabei in Thakurbari rund 100 mm (30-35 %) über
denen von Tocklai. Dieses zeigt den früheren, wie auch stärkeren Einfluß der langsam nach
Osten vorrückenden Monsunkonvergenz in den westlich gelegenen Regionen.

Die Existenz von regenbringenden Talwinden kann weitgehend ausgeschlossen werden,
denn diese müßten eher aus südlichen Richtungen kommen, was bei den flußnahen Tieflandstationen (92 und 97 m ü.NN) eigentlich noch nicht zu Niederschlagsereignissen führen
kann. Die Existenz von regenbringenden Bergwinden, die dann aus nördlichen Richtungen
kommen müßten, kann ebenfalls ausgeschlossen werden, da diese am Himalaya-Rand nicht
nachgewiesen werden konnten (FLOHN 1970).

Die mit Niederschlägen verbundenen Windrichtungen ändern sich aber im weiteren
Verlauf des Sommermonsuns. Im Juli und insbesondere im August nimmt in Thakurbari der
Anteil der Niederschläge bei Südwinden deutlich zu (Juli: 48 %, August: 60 %). In Tocklai
kommen die regenbringenden Winde weiterhin aus nördlichen sowie aus westlichen Richtungen. Der Anteil an der Niederschlagssumme bei Windstillen ist für Tocklai mit 6 %
verschwindend klein. In Thakurbari allerdings nimmt der Anteil von 11 % im Juni auf 25 %
im September zu (GOSWAMI 1986, p 11). Anhand dieser Ergebnisse können die mittlere
Lageposition und die Wanderung der Monsunkonvergenz während des Sommermonsuns
für das mittlere Assam-Tal abgeleitet werden.

Im Bereich der westlicher gelegenen Station Thakurbari wandert die mittlere Lageposition der Monsunkonvergenz immer weiter nach Norden. Der Anstieg der regenbringenden
Winde aus südlichen Richtungen zeigt an, daß sich der Monsuntrog zunehmend nördlich
von Thakurbari befindet. Aus der Zunahme der Niederschläge bei Windstillen kann gefolgert werden, daß Thakurbari sogar häufig im direkten Einflußbereich der Monsunkonvergenz liegt. Daraus resultieren auch höhere sommermonsunale Niederschläge. In Thakurbari
fallen dabei mit 1.527 mm Niederschlag rund 230 mm mehr als in Tocklai.

Für die 150 km weiter östlich, im Bereich der South Bank gelegenen Station Tocklai
sind kaum regenbringende Windstillen festzustellen, d.h. die Lage innerhalb der mittleren
Lageposition der Monsunkonvergenz ist eher selten. Der zunehmende Anteil an regenbringenden Westwinden und insbesondere Nordwestwinden weist darauf hin, daß Monsunkonvergenz häufiger weiter südlich liegt. Daraus kann gefolgert werden, daß die mittlere Lageposition des Monsuntrogs den Brahmaputra zwischen Thakurbari und Tocklai überquert
und dann weiter im Bereich der South Bank nach Südosten verläuft. Bei den Auswertungen
der Windmessungen für Margherita-Village (Kap. 5.1.1) konnte häufig eine trognahe Lage
nachgewiesen werden, was den oben lokalisierten Verlauf der Monsunkonvergenz unterstreicht. Aus klimageographischer Sicht wird die mittlere Lageposition der Konvergenz
zwischen Tocklai und Margherita dabei durch die sehr niederschlagsreichen Tieflandbereiche des Typs 5 und 9 nachgezeichnet.

Ein langsames Abklingen des Sommermonsuns ist für beide Niederschlagstypen der Region B1a zu erkennen. Der Niederschlagsrückgang von August auf September ist äußerst gering im Vergleich zu den Niederschlagsregionen A1 und A2, wo die Monatssummen abrupt zurückgehen. Dies kann einerseits damit begründet werden, daß die weiter westlich gelegenen Niederschlagsregionen zeitlich länger unter dem Einfluß der regenbringenden Monsunkonvergenz stehen. Wie zu Beginn des Sommermonsuns das Vorrücken des Trögs von West nach Ost nachgewiesen werden könnte, so liegt der Schluß nahe, daß sich am Ende des Sommermonsuns die Monsunkonvergenz von Ost nach West aus dem Assam-Tal zurückzieht (RAO 1976). Beim Typ 7 zeigt sich diese Tendenz sehr deutlich an den vergleichbar hohen prozentualen annuellen Niederschlagsanteilen im August und September, die mit 17 und 14 % deutlich über allen anderen bisher betrachteten Typen liegen.

Andererseits fällt bei der Betrachtung der September-Niederschläge von Thakurbari auf, daß die Monatssumme sogar um 46 mm (15 %) über dem August liegt und somit ein sekundäres Maximum während des Sommermonsuns ausbildet. Dies kann für Tocklai nicht festgestellt werden. Dort sinken die Monatssummen nach Erreichen des Maximums im Juli deutlich ab. In Thakurbari fallen im September rund 25 % der Niederschläge bei Windstillen und über 30 % bei Südwinden, d.h. bei direktem Einfluß der Monsunkonvergenz oder bei einer Lage nördlich von Thakurbari.

Solche extremen Nordlagen der Monsunkonvergenz am Himalaya-Rand und seinen Südhängen existieren während der sog. Monsunpausen (Kap 3.4.2). Die Andauer und Anzahl solcher Monsunpausen erhöht sich in der zweiten Hälfte des Sommermonsuns im August und insbesondere im September. Während der Monsunpause kommt es zu einer kräftigen Entladung der Luftmassen, was mit starken Überschwemmungen des Brahmaputra und seiner Nebenflüsse verbunden ist (DAS 1969). Dies spricht für die relativ hohen September-Niederschläge in der Niederschlagsregion B1a.

Die höheren Niederschläge während der Monsunpausen sind aber nicht für alle Bereiche des Assam-Tals nachzuweisen. Selbst innerhalb der Region B1a nimmt der regenbringende Effekt nach Osten hin ab, was durch die intrasaisonale Niederschlagsvariation für Tocklai festgestellt werden konnte. Auch weiter nach Osten (Region A1 und A2) ist keine niederschlagserhöhende Wirkung im September mehr festzustellen (Kap. 5.1.1 und 5.1.2). Dies bedeutet, daß die extremen Nordverlagerungen der Monsunkonvergenz innerhalb des Assam-Tals nur im unteren und im Westteil des mittleren Talabschnitts nachweisbar sind (SUBBARAMAYYA et RAMANADHAM 1981). Somit haben die Monsunpausen nur in diesen Bereichen eine niederschlagserhöhende Wirkung.

Zur weiteren Aufhellung der räumlichen Niederschlagsvariationen während einer Monsunpause, wären Niederschlagsdaten aus dem sich nördlich anschließenden Bhutan-Himalaya und westlichen Teil des Assam-Himalaya sehr hilfreich. Denn dort ist zu erwarten, daß aufgrund des Staueffektes am Himalaya-Rand die kräftigsten Entladungen stattfinden (LAUER 1993). Dazu würde noch der bereits für das obere Assam-Tal (T 9) nachgewiesene, regenbringende Effekt der Talwinde kommen. Es existieren aber in diesem Bereich keine Referenzstationen. Die vegetationsgeographische Gliederung des Bhutan- und Assam-Himalaya (TROLL 1967) macht deutlich, daß aufgrund der charakteristischen Vegetationshöhenstufen das maximale Kondensationsniveau in 1.200-2.000 m ü.NN anzutreffen ist, was die o.g. Vermutung bestätigt (vgl. Kap. 5.1.4).

Der längere wie auch intensivere Einfluß der sommermonsunalen Witterung läßt sich im mittleren und unteren Assam-Tal auch durch den vergleichbar hohen prozentualen Saison-anteil erkennen. 70 % der annuellen Niederschläge werden beim Typ 7 während des Som-mermonsuns registriert. Dies bedeutet, daß sein Einfluß innerhalb des Assam-Tals in westli-cher Richtung wächst. In bezug auf die absoluten Niederschlagssummen und -häufigkeiten ist aber genau das Umgekehrte der Fall, denn für den Typ 7 werden mit 1.016 mm die ge-ringsten Niederschläge gemessen, was auch durch den stark negativen Faktorwert von -0,87 zum Ausdruck gebracht wird.

Die Erklärung dafür kann beim Typ 7 durch die mittlere Lageposition der Monsunkon-vergenz hergeleitet werden, die im unteren und westlichen Teil des Assam-Tals meist im Bereich der North Bank liegt. Die Stationen des Typs 7 liegen sehr nahe am Shillong-Plateau (Abb. 6 und 7, Anhang). Die von der meist weiter nördlich liegenden Monsunkon-vergenz angesaugten sommermonsunalen Luftmassen sind im Bereich des Typs 7 größten-teils trocken und adiabatisch erwärmt, was durch die extreme Leelage nach Überwehen des Shillong-Plateaus bedingt ist. Selbst bei einem erzwungenem Aufstieg durch die evt. Nähe der Monsunkonvergenz (meist im Juni) würde nur eine sehr schwache Kondensation resul-tieren. Die Luftmassen können erst bei Überqueren der feuchten und sumpfigen Talsohle des Brahmaputra Feuchtigkeit aufnehmen, die dann aber erst in weiter nördlich gelegenen Bereichen (North Bank) durch Kondensation und Niederschläge bei Einwehen in die Mon-sunkonvergenz frei werden (BARTHAKUR 1968). Die maximale Entladung erfolgt dann an der Südabdachung des Bhutan-Himalaya, was anhand von Vegetationskartierungen herausgefunden werden konnte (SCHWEINFURTH 1956).

Die Leelage ist somit für den Typ 7 am extremsten ausgebildet. Der angesprochene Windschatteneffekt spielt aber auch für den Typ 1 eine niederschlagshemmende Rolle. Denn die von der Monsunkonvergenz angesaugten Luftmassen haben beim Überqueren des Shillong-Plateaus, der Rengma- und Mikir-Berge sowie der Indisch-Burmesischen Grenz-gebirge an den Luvseiten einen Großteil ihrer Feuchtigkeit verloren und kommen dazu noch als adiabatisch erwärmte Fallwinde in der Niederschlagsregion B 1a an. Dieser ausgeprägte Föhn-Effekt führt zu den geringen Niederschlagsergiebigkeiten. Dieses Föhn-Phänomen ist in lehrbuchhafter Weise auf der Monsuninsel Sri Lanka ausgebildet und eingehend erforscht worden ist (DOMRÖS 1969, 1971, 1974 und 1992).

Bei der Suche nach den Ursachen für die geringen Niederschläge in der Region B 1a ist davon auszugehen, daß der fehlende regenbringende Einfluß der Talwinde ebenfalls ein wichtiger Aspekt ist. Das untere und mittlere Assam-Tal ist zu schmal und eng, wodurch eine intensive Feuchtigkeitsanreicherung aufgrund der kurzen Distanzen nur sehr bedingt möglich ist. Auch findet in der Niederschlagsregion B 1a zu den Rändern hin keine wesent-liche Zunahme der Meereshöhe statt, was zu einem Staueffekt und dadurch bedingten Nie-derschlägen führen könnte. Das obere Assam-Tal ist im Gegensatz dazu wesentlich breiter, so daß sich die Niederschlagsergiebigkeiten der Talwinde bereits in den äußeren Talsohlen-bereichen (Typ 2) spürbar erhöhen und in den Fußzonen und Rahmengebirgen Maximal-werte erreichen (Typ 5 und 9).

Während des Nachmonsuns gehen die Monatsniederschläge deutlich zurück. Dies voll-zieht sich aber nicht so abrupt wie in den Niederschlagsregionen A1 und A2. Der höhere prozentuale, monatliche Anteil an der jährlichen Summe bringt den langsameren Rückgang insbesondere im Oktober zum Ausdruck, was in den westlicher gelegenen Regionen (Typ 7) am besten zu erkennen ist. Die im Verlauf des Nachmonsuns zunehmend vorherrschenden Nordwinde sind kontinentalen Ursprungs und werden zu dem noch adiabatisch erwärmt, wodurch eine Niederschlagsbildung weitgehend unterbunden wird. Durch Talwinde verursachte Niederschläge scheiden aus den bereits o.g. Gründen für das mittlere und insbesondere für das untere Assam-Tal aus.

In der Niederschlagsregion B1a kommt es während des Nachmonsuns über den Wasserflächen und in Ufernähe zu häufigen Nebelbildungen. Es gibt allerdings keine detaillierten Aufzeichnungen über die Anzahl der Nebeltage in Nordostindien (BORA 1992, mündlich), nur überschlägige Schätzungen. Es wurden Befragungen in den Büros von 'Indian Airlines' durchgeführt, um herauszufinden, wo und wann die meisten Flugausfälle wegen Nebels verzeichnet werden. In allen Flughäfen von Assam gibt es noch keine Möglichkeit einer radargesteuerten Landung, sondern ausschließlich Sichtlandeanflüge. Bei starkem Regen oder Nebel fallen daher die Flüge aus oder werden umgeleitet. Das untere Assam-Tal ist dabei mehr betroffen als der mittlere Talabschnitt. Der Flughafen Gauhati (RS 180, Typ 7) verzeichnet von Anfang Oktober bis Mitte November die meisten Flugausfälle wegen Nebels, wogegen der am Norduufer gelegene Flughafen Tezpur (RS 179, Typ 1) weniger davon betroffen ist. Dies spricht somit für die häufigen Nebelbildungen in den Süduferbereichen der engeren Talabschnitte.

Während des Wintermonsuns werden in der Region B1a die geringsten Niederschläge im gesamten Untersuchungsgebiet registriert, was insbesondere beim Typ 7 durch den stark negativen Faktorwert angezeigt wird. Die regenbringenden 'western disturbances' entfalten ihre Wirkung in zunehmend östlicher Richtung, d.h. im oberen Assam-Tal bzw. in den nördlich angrenzenden Rahmengebirgen. In der Niederschlagsregion B1a fehlen die orographischen Hindernisse, die bei den westlichen Windrichtungen für Staueffekte und somit zu Niederschlägen führen könnten (BORA 1976). Der Typ 7 verzeichnet lediglich drei Regentage während der Gesamtdauer des Wintermonsuns. Die überwiegend wehenden Nordwinde führen ähnlich wie während des Nachmonsuns zu keinen nennenswerten Niederschlagsereignissen.

Die annuelle Niederschlagsvariation im unteren und mittleren Assam-Tal zeigt gewisse Ähnlichkeiten mit dem Gesamtindien-Jahresgang. Da es sich dabei lediglich um die niederschlagsärmsten Regionen handelt, wird die hygrische Besonderheit von Nordostindien unter Beweis gestellt.

Am Ende der Betrachtungen wird noch exemplarisch auf die "Inselbereiche" der Niederschlagsregion B1a und deren annuelle Niederschlagsvariation eingegangen. Beim Niederschlagstyp 1 sind dies meist südlich an das untere und mittlere Assam-Tal angrenzende Gebiete in mittleren Höhenlagen (bis 800 m ü.NN) oder zwischen zwei Höhenzügen liegende Tieflandbereiche. Alle Stationen besitzen eine Leelage zu den vorherrschenden, regenbringenden Winden, was zu vergleichbar niedrigen Niederschlägen führt. Beim Typ 7 handelt es sich um orographisch besonders abgeschirmt gelegene Standorte, die in ganz unterschiedlichen Breiten- und Höhenlagen des Untersuchungsgebiets anzutreffen sind. Die Gemeinsamkeit in bezug auf die annuelle Niederschlagsvariation besteht in den stark unterdurchschnittlichen Niederschlägen in allen Jahresabschnitten, was durch extrem negative Faktorwerte dokumentiert wird.

Südtibet: die beiden Referenzstationen Yatung (RS 201) und Gyangtse (RS 222) liegen in einer Höhenlage von 3.000 bzw. 4.000 m ü.NN und sind durch die Lage in einem Hochtal sowie auf der Nordseite des Himalaya-Hauptkamms gekennzeichnet. Mit zunehmender geographischer Breite nehmen die Jahresniederschläge an den o.g. Stationen ab und betragen dabei nur noch 947 bzw. 271 mm. Dies gilt ebenso für die Niederschlagshäufigkeit, denn die Anzahl der Regentage sinkt von 94 auf 33. Es handelt sich somit um die absolut niederschlagsärmsten Regionen im gesamten Untersuchungsgebiet, welche alle im Niederschlagstyp 7 vereint sind.

Bei der Betrachtung der annuellen Niederschlagsvariation in Yatung (RS 201) fällt auf, daß die Monat-zu-Monat-Unterschiede vergleichbar gering sind. Von Februar bis Oktober betragen die Monatsniederschläge mindestens 50 mm und für die verbleibenden Wintermonate um 10 mm, d.h. Sommerregen und winterliche Trockenheit. Da auch die Anzahl der Regentage vergleichbar hoch sind, handelt es sich während der Sommermonate, wie bereits für Nordsikkim (T 13) ausführlich beschrieben, um advektive Niederschläge (Kap. 5.1.2). Die Niederschlagsergiebigkeiten und -häufigkeiten von Yatung liegen in allen Jahresabschnitten deutlich unter denen von Nordsikkim, da die Lage in einem nach Süden abgeschlossenen Hochtal mit einer Leewirkung verbunden ist.

Während der Wintermonate wird Yatung von den Ausläufern der mediterranen Winter-Frühjahrsregen beeinflußt. Dabei fällt Neuschnee, aber kurz nach Abzug dieser Schlechtwettergebiete erscheinen die Hochflächen und Südhänge sofort wieder wolken- und vor allem schneefrei. Offenbar verdunstet der gefallene dünne Neuschnee binnen weniger Stunden (FLOHN 1970). Als Gründe dafür nennt FLOHN die starke Sonneneinstrahlung, den kräftigen Wind und die trockene Atmosphäre. Dies bedeutet, daß entgegen aller Vermutungen, selbst im Winter das Hochland von Tibet als hochgelegene Wärmequelle wirkt. Diese ganzjährige Heizwirkung konnte auch anhand von phänologischen Befunden überzeugend nachgewiesen werden (FLOHN 1958), denn in Lhasa (3.730 m ü.NN) blühen die Pfirsiche früher als am mittleren und unteren Jangtsekiang (50 m ü.NN, in gleicher Breite von 30° N).

Es wird berichtet, daß sich die völlig baumlosen Hänge auf den Süd- und Südostseiten der Täler und Kämme befinden, so daß sie infolge der starken Insolation tagsüber im Mittwinter völlig schneefrei gehalten werden können (BÖHM 1966). Tagsüber taut die Bodenoberfläche fast immer auf, während sie in der Nacht gefriert. Die steilen Nord- und Westhänge sind dagegen bewaldet. Bei niedrigem Stand der winterlichen Sonne und damit geringer Bestrahlung bleibt die Temperatur tagsüber regelmäßig unter dem Nullpunkt, so daß der Schnee fast den ganzen Winter über liegenbleibt und die Bäume vor dem Erfrieren und noch mehr vor dem völligen Austrocknen bewahrt.

Annähernd entgegensätzliche Niederschlagsverhältnisse herrschen auf der Nordseite des Himalaya-Hauptkamms. In Gyangtse (RS 222) gehen die sommerlichen Niederschläge und in besonders starkem Maße die Anzahl der Regentage zurück. Damit schwindet auch der Advektivcharakter des Klimas und das oft beschriebene sonnig-trockene Hochlandklima von Tibet kommt zur vollen Entfaltung. Die Bildung der sommerlichen Konvektionszellen hält über Tibet von Mai bis September an und führt zu konvektiven Sommerregen, die allerdings in ihrer Häufigkeit und Ergiebigkeit weit hinter den Advektivniederschlägen zurückbleiben (FLOHN 1970). Die Wolkenluft wird mit zunehmender Höhe trockener und somit ausgeregneter, wobei nur sehr geringe Niederschläge resultieren können.

Im Rahmen von vegetationsgeographischen Untersuchungen wurde für Südtibet festgestellt, daß aufgrund der extrem starken Sonneneinstrahlung die feuchteren Vegetationsformationen nur noch auf den schattseitigen Nordhängen gedeihen können (TROLL 1967). Auf der Südseite gehen die Steppen der tieferen Stufen in die alplnen Steppen größeren Höhen über. Im Winterhalbjahr fallen von Oktober bis April nur insgesamt 14 mm Niederschlag, was eine extreme Trockenheit für die Region bedeutet (winterliche Schneearmut in 4000 m ü.NN).

Die an den beiden Referenzstationen herrschende annuelle Niederschlagsvariation steht somit nicht in direkten Zusammenhang mit dem Sommermonsun in Indien und den damit verbundenen Niederschlägen. In Südtibet kommt es in allen Jahreszeiten zu einem völligen Überwiegen der Südwest- und Westwinde (FLOHN 1958). Dies bestätigt die areologisch gewonnene und durch das chinesische Radiosondennetz seit 1956 bekräftigte Erkenntnis, daß das Hochland von Tibet praktisch das ganze Jahr hindurch in die außertropische Westwinddrift hineinreicht. Nur im Sommer kommen häufiger Süd- und Nordostwinde vor, da die untersuchte Region auf der Südseite der Höhenhochzelle in die tropische Ostwindzone hineinreicht.

Norddarjeeling: North Tukvar (RS 168) liegt in der Talsohle des Rangit-Flusses und ist durch jährliche Niederschläge von 1.658 mm bei 104 Regentagen gekennzeichnet. In nördlicher und südlicher Richtung davon steigen die Niederschlagsergiebigkeiten sehr stark an, was North Tukvar zu einer lokalen 'Trockeninsel' werden läßt. Hier kommt das Phänomen der trockenen Himalaya-Täler eindrucksvoll zur Entfaltung, mit ganztägig dominierenden Tal- und Hangaufwinden (Kap. 3.4.5). Bei Geländebegehungen konnte auch in bezug auf die Vegetation eine deutliche Abfolge festgestellt werden, derart, daß die Üppigkeit der Vegetation mit zunehmender Höhe an den Talflanken zunimmt. Im Ost-Himalaya existieren eine Reihe solcher 'Trockeninseln' in Talsohlen, welche durch Vegetationskartierungen lokalisiert und durch die o.g. Lokalwinde erklärt wurden (SCHWEINFURTH 1957).

Bengalisches Tiefland: bei der Lage der Referenzstationen 189 und 190 spielen offensichtlich kleinräumig wirkende Windschatteneffekte die entscheidende Rolle, was zu den in allen Jahresabschnitten unterdurchschnittlichen Niederschlägen führt. Es handelt sich um dicht an den Rajmahal-Bergen gelegene Standorte, die während des Vormonsuns im Lee der 'Norwesters' liegen sowie im Sommer im Lee der südlichen Monsunwinde. Der Einfluß der 'western disturbances' reicht nicht mehr bis in diese Breiten, und die winterlichen Nordwinde führen zu keinen nennenswerten Niederschlägen.

Bei Sylhet (RS 215), ca. 40 km südlich des steil aufragenden Shillong-Plateaus sind keine kleinräumigen Reliefunterschiede oder Leelagen erkennbar (Kap. 4.6.3.3), die für eine derart geringe Niederschlagsergiebigkeit verantwortlich sein könnten. Es muß daher andere Ursachen geben. Zur Erklärung ist es aber notwendig, die mesoskaligen Veränderungen der annuellen Niederschlagsvariation in der Umgebung zu betrachten und klimageographisch zu analysieren (vgl. Kap. 5.2.3).

Die in dieser Niederschlagsregion B1b existierenden Typen 10 und 11 der annuellen Niederschlagsvariation wurden ausführlich beschrieben (Kap. 4.6.3.4) und graphisch dargestellt (Abb. 44 und 45). Die sehr hohen Jahressummen von 3.142 und 4.202 mm dokumentieren den Niederschlagsreichtum dieser Region (Abb. 22). Da die Anzahl der annuellen Regentage verhältnismäßig gering ist, resultieren sehr hohe Niederschlagsintensitäten (Abb. 23 und 24). Anhand der Faktorwerte ist eine starke Dominanz der sommermonsunalen Niederschläge abzulesen, denn der Faktor 1 erreicht +0,81 und +1,56. Die Niederschläge während der restlichen Jahresabschnitte sind stark unterdurchschnittlich ausgeprägt (negative Faktorwerte).

Die höchsten Niederschläge im Himalaya fallen zwischen dem Annapurna-Massiv und dem östlichen Ende des Himalaya, wobei die allerhöchsten Summen in nördlicher Verlängerung des Golfs von Bengalen registriert werden (DAS 1988), d.h. in der Niederschlagsregion B1b und B2a. Weiter in westlicher Richtung entlang des Himalaya nehmen die Jahressummen deutlich ab, und die winterlichen 'western disturbances' gewinnen an Bedeutung. Das Niederschlagsregime im Karakorum und Hindu Kush ist sogar durch ein winterliches Niederschlagsmaximum gekennzeichnet (meist in Form von Schnee in diesen Höhenlagen). Der regenbringende Einfluß des Sommermonsuns ist in diesen Regionen nicht mehr zu spüren.

Bei detaillierten Untersuchungen im Himalaya konnten immer wieder die sehr große räumliche Variation der Niederschläge festgestellt werden, da aufgrund der komplizierten topographischen Gestaltung des Gebirges eine Vielzahl von mikro- und mesoskaligen Klimadifferenzierungen existieren (DOMRÖS 1978). Ein Gebietsmittel im Himalaya ist somit nach DOMRÖS als sehr problematisch anzusehen. Die vorhandenen Niederschlagsdaten können nur als Stichproben gelten, deren Repräsentativität räumlich äußerst begrenzt ist. Daher konzentriert sich die folgende Analyse nur auf die annuelle Niederschlagsvariation (für die räumlichen Variationen vgl. Kap. 5.2.1 und 5.2.2).

Zu Beginn des Vormonsuns liegen die Monatsniederschläge bei rund 50 mm, was zu den niedrigsten im Untersuchungsgebiet gezählt werden kann. Es ist auch kein sonderlich starker Anstieg der Ergiebigkeiten und Häufigkeiten im April zu erkennen. Die Monatssummen liegen dabei deutlich unter denen des oberen und mittleren Assam-Tals. Somit kann in der Niederschlagsregion B1b keine regenbringende Wirkung durch die 'Norwesters' festgestellt werden. Als Ursache dafür werden die komplizierten orographischen Verhältnisse des Himalaya angeführt mit den markanten Nord-Süd-Durchbruchstälern, wodurch dazwischen mächtige meridional verlaufende Gebirgskämme entstanden sind und spornartig in die vorgelagerten Ebenen reichen (CHAKRAVARTY 1982b und GANSSER 1964). Im Grenzgebiet zu Nepal sind dies der Singalila- und der Simanabasti-Kamm, mit Höhen bis zu 4.000 m ü.NN (MAMORIA 1975, MITTAL 1968). Durch die letztgenannten orographischen Barrieren entsteht eine Leewirkung für die kalten Luftmassen (Westströmung in der Höhe), so daß sich die 'Norwesters' nicht in dem Maße bilden und entfalten können (CHADHA 1988). Dies geschieht erst weiter im oberen Assam-Tal (Region A 1 und A 2: Typ 9), wo keine meridional verlaufenden Kämme existieren und die bereits beschriebene regenbringende 'Norwester'-Aktivitäten erklärt.

Im Mai aber steigen die Niederschläge extrem an. Mit zunehmenden Temperaturen sinkt der Bodendruck und der tropisch-maritime Südwind aus dem Golf von Bengalen wird stärker. Es kommt zu einer sehr frühen Ausbildung eines Tiefdrucktrogs im bengalischen Tiefland, was mit heftigen Niederschlägen verbunden ist (Kap. 3.4). Die feuchten Luftmassen werden weiter durch die Talwinde hangaufwärts transportiert. Die starke Saugwirkung des tibetischen Hochlands führt zur Konvektion an den Himalaya-Rändern, woraus ebenfalls heftige Niederschläge resultieren. Darüber hinaus bildet sich häufig bereits im Mai ein Monsuntief über dem nördlichen Teil des bengalischen Golfs, welches sogar bis zu einer tropischen Zyklone anwachsen kann. Bei einsetzender Nordwärtswanderung kommt es ebenfalls zu starken Niederschlägen (BOSE 1978).

Der Typ 11 ist dabei durch weitaus höhere Monatssummen gekennzeichnet, was durch die besonderen orographischen Verhältnisse in der Dooars-Region begründet ist. Es kommt an den südlich exponierten Kantenbereichen der Schuttkegel sowie am unmittelbar steil aufragenden Bhutan-Himalaya zu Stauwirkungen (SINGH 1971), was mit höheren Niederschlägen verbunden ist. Der dazwischen liegende Typ 10 besteht aus weit geöffneten Tälern, die 10-20 km nach Bhutan hineinreichen. Es ist davon auszugehen, daß die Luftmassen erst weiter nördlich zum Aufsteigen gezwungen werden und es dabei zu ergiebigen Niederschlägen kommt, was durch Vegetationskartierungen bestätigt werden konnte (SCHWEINFURTH 1957). In diesen Regionen existieren keine Stationen, die Aufschluß über die vorhandene Niederschlagsvariation geben könnten.

Der prozentuale Anteil des Sommermonsuns an der Jahressumme beträgt 81 % (T 10) und 78 % (T 11), was seine niederschlagsbringende Dominanz unterstreicht. Somit ist vom mittleren über das untere Assam-Tal bis hin zu den Himalaya-Tiefländern ein Ost-West-Anstieg der Prozentanteile zu verzeichnen (T 1: 66 %, T 7: 70 %). Dadurch wird auch die Eingruppierung der beiden Niederschlagsregionen auf einer Ebene im Dendrogramm (Abb. 50) verständlich, nämlich aufgrund der vergleichbar hohen prozentualen Anteile der sommermonsunalen Niederschläge an der Jahressumme. Die absoluten Summen unterscheiden sich dagegen sehr. Mit Abnahme der Niederschläge während des Vormonsuns steigt der prozentuale Anteil des Sommermonsuns, was für die Niederschlagsregionen B1a und B1b zutrifft und sich dabei in westlicher Richtung intensiviert.

Im Juni und Juli steigen die Niederschläge rapide an und erreichen extrem hohe Werte (>800 mm), was ebenfalls für die Niederschlagsintensitäten gilt: 43 mm/Regentag. Die Häufigkeit der extrem feuchten Regentage (>50 mm in 24 h) und die damit verbundenen, nachteiligen ökologischen Auswirkungen wurden von DOMRÖS (1978) eingehend untersucht. Die hohe Niederschlagsintensität "is a typical criterion of the climate of the Himalaya, ... is one of the main handicaps and disadvantages, for risks and dangers to the people in the Himalaya mountains" (DOMRÖS 1978, p 70).

Die Auswertungen der Windmessungen an der Dooars-Station Chuapara (RS 207) und der Darjeeling-Station Nagri-Farm (RS 210) ergaben, daß rund 60 % der sommermonsunalen Niederschläge bei Winden aus südlichen Richtungen resultieren, wobei die Südostwinde mit 45 % für Chuapara und mit 37 % für Nagri-Farm dominieren (GOSWAMI 1986). Dies deutet sich bereits während des Vormonsuns an und setzt sich von Juni bis September in verstärkter Weise fort. Für die derart hohen Ergiebigkeiten innerhalb der Niederschlagsregion B1b gibt es mehrere Ursachen, die in einem komplexen Wirkungsgefüge zueinander stehen:

- Konvektive Vorgänge mit Bildung von Cumulus-Türmen, die in 10 km Höhe in Cumulonimbus-Massive mit Eisschirm übergehen und von Schauern und Gewittern begleitet sind (FLOHN 1970). Dafür muß eine feucht-labile Schichtung vorhanden sein, welche in der warmen Jahreshälfte über den Hochgebirgen und Hochland an fast allen Tagen gegeben ist und eine konvergente Strömung in den unteren Schichten großräumiges Aufsteigen auslöst (WEISCHET 1965). Der Beginn des Sommermonsuns ist im Gebirge kräftiger, da beim orographisch erzwungenen Aufsteigen der feuchten, südlichen Luftströmung mehr Niederschlag resultiert. Einheimische berichten von tagelangem Nebel mit unaufhörlichen Niederschlägen, was die Lebens- und Arbeitsbedingungen während dieser Zeit erheblich verschlechtern. Im Tiefland von Dooars und Terai fallen die Monsunregen in Form von mehrtägigen Regenperioden im Bereich der nach Norden gesteuerten Monsunzyklonen.

- In den unteren und mittleren Schichten der Troposphäre treten zirkulare, meist frontenlose Wirbel auf. Diese Monsundepressionen über dem nordindischen Tiefland ziehen normalerweise bei östlicher Höhenströmung von Südost nach Nordwest. Im Juli und August werden sie gelegentlich auf der Vorderseite der o.g. Höhentröge nach Norden in den Himalaya hineingesteuert, wo sie sich schon in den Randketten mit sintflutartigen Regenfällen auflösen (Kap. 3.4). Daneben können diese Monsundepressionen auch zu einer tropischen Zyklone anwachsen und die Niederschlagsintensität noch weiter steigern (2-3 im Juli und August). Solche Extremereignisse wurden eingehend für den Nepal-Himalaya untersucht: 416 mm am 17. Juli 1960 in Girwari und 502 mm am 25. August 1968 in Gumthang (DOMRÖS 1978, p 70).

- Die hohen saisonalen Niederschläge der inneren Gebirgsabschnitte können nicht mehr alleine durch die Monsuntiefs oder Zyklonen verursacht werden, denn die Tiefs erreichen diese Regionen nicht mehr. Es kann davon ausgegangen werden, daß dafür die vom Tibetischen Hochland angesaugten, aufsteigenden Tal- und Hangaufwinde in Frage kommen, die auch in Sikkim von regenbringender Relevanz und Dominanz sind (Kap. 5.1.1).

- Die Niederschlagssummen wie auch die -häufigkeit sind im September durch vergleichbar hohe Werte charakterisiert. Dies deutete sich bereits im mittleren und unteren Assam-Tal an (Kap. 5.1.3). Das Auftreten von Monsunpausen ist im September am größten. Die Monsunkonvergenz liegt dabei ganz dicht an den Fußzonen der Himalaya-Südabdachung und verursacht heftige Niederschläge (CHADHA 1989a). Der Typ 11 ist dabei besonders stark betroffen, was einerseits durch die Lage in der Fußzone des steil aufragenden Bhutan-Himalaya (KARAN 1967) sowie andererseits durch die kleinräumig, besonderen orographischen Verhältnisse hervorgerufen wird. Auch anhand der erhöhten Anzahl der September-Regentage ist der Einfluß der 'regenbringenden Monsunpausen' erkennbar.

Die Region B1b ist durch alle o.g. Niederschlagsursachen beeinflußt, was zu den sehr hohen sommermonsunalen Niederschlägen wie auch prozentualen Anteile an der annuellen Jahressumme führt. Es handelt sich um ein Wirkungsgefüge von Konvergenz, Konvektion,

Monsundepressionen, tropischen Zyklonen, Talwinden und Monsunpausen, die teilweise gemeinsam oder unabhängig voneinander als sommermonsunale Regenbringer fungieren.

Eine weiterer Teilbereich des Niederschlagstyps 11 befindet sich im westlichen Teil des Shillong-Plateaus (Tura, RS 194). Die weitere Entfernung von der westlichen und vor allem südlichen Plateaukante sowie die im Vergleich zur restlichen Plateaufläche geringere Höhenlage läßt zwar eine jährliche Niederschlagssumme von 3.363 mm entstehen, die aber dennoch weit hinter den Extremstandorten Mawsynram und Cherrapunji an der südliche Plateaukante zurückbleibt.

Während des Nachmonsuns ist der südwärtige Rückzug der Monsunkonvergenz mit einem abrupten Niederschlagsrückgang verbunden (CHADHA 1988). Beim Typ 11 ist der Summenunterschied von September auf den Oktober mit 458 mm extrem groß. Dennoch fallen im Oktober, während der durchschnittlich 8 Regentage, immerhin noch 203 mm Niederschlag. Im Darjeeling-Himalaya und in den vorgelagerten Tiefländern (Typ 10) sind dies nur noch 145 mm bei 6 Regentagen, woraus sich eine Niederschlagsintensität von 25 mm/Regentag ergibt.

Die zu dieser Zeit dominierenden Nordwinde (trocken-kontinental) können nicht zu diesen Niederschlagsergiebigkeiten führen. Bei den hohen Oktoberwerten im oberen Assam-Tal spielen die Talwinde eine maßgebliche, regenbringende Rolle (Kap. 5.1.1 und 5.1.2), was aber in der Niederschlagsregion B 1b nur noch eingeschränkt Gültigkeit hat. Denn es fehlen die entsprechenden Wasserflächen und Sumpfgebiete, die als Feuchtigkeitsspender fungieren. Die Brahmaputra-Nebenflüsse haben alle einen mehr oder minder Nord-Süd-Verlauf und führen im Oktober und November nur noch sehr wenig Wasser, so daß die Talwinde erst weiter nördlich in größeren Höhen zu entsprechenden Niederschlagsereignissen führen können.

Als Regenbringer kommen noch die starken Tiefs ('Bay depression') oder tropische Zyklone in Frage, welche über dem südlichen Teil des Golfs von Bengalen entstanden sind (Kap. 3.4.3). Diese führen durch den orographischen Staueffekt in die Fußzonen und im Darjeeling-Himalaya zu den genannten hohen Niederschlagsintensitäten. In der Bannock-burn Tea Estate (Distrikt Darjeeling, ca. 1.300 m ü.NN, größtenteils südöstlich exponiert) wurden solche nachmonsunalen Starkregenereignisse ausgewertet (STARKEL 1989). Im Zeitraum von 1950-1990 betrug das mittlere Maximum 172 mm/Regentag. STARKEL kam zu dem Ergebnis, daß jedes Jahr an mindestens einem Tag eine Tagessumme von 70 mm erreicht wird, jedes zweite Jahr 130-150 mm, jedes fünfte Jahr 200 mm und jedes zehnte Jahr 300 mm. Dieses macht die klima-ökologische Sensibilität des Himalaya-Raums besonders deutlich (CHADHA 1989b, 1990, DOMRÖS 1978).

Im Rahmen einer gesonderten Auswertung wurde die Referenzstation Nagri-Farm (RS 210, 1.158 m ü.NN, südöstlich exponiert) im Darjeeling-Himalaya ausgewählt und die täglichen Niederschlagswerte während des Nachmonsuns auf Starkregenereignisse hin untersucht (Zeitraum: 1961-1990). Dabei wurden nur die extrem feuchten Regentage (DOMRÖS 1978) von über 100 mm berücksichtigt. Die durchschnittliche Monatssumme für den Oktober beträgt in Nagri-Farm 134 mm. Anhand der hintereinanderfolgenden Tage mit derart hohen Niederschlägen zeigt sich die extrem regenbringende Wirkung einer tropischen Zyklone:

- 4. Oktober 1968: 260 mm,   5. Oktober 1968: 384 mm;
- 12. Oktober 1973: 115 mm,   13. Oktober 1973: 184 mm;
- 17. Oktober 1985: 100 mm,   18. Oktober 1985: 226 mm.

Wie kaum eine andere Region in Nordostindien 'leidet' der Darjeeling-Distrikt unter den Gefahren ('Hazards') des Klimas, welche noch durch das steile Relief verschärft werden (IVES et MESSERLI 1990, CHADHA 1989a).

Während des Wintermonsuns gehen die Niederschläge weiter zurück, was durch die negativen Faktorwerte zum Ausdruck gebracht wird. Die regenbringenden 'western disturbances' werden, ähnlich wie die vormonsunalen 'Norwesters', durch die meridional verlaufenden Singalila- und Simanabasti-Gebirgskämme (MAMORIA 1975) abgeschwächt. Die Niederschlagsregion B1b ist somit durch eine ausgesprochene Leelage zu den aus westlichen Richtungen kommenden Tiefdruckgebieten der außertropischen Westwinddrift gekennzeichnet. Der prozentuale Anteil der Winterniederschläge an der Jahressumme beträgt daher lediglich 1 %.

5.1.5 SÜDKANTE DES SHILLONG-PLATEAUS

Die in der Niederschlagsregion B2a existierenden Typen 12 und 14 der annuellen Niederschlagsvariation wurden ausführlich beschrieben (Kap. 4.6.3.5) und graphisch dargestellt (Abb. 46 und 47). Cherrapunji (RS 184, T 12) und Mawsynram (RS 236, T 14) erreichen mit einer Jahressumme von >10.000 mm die weltweit höchsten Niederschlagsergiebigkeiten mit durchschnittlichen Intensitäten von 68 mm/Regentag (Abb. 24). Damit werden alle anderen Niederschlagsregionen innerhalb des Untersuchungsgebiets um das Mehrfache übertroffen. Dies gilt jedoch nicht für die annuelle Anzahl der Regentage, die mit 159 Regentagen keinen extrem hohen Wert darstellt (Abb. 23). Anhand der Faktorwerte ist erkennbar, daß die Niederschläge überwiegend während des Sommer- und Vormonsuns fallen. Es existieren daneben aber auch Jahresabschnitte, die nur unterdurchschnittliche Niederschläge aufweisen. Aufgrund der unterschiedlichen Ergiebigkeiten während des Vor- und Nachmonsuns sowie am Ende des Sommermonsuns wurden die beiden räumlich benachbarten Referenzstationen Cherrapunji und Mawsynram im Rahmen der Clusteranalyse in zwei verschiedene Niederschlagstypen eingruppiert, was auch durch den bestehenden Distanzwert zum Ausdruck kommt Abb. 50).

Die o.g. Niederschlagsverhältnisse machen deutlich, daß in der Region um Cherrapunji und Mawsynram eine ganz besondere und für das gesamte Untersuchungsgebiet (wie auch weltweit) einzigartige hygrisch-klimatische Situation existiert (YOSHINO 1976). Es stellt sich dabei natürlich die Frage nach den Ursachen dieser extremen Niederschlagsergiebigkeit wie auch extremen Trockenheit in den verschiedenen Jahresabschnitten.

Der Vormonsun ist im März schon durch vergleichbar hohe Niederschläge gekennzeichnet. Die tropisch-maritimen Südwinde erreichen das Tiefland von Bengalen, wobei es durch das heiße Festland sowie an orographischen Hindernissen zu Niederschlägen kommt. Um die Niederschlagsregion B2a zu erreichen, müssen die Luftmassen aufsteigen und dabei einen Höhenunterschied von 1.200-1.300 m überwinden. Es kommt zu Kondensation und

Niederschlägen. Während dieser Zeit wird eine Troglinie lokalisiert, welche durch Allahabad nach Südassam verläuft und dabei unmittelbar die Südabdachung des Shillong-Plateaus streift (MOOLEY 1987).

Die März-Summen sind in Cherrapunji (206 mm) deutlich höher als in Mawsynram (132 mm). Die zerlappten Steilanstiege des Plateaus stechen wie Halbinseln hervor (Kap. 3.4.2), wodurch die vormonsunale Strömung in den tief eingeschnittenen, dazwischenliegenden Schluchten leicht abgeschwächt wird. Dies ist auch der Grund für die während des gesamten Vormonsuns niedrigeren Monatssummen im Vergleich zu Cherrapunji. Der Unterschied wird jedoch mit Andauern des Vormonsuns immer geringer. Nur zu Beginn des Vormonsuns ist die Südströmung noch schwächer und verursacht daher nur an den geradlinig West-Ost verlaufenden, nicht eingeschnittenen Südkanten höhere Ergiebigkeiten (Auftreffen in rechtem Winkel).

Im April und Mai steigt das Druckgefälle vom Golf von Bengalen zu den nordindischen Tiefländern weiter an, was zu einer Verstärkung der Südströmung führt. Es ist nicht davon auszugehen, daß die extrem ansteigenden Niederschläge durch eine verstärkte Aktivität der 'Norwesters' verursacht werden. Diese Störungen spielen hier keine regenbringende Rolle, denn die kalten Nordwinde erreichen die Niederschlagsregion B2a nicht mehr. Dies ist einerseits durch die orographischen Verhältnisse im westlichen Darjeeling-Himalaya (Kap. 5.1.4) sowie andererseits durch die sehr weit nach Norden wirkenden, starken Südwinde begründet. Es kommt vielmehr zu einem gewaltigen Staueffekt an der Südabdachung, wobei sich die tropisch-maritimen Luftmassen entladen. Aufgrund der gewaltigen Niederschlagssummen ist anzunehmen, daß das maximale Kondensationsniveau in ähnlicher Höhenlage liegt, d.h. zwischen 1.100 und 1.400 m ü.NN.

Während des Sommermonsuns kommt es zu einer weiteren Steigerung der Niederschlagsergiebigkeiten, welche im Vergleich zum Mai über 100 % beträgt. Das annuelle Niederschlagsmaximum wird bereits im Juni erreicht. Somit erklärt sich auch die Stufenbildung bei der Clusteranalyse, denn die Großregion B2, welche aus den im Süden des Untersuchungsgebiets liegenden Niederschlagsregionen B2a und B2b besteht, ist durch ein frühes Erreichen des Jahresmaximums charakterisiert. Das Juni-Maximum steht in Zusammenhang mit der Wanderung der Monsunkonvergenz (WAGNER et RUPRECHT 1975). Im Juni befindet sich die mittlere Lage des Monsuntrogs genau südlich des Shillong-Plateaus und reicht in das nach Westen geöffnete Barak-Tal hinein (BORA 1976, GOSWAMI 1988).

Somit kommt es nach zyklonalem Einströmen in die Monsunkonvergenz zu einem Aufsteigen der Luftmassen, was noch durch den Staueffekt an der steil aufragenden Südabdachung des Shillong-Plateaus verstärkt wird. Die stark erwärmten Tiefländer im Süden des Shillong-Plateaus sowie die Heizwirkung des höher gelegenen Plateaus selbst und des tibetischen Hochlands, mit der dadurch ausgelösten Saugwirkung, verstärken die dynamischen Hebungsprozesse auf der Südseite des Shillong-Plateaus. Durch das fluß- und seenreiche Tiefland von Bangla Desh werden die warmen, äquatorial-maritimen Monsunwinde zusätzlich mit Feuchtigkeit angereichert, welche in Form von heftigen Niederschlägen bei Erreichen des Kondensationsmaximums abgegeben wird. Dazu kommen noch die nach Norden wandernden Monsundepressionen, die durch den Luveffekt zu heftigen Entladungen an der Südabdachung des Shillong-Plateaus gezwungen werden (KRIPALANI et SINGH 1991 und NIEUWOLT 1977). An den 25 Regentagen im Juni betragen dabei die durchschnittlichen Niederschlagsintensitäten in Cherrapunji fast 110 mm pro Regentag. Die dadurch ausgehenden ökologischen Auswirkungen und Gefahren wurden von DOMRÖS (1978) eindrucksvoll dargestellt.

Das komplexe Zusammenwirken mehrerer niederschlagsauslösender Vorgänge konnte auch schon zur Erklärung der hohen Summen in der Niederschlagsregion B1b herausgearbeitet werden. An der Südkante des Shillong-Plateaus erfolgt dabei noch eine Steigerung, was durch die Lage im maximalen Kondensationsniveau begründet ist (LAUER 1993).

Im Juli liegen die Monatssummen bereits unter denen im Juni. Die Monsunkonvergenz wandert zu ihrer nördlichsten Lageposition an die Himalaya-Ränder und verursacht dort die höchsten Monatsniederschläge. Dadurch entsteht eine kräftige Saugwirkung, was zu einem intensiven und fast ununterbrochenen Überströmen des Shillong-Plateaus führt. Dies wird daran ersichtlich, daß die Anzahl der Regentage im Juli noch höher ist als im Juni. Somit findet an der Südseite des Shillong-Plateaus auch im Juli eine ständige Konvektion der Luftmassen statt, was mit einem vergleichsweise geringen Absinken der extrem hohen Niederschlagssummen verbunden ist. Der Einfluß der Monsundepressionen erhöht sich in den Monaten Juli und August, was ebenfalls zu den noch immer hohen Ergiebigkeiten beiträgt.

Beim Rückzug der Monsunkonvergenz könnte davon ausgegangen werden, daß die Südkante des Shillong-Plateaus wieder in deren regenbringenden Einfluß kommt. Dies ist offensichtlich nicht der Fall, sonst wäre ein sekundäres sommerliches Niederschlagsmaximum zu erwarten. Der Rückzug der Monsunkonvergenz vollzieht sich sehr abrupt, so daß keine niederschlagserhöhende Wirkung für die Südkante erwartet werden kann (SIKKA et GADGIL 1980). Darüberhinaus sind auch die Monsunpausen für die Südkante des Shillong-Plateaus ohne regenbringende Wirkung. Die Monsunkonvergenz liegt dabei vor allem am Ende des Sommermonsuns ganz am Himalaya-Rand und verursacht dort heftige Niederschläge. Die für Cherrapunji im September immer noch hohe Anzahl an Regentagen zeigt an, daß die mit einer extremen Konvergenz-Nordlage ausgehende Saugwirkung für entsprechende Häufigkeiten in Form von orographischen Niederschlägen sorgt.

Beim Vergleich der beiden Typen 12 und 14 fällt auf, daß Cherrapunji im Verlauf des Sommermonsuns nicht mehr, wie noch während des Vormonsuns, durch höhere Monatssummen des Niederschlags gekennzeichnet ist. Die Unterschiede werden gegen Ende des Sommermonsuns größer, wodurch der höhere Faktorwert (+7,66) und der hohe annuelle Niederschlagsanteil von 80 % für Mawsynram bestätigt werden. Es muß daher ein zusätzlicher, nur für Mawsynram gültiger, regenbringender Faktor existieren.

Durch die Lage an der oberen Talflanke eines 600 m tief eingeschnittenen Tals im zerlappten Südteil des Shillong-Plateaus kommt es zur Ausbildung von Tal- und Hangaufwinden, welche die vorher genannten regenbringenden Vorgänge verstärken oder auch unabhängig davon für konvektive Niederschläge im Bereich des Kondensationsniveaus sorgen können. Die ausgedehnte, vegetationsarme Plateaufläche wirkt im Lee der Südwinde ebenfalls als höher gelegene Heizquelle und steuert, unterstützt durch die Saugwirkung der Monsunkonvergenz im Assam-Tal und des tibetischen Hochlands, die Ausbildung von Talwinden an der Südseite des Shillong-Plateaus (RAI 1990, mündlich). Gegen Ende des Sommermonsuns geht die Saugwirkung der o.g. Monsunkonvergenz verloren, so daß die Niederschläge in Cherrapunji schneller absinken als die von Mawsynram, da dort noch die Existenz von Talwinden für Niederschlagsereignisse sorgen kann. Die Existenz von regenbringenden Talwinden kann für Cherrapunji, aufgrund der fehlenden Taleinschnitte, in Frage gestellt werden.

Der Übergang zum Nachmonsun ist durch einen extremen Rückgang der Monatssummen gekennzeichnet. Die Ergiebigkeiten liegen dabei im November sogar unter denen der meisten anderen Niederschlagstypen. Für Mawsynram trifft dies besonders zu, da die Monatsummen im Oktober von 1.531 mm auf 178 mm sinken und im November nur noch 29 mm betragen. In Cherrapunji liegen die Monatssummen wieder, wie während des Vormonsuns, über denen von Mawsynram. Die regenbringende Wirkung von Talwinden geht im zerlappten, tief eingeschnittenen Plateaubereich mehr und mehr zurück (Mawsynram). Im Oktober herrschen anfänglich noch schwache Südwinde, die im November aber von nördlichen Winden abgelöst werden (Kap. 3.3.3). Somit kommt es, ähnlich wie während des Vormonsuns, im Bereich der nicht zerlappten und somit direkter zugänglichen Südkante des Shillong-Plateaus noch zu konvektiven Niederschlägen (Cherrapunji).

Die für Cherrapunji sehr hohe Niederschlagsintensität von 47 mm pro Regentag im Oktober deutet darauf hin, daß dies nicht allein durch die schwachen Südwinde verursacht werden kann. Es muß dafür noch ein 'Starkregenbringer' verantwortlich sein. In der zweiten Oktoberhälfte kommt es durchschnittlich zu zwei und im November zu einem tropischen Zyklonen-Ereignis (CHATTERJEE 1936 und RAI 1986). Die vom Golf von Bengalen heranziehenden Zyklonen treffen dabei auf das steil aufragende Shillong-Plateau, was mit einem gewaltigen Staueffekt verbunden ist. Mawsynram erfährt aufgrund seiner etwas zurückversetzten Lage im zerlappten Südrand einen abgeschwächt, regenbringenden Einfluß.

Im November herrschen ausschließlich Winde aus nördlichen Richtungen vor, die trocken-kontinental geprägt sind. Die Südkante des Shillong-Plateaus liegt dazu noch im Lee dieser ankommenden Winde, die jedoch keinerlei regenbringende Wirkung mehr haben. Die Niederschlagshäufigkeit sinkt im November auf durchschnittlich 2 Regentage. Die in Cherrapunji für diesem Zeitraum gemessenen 58 mm Niederschlag können mit orographischen Niederschlägen bei Eintreffen einer tropischen Zyklone in Verbindung gebracht werden (SINGH 1980).

Während des Wintermonsuns liegt der prozentuale Anteil an der Jahressumme bei 1 % oder darunter. Aber auch die absoluten Monatssummen liegen unter den meisten der anderen Niederschlagstypen. In Mawsynram ist dies besonders der Fall, denn mit insgesamt nur 38 mm beträgt der Jahresanteil nur 0,3 % (absolutes Minimum im Untersuchungsgebiet). Diese extrem geringe Niederschlagsergiebigkeit wie auch -häufigkeit ist auf die trockenen Nordwinde während dieser Zeit zurückzuführen. Die Niederschlagsregion B2a ist dabei, wie auch schon während des Nachmonsuns, durch eine Leelage gekennzeichnet. Die einzig für die Saison regenbringenden 'western disturbances' haben bei Ankunft ihre Wirkung bereits durch vorher stattgefunden orographische Staueffekte weitgehend verloren, so daß ihre Ergiebigkeit minimal ist.

Durch die unterdurchschnittlichen Niederschlagsverhältnisse von November bis Februar wird die hygrisch-klimatische Einzigartigkeit von Cherrapunji und Mawsynram unter Beweis gestellt. Somit existiert neben dem extrem niederschlagsreichen Jahresabschnitt im Sommer ein extrem niederschlagsarmer im Winter. Durch die jahreszeitlich wechselnden Windrichtungen wirkt sich ein starker Luv- wie auch Lee-Effekt auf die zeitliche Niederschlagsvariation aus. Die dabei resultierenden unterschiedlichen Niederschlagssummen sowie deren Jahresamplitude sind nicht nur Nordostindien, sondern auch weltweit einzig artig.

5.1.6 BARAK-TAL

Die innerhalb dieser Niederschlagsregion B2b existierenden Typen 4 und 6 der annuellen Niederschlagsvariation wurden ausführlich beschrieben (Kap. 4.6.3.6) und graphisch dargestellt (Abb. 48 und 49). Die klimageographische Analyse konzentriert sich zunächst auf das Hauptverbreitungsgebiet der Typen 4 und 6 im Barak-Tal. Am Ende werden dann noch die größten 'Insel'-Bereiche berücksichtigt. Die südlich exponierte Talflanke des Barak-Tals (T 6) empfängt mit 3.841 mm rund 1.250 mm oder rund 50 % mehr Jahresniederschläge als der nördlich exponierte Talbereich (T 4). Es bestehen allerdings enorme räumliche Variationen mit "pockets in the circle which receive as high as 6.000 mm of rain a year" (GOSWAMI 1988, p 20). Der Unterschied bei der annuellen Anzahl der Regentage beträgt allerdings nur rund 11 %. Die entsprechend hohen Faktorwerte zeigen, daß die vor- und nachmonsunalen Niederschläge im Barak-Tal eine besondere Rolle spielen. Der Wintermonsun ist mit ähnlich negativen Faktorwerten gekennzeichnet wie in Cherrapunji und Mawsynram (Abb. 46). Beim Sommermonsun erfolgt eine Zweiteilung des Tals, in den Norduferbereich mit überdurchschnittlichen (T 6) und in einen Süduferbereich mit unterdurchschnittlichen Niederschlagssummen (T 4).

Wie bereits in Kap. 5.1.5 angedeutet, kommt es manchmal im März schon zur Ausbildung einer Troglinie, welche von Allahabad an der Südkante des Shillong-Plateaus vorbei in das Barak-Tal verläuft und durch heftige Niederschläge gekennzeichnet ist (MOOLEY 1987). Die Niederschlagsregion B2b kommt somit schon zu Beginn des Vormonsuns unter den Einfluß von tropisch-maritimen Luftmassen aus dem Golf von Bengalen. Von März zum April vollzieht sich ein rapider Anstieg der monatlichen Niederschlagssummen und -häufigkeiten, was insbesondere für den Nordteil des Barak-Tals (T 6) zu erkennen ist. An der südlich exponierten Talflanke kommt es dabei zusätzlich zu einem orographisch bedingten Staueffekt der überwiegend aus Süden und Südwesten kommenden feuchten Luftmassen. Somit ist Typ 6 durch eine ausgeprägte Luvlage gekennzeichnet, was durch den sehr hohen positiven Faktorwert von +2,53 dokumentiert wird. Die überwiegend nördlich exponierte Talflanke (Typ 4) ist davon weniger betroffen, was sich in den geringeren Monatssummen bemerkbar macht. Dennoch werden durch den frühen Einfluß des Tiefdrucktrogs immer noch überdurchschnittliche Niederschläge registriert, was durch den dritthöchsten Faktorwert von +1,22 zum Ausdruck kommt.

Durch die Interaktion von kühleren Luftmassen aus der nördlich angrenzenden Barail-Kette (Kammregion um 1.700 - 1.900 m ü.NN) mit den warmen, tropisch-maritimen Luftmassen aus Süden baut sich eine Instabilität auf, die im April besonders ausgeprägt ist. Es kommt zu heftigen Gewitterschauern bis hin zu Staubstürmen, welche meistens am Nachmittag oder Abend auftreten (SINGH 1971). Es kommt auch zu häufig zu Hagelstürmen, welche aufgrund der mechanischen Schädigungen ein großes Problem für die Landwirtschaft und insbesondere für den Teeanbau darstellen (BORBORA 1992, mündlich). Langzeituntersuchungen konnten nachweisen, daß diese Hagelereignisse mit Korngrößen von

0,5 - 5 cm vorwiegend im Norden der Barak-Tals (Typ 6) zu verzeichnen sind (GOSWAMI 1988). Die Hagelstatistik der am Südufer des Barak-Flusses gelegenen Station Silcoorie (RS 206) zeigt, daß innerhalb von 17 Jahren (1970-1986) im April die meisten Hagelstürme während des Vormonsuns vorkamen (durchschnittlich 4-5). Die aus Norden kommenden Luftmassen sind dabei noch kühl genug, um die angesprochenen Labilisierungen entstehen zu lassen. Im Mai werden infolge der starken vormonsunalen Aufheizung die orographischen Temperaturgegensätze geringer.

Bei Befragungen in Teeplantagen im Bereich der südlich exponierten Talflanke (Typ 6: RS 34, RS 101, RS 56, RS 67) konnte herausgefunden werden, daß in Höhenlagen von 250 - 300 m ü.NN sogar durchschnittlich 7-8 solcher Hagelstürme im April gezählt werden (1980-1990) und dabei zu erheblichen mechanischen Schädigungen an den Teebüschen führen. "In certain areas of northern Cachar, the hail has become more or less a regular feature" (GOSWAMI 1988, p 20), was die obigen Befragungsergebnisse bestätigt. Bei dieser Häufung in Typ 6 spielt die Nähe zu den Kaltluftentstehungsgebieten sowie der orographische Staueffekt eine wichtige Rolle, da mit zunehmender Höhenlage auch die Anzahl der Hagelstürme zunimmt. Solche Gewitter- und Hagelereignisse sind insbesondere im Assam-Tal maßgebliche Regenbringer während des Vormonsuns und werden dort als 'Norwesters' bezeichnet (Kap. 5.1.1, 5.1.2). Sie unterscheiden sich aber von denen im Barak-Tal, da es sich um regional unterschiedliche Ursprungsgebiete der Luftmassen handelt, woraus sich auch die unterschiedlichen Ergiebigkeiten ableiten lassen.

Im Mai lassen die Hagelstürme deutlich nach, aber die Niederschläge steigen weiter an, was insbesondere für den windexponierten Typ 6 der Fall ist. Die starke Aufheizung der Landoberfläche führt zu starken Konvektionsniederschlägen, was beim Typ 6 noch durch den orographischen Staueffekt intensiviert wird. Manche Autoren (BARTHAKUR 1968, DAS 1988, RAO 1976, SINGH 1971) datieren den Beginn des Sommermonsuns im Barak-Tal bereits im Mai. Die herannahende Monsunkonvergenz erreicht das Barak-Tal in manchen Jahren bereits in der dritten Mai-Woche (GOSWAMI 1988), wodurch die Niederschläge schlagartig zunehmen und mitverantwortlich sind für den extrem hohen Mai-Wert.

Da sich im Juni die mittlere Lage der Monsunkonvergenz unmittelbar südlich des Shillong-Plateaus befindet und in das nach Westen geöffnete Barak-Tal hineinreicht (Kap. 5.1.5), nehmen die Niederschläge weiter zu und erreichen auch in diesem Monat das Jahresmaximum. Die nördlich exponierte Talflanke (T 6) ist dabei, ähnlich wie beim Vormonsun, durch deutlich höhere Monatssummen gekennzeichnet. Da es sich bei den orographischen Verhältnissen um die östliche Verlängerung der Südkante des Shillong-Plateaus handelt, sind die niederschlagsbringenden Vorgänge ähnlich wie die in Cherrapunji und Mawsynram, nur in der Intensität geringer. Die Stationen des Typs 6 reichen nur bis etwa 300 m ü.NN. Es existiert kein Datenmaterial aus höher gelegenen Bereichen der Nordflanke. Bei den Geländeaufenthalten konnte allerdings mit steigender Höhe auch eine Zunahme der Vegetationsüppigkeit an der südlich exponierten Talflanke festgestellt werden. Dadurch kann vermutet werden, daß das Kondensationsmaximum in Regionen oberhalb der 300 m-Isohypse liegen muß und dort noch höhere Jahressummen zu erwarten sind. Ein Hinweis dafür ist die Tatsache, daß in ca. 700-800 m ü.NN Kardamon angebaut wird, der auf eine sehr hohe Feuchtigkeit angewiesen ist und am besten in der Nebelwaldstufe gedeiht (DOMRÖS 1974).

144

Im Juli befindet sich die mittlere Lageposition der Monsunkonvergenz im Assam-Tal, was zu rückläufigen Niederschlägen im Barak-Tal führt. Allerdings sinken die Niederschlagsergiebigkeiten nur sehr langsam und liegen beim Typ 6 nur 11 mm unter dem Juni-Wert. Die von der Monsunkonvergenz im Assam-Tal ausgehende Saugwirkung verursacht an der südlich exponierten Talflanke des Barak-Tals ergiebige orographische Niederschläge. Dadurch werden äquatorial-maritime Luftmassen aus südlichen Richtungen in das Barak-Tal hineingezogen (Monsunwinde). Als verstärkender Faktor kommt noch die Ausbildung von Tal- und Hangaufwinden hinzu (SINGH 1971). Die starke Aktivität der genannten regenbringenden Faktoren ist auch anhand der Niederschlagshäufigkeit erkennbar, welche im Juli (25 Regentage) höher ist als im Juni (22 Regentage). Bei Rückzugsbeginn der Monsunkonvergenz aus dem Assam-Tal (von Ost nach West) läßt die Saugwirkung für den Typ 6 nach, was mit einem stärkeren Rückgang der Monatssummen von Juli auf August verbunden ist. Gegen Ende des Sommermonsuns ist davon auszugehen, daß zum größten Teil die Talwinde als Regenbringer für den Nordteil des Barak-Tals (T 6) fungieren, die im September noch an durchschnittlich 18 Tagen für Niederschlagsereignisse sorgen.

Im Bereich der nördlich exponierten Talflanke (T 4) gehen die Monatssummen von Juni auf Juli vergleichsweise deutlicher zurück und liegen rund 240 mm unter denen des Typs 6. Die Monsunkonvergenz im Assam-Tal ist für den Typ 4 nur von sehr schwacher regenbringender Wirkung, da die Monsunwinde überwiegend in Richtung der südlich exponierten Nordflanke 'angesaugt' werden. Somit entsteht für den Typ 4 ein niederschlagshemmender Windschatten. Die dadurch bedingte geringere Ergiebigkeit während des Sommermonsuns wird auch durch den negativen Faktorwert von -0,49 zum Ausdruck gebracht. Die Talwinde, die von den Uferbereichen des Barak-Flusses in Richtung der sich im Süden anschließenden Mizoram-Berge (Abb. 6: 4e, Anhang) wehen, führen zu Kondensationserscheinungen (GOSWAMI 1990, mündlich). Die daraus resultierenden Niederschläge sind aber weitaus schwächer, da sich der Reliefanstieg nach Süden nur sehr langsam vollzieht.

Mit zurückgehender Aufheizung der Landmasse sinken auch die Ergiebigkeiten der Talwinde, was an den deutlich geringer werdenden Monatssummen bis hin zum September zu erkennen ist. Aufgrund der Reliefunterschiede ist im Vergleich zu der steiler ansteigenden nördlichen Talflanke die regenbringende Wirkung der Talwinde schwächer. Daneben spielt auch die Exposition eine wichtige Rolle (YOSHINO 1975), denn der Strahlungsgenuß ist bei den nördlich exponierten Hangbereichen des Typs 4 weitaus geringer, was zu einer reduzierten Erwärmung des Untergrunds und somit nur zu schwachen Talwinden führt. Im September werden bei annähernd gleicher Anzahl von Regentagen fast 80 mm weniger Niederschlag gemessen. Für die Südflanke des Barak-Tals (T 4) wird ein Großteil der sommermonsunalen Niederschläge durch die Tal- und Hangaufwinde verursacht. Der Anteil der äquatorial-maritimen Monsunluftmassen ist somit gering, wodurch der Begriff 'Monsun' in diesem Teilbereich der Niederschlagsregion B2b relativiert werden muß.

Während des Nachmonsuns gehen die Niederschläge stark zurück. Die Häufigkeiten sind jeweils für beide Typen im Oktober mit 8 Regentagen und im November mit 3 Regentagen gleich, nicht aber die Ergiebigkeiten. Die im Oktober anfänglich noch wehenden Südwinde sowie die noch ausgeprägten Talwinde des weit im Süden des Untersuchungsgebiets liegenden Barak-Tals verursachen bei Typ 6 eine höhere Monatssumme, was zum größten Teil auf die südliche Exposition zurückzuführen ist. Die regenbringende Auswirkung von tropischen Zyklonen ist nicht in dem Maße gegeben wie dies in Cherrapunji der Fall ist (Kap. 5.1.5). Doch mit einer durchschnittlichen Niederschlagsintensität von 30 (T 6) und 20 mm (T 4) ist bei zwei Zyklonen im Oktober mit mindestens zwei extrem feuchten Regentagen zu rechnen, bei denen die Intensitäten jeweils über 50 mm liegen (DOMRÖS 1978).

Die überwiegend vorherrschenden trockenen Nordwinde während des Wintermonsuns erreichen das Barak-Tal über die Barail-Kette (Abb. 6: 4c, Anhang), was mit einem Windschatteneffekt verbunden ist. Somit sinken die Monatsmittel abrupt und liegen unter den meisten der anderen Niederschlagstypen, was durch die negativen Faktorwerte bestätigt wird. Selbst die nördlich exponierte Talflanke im Süden des Barak-Tals (Typ 4) führt dabei zu keinem nennenswerten regenbringenden Luv-Effekt. Damit wird die extreme Trockenheit der Luftmassen unter Beweis gestellt. Lediglich im Januar ist eine geringfügig höhere Niederschlagssumme und -häufigkeit zu erkennen. Sehr typisch für diesen Jahresabschnitt ist dichter Morgennebel, insbesondere in der Talsohle und den Seitentälern des Barak-Tals (SINGH 1971). Es handelt sich dabei um eine nächtliche Kaltluftseebildung.

Abschließend wird noch auf die größten "Inseln" der Niederschlagsregion B2b (Typ 4 und 6) außerhalb des Barak-Tals eingegangen. Bei dem niederschlagsärmeren Typ 4 handelt es sich um die folgenden Gebiete:

- Die Mizoram-Berge (RS 195, 214, 237) umgrenzen unmittelbar die südliche Talflanke des Barak-Tals (Abb. 6: 4e, Anhang) und sind durch eine ähnliche annuelle Niederschlagsvariation gekennzeichnet. Die Jahressummen liegen an den jeweiligen Stationen allerdings unter dem Durchschnittswert des Typs 4. Dies gilt besonders für den Sommer- wie auch für den Wintermonsun, was durch die entsprechend niedrigen Faktorwerte zum Ausdruck kommt. Somit verstärkt sich in den umrahmenden Bergregionen des südlichen Barak-Tals die Lee-Wirkung während der genannten Jahresabschnitte und führt zu geringeren Niederschlagsergiebigkeiten bei gleichbleibendem Typ der annuellen Variation.

- Der zentrale Teil des Shillong-Plateaus mit der Station Shillong (RS 183) liegt nur ca. 50 km nördlich Cherrapunji. Nach Passieren des Kondensationsmaximums haben die Luftmassen einen Großteil ihrer Feuchtigkeit abgegeben, wodurch der nördliche Anschlußbereich wesentlich geringere Niederschläge aufweist. Die annuelle Variation hat sich dadurch aber nicht wesentlich verändert, was somit die Eingruppierung innerhalb der Großregion B2 rechtfertigt.

- Der "Inselbereich" im unteren Assam-Tal (RS 123, 104) liegt in annähernd nördlicher Verlängerung des Typs 14 (Region um Mawsynram) und ist umgeben von der Niederschlagsregion B1a (Typ 1). Die annuelle Niederschlagsvariation ist im Gegensatz zum Typ 1 durch das Erreichen des annuellen Maximums im Juni sowie durch vergleichbar hohe vor- und nachmonsunale Niederschläge gekennzeichnet. Die sommermonsunalen Ergiebigkeiten sind bei der South Bank-Referenzstation Simlitola (RS 123) höher als in Suola (RS 104) auf der North Bank, was eine Abnahme nach Norden bedeutet. Gleiches gilt auch bei den vor- und nachmonsunalen Niederschlägen. Das annuelle Niederschlagsmaximum im Juni ist um rund 100 mm höher als der Juni-Wert bei Typ 1. Beim Vergleich der Juli-Niederschläge werden in Simlitola und Suola immer noch höhere Werte registriert. Die Teilregion des Typs 4 schiebt sich somit wie ein Keil von der

Nordabdachung des Shillong-Plateaus über den Brahmaputra zur North Bank und ist umgeben von einer andersartigen annuellen Niederschlagsvariation (Typ 1). Es gibt keinerlei orographische Besonderheiten, die kleinräumig für eine solche gravierende Änderung sorgen könnten.

Im Bereich von Mawsynram (RS 236) und Cherrapunji (RS 184) entsteht durch die extrem starke vor- und sommermonsunale Kondensation zusätzlich latente Wärme, die aufgrund der ausgelösten Labilisierung zu einem weiteren Aufstieg der Luftmassen führt (SINGH 1971). Zwischen den bodennahen Schichten im Lee der Khasi- und Jainta-Berge sowie den überströmenden und zusätzlich aufgestiegenen Luftmassen, welche in Richtung des Bhutan-Himalaya und weiter zur Heizquelle des tibetischen Hochlands wehen, steigt das Druckgefälle. Somit ist von der Entstehung eines lokalen Bodentiefs im Lee der Khasi- und Jainta-Berge auszugehen, welches eine lokale Konvergenz unterhalb der nach Norden gerichteten Höhenströmung bewirkt (Kap. 3.4.2). Bei einem solchen Aufstieg der bodennahen Luftmassen kommt es zu Niederschlägen. Vom nahegelegenen Brahmaputra und seinen sumpfigen Uferbereichen wird feuchte Luft angesaugt, was zu einer raschen Feuchtesättigung und zu entsprechenden Niederschlagsergiebigkeiten beiträgt.

Die "Inseln" des Typs 4 im unteren Assam-Tal liegen exakt in nördlicher Verlängerung von Mawsynram. Die o.g. Konvergenzvorgänge spielen sich damit genau im unmittelbaren Nahbereich der Referenzstationen Simlitola und Suola ab und führen dort, durch die bereits im April einsetzenden, extrem starken Kondensationsvorgänge an der Südkante des Shillong-Plateaus, zu ergiebigen Niederschlagsereignissen. Die Höhenströmung ist im Juni am stärksten, was auch für die beiden Referenzstationen im unteren Assam-Tal das Erreichen des annuellen Niederschlagsmaximums bedingt. Diese lokale Konvergenz zieht sich somit schlauchförmig von Simlitola über den Brahmaputra und kann bis nach Suola nachgewiesen werden. Das Nachlassen der Ergiebigkeiten in Suola läßt auf eine abklingende Wirkung der Konvergenz schließen, was auch bei zunehmender Entfernung von Mawsynram und Cherrapunji zu erwarten ist. Aufgrund der fehlenden Referenzstationen in Bhutan ist ein Weiterverfolgen der räumlichen Niederschlagsverhältnisse nicht möglich.

Bemerkenswert ist, daß es nur eine derartige lokale Konvergenzregion im unteren Assam-Tal gibt (Typ 4). In unmittelbarer Nähe davon herrschen ganz andere annuelle Niederschlagsvariationen (Typ 1), die nicht in Zusammenhang mit denen von Typ 4 zu bringen sind. Das einzigartige lokale Phänomen im Lee der Khasi- und Jainta-Berge muß somit mit einem einzigartigen lokalen Phänomen im Luv dieser Berge in Verbindung stehen. Das bedeutet, daß es offensichtlich außer Mawsynram und Cherrapunji keine weiteren, extrem niederschlagsreichen Gebiete an der Südkante des Shillong-Plateaus mehr gibt. Es kann daher angenommen werden, daß in Mawsynram und Cherrapunji, wie an keinem anderen Ort des Untersuchungsgebiets (und vielleicht auch weltweit), alle die in Kap. 5.1.5 ausführlich beschriebenen, regenbringenden Faktoren in einzigartiger Weise vereint.

Bei dem niederschlagsreicheren Typ 6 handelt es sich um folgendes Gebiet:
- Die Südabdachung des Ghoom-Hauptkamms (RS 171) unterscheidet sich in einem Höhenniveau von 1.200 - 1.300 m ü.NN von der näheren Umgebung, welche ausschließlich durch den Niederschlagstyp 10 gekennzeichnet ist. Bei genauer Betrachtung der monatlichen Niederschlagssummen fällt auf, daß Makaibari (RS 171) durch ein deutlich

ausgeprägtes Niederschlagsmaximum im Juli gekennzeichnet ist. Beim Typ 6 wäre eigentlich der Juni dafür zu erwarten gewesen. Die Gemeinsamkeit und somit das Kriterium bei der Clusteranalyse für die Eingruppierung in den Typ 6 sind aber die überdurchschnittlich hohen vor- und nachmonsunalen Niederschläge, die in Makaibari einen Faktorwert von +2,22 erreichen (durchschnittlicher Faktorwert bei Typ 10: -1,35). Makaibari liegt im oberen Bereich (1.200-1.300 m ü.NN) einer sehr steilen, südöstlich exponierten Flanke eines nach Süden geöffneten Tals. Bei den Geländeaufenthalten in Makaibari konnte herausgefunden werden, daß die Niederschlagssummen mit zunehmender Höhe ansteigen und insbesondere im Frühjahr bei den Kulturpflanzen (Teebüsche) zu vergleichsweise hohen Erträgen führen. Die Ursache liegt in der besonders starken Ausprägung von Tal- und Hangaufwinden, die im Oberhang und Kammbereich zu Kondensation und Niederschlägen führen. Dies beginnt schon im März, wo mit 126 mm rund 200 % mehr Niederschläge fallen als durchschnittlich für den Typ 10 gemessen werden (im Mai noch immer 50 % mehr). Für den Nachmonsun resultieren ähnlich hohe Prozentwerte. Die Ausbildung von lokalen Windsystemen kann in Makaibari in besonders idealer Weise erfolgen. Es besteht ein direkter Zugang zu den südlich gelegenen Terai-Tiefländern, ohne eine dazwischenliegende orographische Barriere. Dazu kommt noch das sehr tief eingeschnittene Tal und die südliche Exposition, was mit einer intensiven Einstrahlung verbunden ist.

5.2 Niederschlagsvariationen entlang ausgewählter Profile

Zwischen den einzelnen Niederschlagsregionen bestehen enorme räumliche und zeitliche Niederschlagsvariationen, welche im Rahmen einer klimageographischen Analyse aufgezeigt worden sind (Kap. 4.6.3. und 5.1). Anhand von ausgewählten Profilen werden anschließend Aspekte zu den *mesoskaligen*, hygrisch-klimatischen Ausstattungen in Nordostindien untersucht. Dabei wird versucht eine Reihe spezieller Fragen zu beantworten:
- Gibt es mesoskalige Veränderungen der annuellen Variation innerhalb von orographisch homogenen Regionen in Nordostindien? Wenn ja: wie sehen diese aus und was sind die Ursachen dafür?
- Wo befindet sich die mittlere Lageposition der Monsunkonvergenz?
- Welche regionale Bedeutung haben die Tal- und Hangaufwinde als Regenbringer?
- Wo kommt es zur Ausbildung von Trockentälern in den Gebirgsregionen und wie sehen darin die Niederschlagsvariationen aus?
- Wo liegt das Kondensationsmaximum in den Gebirgsregionen und wie verändern sich die Niederschlagssummen unterhalb und oberhalb?
- Wie wirken sich kleinräumig die Luv- und Lee-Effekte auf die Niederschlagsvariationen aus?

Die Untersuchung wird anhand von ausgewählten Profillinien in Bereichen mit hoher Stationsdichte durchgeführt, um eine größtmögliche, räumliche Differenzierung herbeizuführen. Dabei wird auf die bei der Problemstellung (Kap. 1) bereits vorgestellten, orographisch sehr markanten Profilschnitte zurückgegriffen:

- Nord-Süd-Profil A: Sikkim/Darjeeling-Himalaya und Terai-Tiefland (Abb. 2)
- Nord-Süd-Profil B: unteres Assam-Tal und umrahmende Gebirge (Abb. 3)
- Nord-Süd-Profil C: oberes Assam-Tal und umrahmende Gebirge (Abb. 4)
- West-Ost-Profil D: Himalaya-Tiefländer und Assam-Tal (Abb. 5).

Um die Orientierung zu erleichtern, werden bei der Kennzeichnung der einzelnen Niederschlagsprofile die Großbuchstaben A, B, C, und D übernommen und durch entsprechende Ziffern 1, 2, oder 3 ergänzt, falls in der Nähe der o.g. orographisch markanten Profilschnitte mehrere Niederschlagsprofile ausgewählt werden (Abb. 51, Anhang). Die Reihenfolge wird in der Art vorgenommen, daß zuerst die einzelnen Nord-Süd-Profile und danach das West-Ost-Profil vorgestellt und analysiert werden. Darüber hinaus dient die maßstabsgleiche, dreidimensionale Darstellung der orographischen Verhältnisse im Untersuchungsgebiet (Abb. 6, Anhang) zur besseren Reliefvorstellung.

Die einzelnen Niederschlagsprofile werden in entsprechenden Diagrammen präsentiert, wobei neben der jährlichen Niederschlagssumme auch die Ergiebigkeiten während der regenreichsten Jahresabschnitte (Vor- und Sommermonsun) integriert werden. Aus Übersichtsgründen ist auf die graphische Darstellung des weitaus niederschlagsärmeren Nach- und Wintermonsuns verzichtet worden.

Im gleichen Diagramm wird parallel zum Niederschlagsprofil in stark generalisierter Form versucht, die orographischen Verhältnisse (bis 5.000 m ü.NN) entlang der ausgewählten Profillinie darzustellen.

5.2.1 NIEDERSCHLAGSPROFIL A1: SIKKIM-DARJEELING-TERAI-TIEFLAND VON BENGALEN

Das Profil verläuft etwa entlang 88° E (Abb. 51, Anhang und 52). Es beginnt in Geyzing (RS 220) in 1.734 m ü.NN, auf der Südflanke eines Nordwest-Südost verlaufenden, nicht näher bezeichneten Gebirgszugs des Sikkim-Himalaya mit einer maximalen Höhe von 3.000 m ü.NN. An der nördlich exponierten, tief eingeschnittenen Talflanke des Rangit-Flusses (Grenze zu Darjeeling) liegt North Tukvar (RS 168). Weiter in südlicher Richtung erhebt sich der Ghoom-Hauptkamm mit einer maximalen Höhe von 2.500 m ü.NN. Zahlreiche Stationen liegen in verschiedenen Höhenlagen sowohl auf der Nord- (RS 167, 175, 187) wie auch auf der Südflanke (RS 221, 138, 171) des Ghoom-Hauptkamms. Die Profillinie A1 erreicht bei Taipoo (RS 170) die Terailandschaft und endet im Tiefland von Bengalen (RS 190). Insgesamt liegen 14 Referenzstationen auf der 425 km langen Profillinie A1.

Die jährlichen Niederschlagssummen entlang der Profillinie A1 sind durch große räumliche Variationen gekennzeichnet. Das Relief und die Höhenlage spielen dabei eine besondere Rolle. Die beiden, orographisch sehr abgeschirmt gelegenen Referenzstationen 190 und 189 im Tiefland von Bengalen (Kap. 5.1.3) weisen keine nennenswerten räumlichen Unterschiede der Jahresniederschläge auf. Bei der saisonalen Verteilung ist allerdings während des Sommermonsuns in nördliche Richtung (Malda) eine leichte Zunahme der Ergiebigkeiten um 30 mm (2 %) zu erkennen, wogegen in allen anderen Jahresabschnitten ein Rückgang zu verzeichnen ist.

Bei Annäherung an das Terai-Tiefland steigen die annuellen Niederschläge um fast 200 % an, was in allen Jahresabschnitten spürbar ist. Bei der Betrachtung der prozentualen Anteile an der annuellen Summe zeigt sich allerdings, daß nur die sommermonsunalen Niederschläge prozentual stark zunehmen und zwischen 83 und 84 % liegen. Somit beherrscht mehr und mehr der Sommermonsun die hygrisch-klimatische Ausstattung im gesamten vorgelagerten Terai-Tiefland (RS 174, 146, 196 und 170).

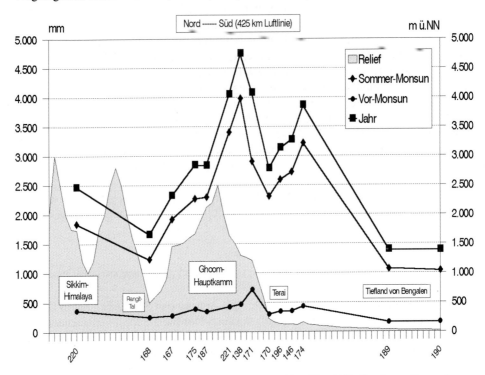

Abb. 52: Niederschlagsprofil A1: Sikkim-Darjeeling-Terai-Tiefland von Bengalen

Besonders auffallend ist die Region um Kamala (RS 174) mit einem Jahresniederschlag von 3.861 mm. Unmittelbar nördlich davon gehen die Ergiebigkeiten deutlich zurück, ohne daß eine wesentliche Änderung der prozentualen Saisonanteile stattfindet (RS 146, 196 und 170). Kamala befindet sich auf der südlich exponierten Stirnseite eines die Umgebung um 50 m überragenden Schuttkegels, was einen lokalen Staueffekt hervorruft (BOSE 1978). Daneben muß es aber noch eine andere Ursache geben, denn ein Rückgang von 600 mm (Vergleich Kamala-Gungaram), welcher sich ausschließlich während des Sommermonsuns bemerkbar macht, ist nicht alleine durch eine lokale Leewirkung im Tiefland zu erklären.

Es kann im klimageographischen Sinne davon ausgegangen werden, daß es sich hierbei um die Nordgrenze der mittleren Lageposition der Monsunkonvergenz handelt. Die aus Süden kommenden äquatorial-maritimen Luftmassen werden zum Aufsteigen gezwungen, was mit entsprechend starken Niederschlägen verbunden ist. Es gibt 50-100 km südlich von

Kamala keine weiteren Stationen, wodurch die Südgrenze des Schwankungsbereichs nachgewiesen werden könnte. Beim Verlassen der mittleren Konvergenzposition in nördliche (wie auch in südliche) Richtung gehen die Jahressummen deutlich zurück und erreichen in Taipoo mit 2.787 mm ein lokales Minimum. Der annuelle Niederschlagsunterschied zwischen der in der Fußzone des Darjeeling-Himalaya liegenden Station Taipoo und Kamala beträgt fast 1.100 mm bei einer Entfernung von nur ca. 25 km.

Somit existiert im Darjeeling-Himalaya eine weniger niederschlagsreiche Fußzone, wie dies auch schon im oberen Assam-Tal festgestellt werden konnte (Typ 8, Kap. 5.1.1). An der Südflanke des Ghoom-Hauptkamms steigen jedoch die annuellen Niederschlagssummen mit zunehmender Meereshöhe wieder stark an, obwohl der direkte Einfluß der Monsunkonvergenz nicht mehr gegeben ist. Hierbei fällt auf, daß die südöstlich exponierte Region um Makaibari (RS 171), in ca. 1.200 m ü.NN, durch hohe vor- und nachmonsunale Niederschlagssummen gekennzeichnet ist, welche mit 715 mm bzw. 392 mm deutlich über allen anderen Stationen der Umgebung liegen. Der Niederschlagsanteil des Sommermonsuns geht dadurch auf 71 % zurück. Aufgrund der orographischen Verhältnisse können sich Tal- und Hangaufwinde in idealer Weise ausbilden, die insbesondere während des Vor- und Nachmonsuns für hohe Niederschlagsergiebigkeiten sorgen (Kap. 5.1.6).Mit zunehmender Höhe steigen die Niederschläge weiter an, was besonders für den Sommermonsun zu erkennen ist. Im Höhenbereich von 1.300-1.600 m ü.NN werden die höchsten sommermonsunalen Niederschläge gemessen, wobei die größte Ergiebigkeit mit 3.979 mm in Singhell (RS 138, 1.500 m ü.NN) erreicht wird. Dies entspricht rund 84 % der gesamten Jahressumme von 4.746 mm. Die südwestlich exponierte Station Singhell ist somit durch die höchste annuelle Niederschlagssumme der gesamten Profillinie A1 gekennzeichnet.

Die Himalaya-Südhänge erhalten sehr hohe Steigungsniederschläge und sind dicht bewaldet (TROLL 1967). Die Gebirgsränder und die tief eingeschnittenen Durchbruchstäler sind durch einen tageszeitlichen Luftaustausch zwischen der Tiefebene und dem Tibetischen Hochplateau gekennzeichnet. Bei den Ausgleichsströmungen handelt es sich überwiegend um Talwinde, wobei die nächtlichen Bergwinde nur in sehr geringem Umfang nachweisbar sind. In den Gebirgen selbst beherrschen überwiegend konvektive Schauer die Niederschlagsverteilung, da die Monsunzyklonen diese Regionen nicht mehr erreichen (FLOHN 1970). Die maximale Wirksamkeit der niederschlagsbildenden Vorgänge (Kap. 5.1.4) ist am Rand der vorderen Himalaya-Kämme festzustellen. Die Höhenlage von 1.500 m ü.NN (Singhell) an der Südflanke des Ghoom-Hauptkamms ist somit durch extrem starke und regelmäßige Hebungsvorgänge gekennzeichnet, die hier zu einem Kondensationsmaximum führen.

Mit zunehmender Höhe nimmt der absolute Wasserdampfgehalt der Luft sehr schnell ab, was sich auch in den Niederschlagssummen oberhalb des Kondensationsmaximums bemerkbar macht. Kurseong (RS 221), in 1.640 m ü.NN und nur ca. 10 km nördlich von Singhell gelegen, erhält 700 mm weniger Jahresniederschlag, (davon 575 mm während des Sommemonsuns). Die Niederschläge nehmen damit in nördliche Richtung bei zunehmender Meereshöhe deutlich ab, denn oberhalb des maximalen Kondensationsniveaus verursacht die West-Ost verlaufende Gebirgskette einen Feuchtigkeitsverlust der Luftmassen. In höheren Lagen des Ghoom-Hauptkamms existieren keine Stationen mehr, wodurch keine quantitativen Aussagen möglich sind.

Sehr markant für die Südflanke des Ghoom-Hauptkamms ist die Nebelhäufigkeit, welche bei den meisten Kulturpflanzen zu ertragsreduzierenden Pilzkrankheiten führt (insbesondere Exobasidium vexans). Bei den Geländeaufenthalten konnte durch Befragungen von sieben Kleinbauern und vier Plantagenbesitzern herausgefunden werden, daß die maximale räumliche Häufigkeit von Pilzkrankheiten mit dem niederschlagsreichsten Bereich zwischen 1.300-1.600 m ü.NN zusammentrifft. Aber oberhalb von 1.800 m ü.NN nehmen die Pilzkrankheiten deutlich ab, was mit den zurückgehenden Niederschlägen in Zusammenhang gebracht werden kann. Dadurch werden bei den Kulturpflanzen höhere Erträge pro Flächeneinheit erzielt als in der Nähe des Kondensationsmaximums.

Im weiteren Verlauf der Profillinie A1 wird der Ghoom-Hauptkamm überquert. Im oberen Bereich seiner Nordflanke sind die Niederschläge deutlich geringer und gehen mit abnehmender Meereshöhe weiter zurück. Vom West-Ost verlaufenden Ghoom-Hauptkamm ausgehend, ist die Region Darjeeling in zahlreiche, meist Nord-Süd gerichtete, tief eingeschnittene Täler mit dazwischenliegenden spornartigen Ausläufern unterteilt (Kap. 2.1.1). Darjeeling (RS 187) und Tumsong (RS 175) liegen beide in etwa gleicher Höhenlage an den jeweils westlich exponierten Flanken zweier parallel verlaufender Sporne. Beide Stationen sind durch nahezu gleiche Jahresniederschläge gekennzeichnet. Auch in bezug auf die annuelle Variation sind die Unterschiede gering, wodurch anhand dieses Beispiels gezeigt werden kann, daß im Bereich der Nordflanke ähnliche orographische Verhältnisse auch vergleichbare annuelle Niederschlagsvariationen bedingen.

Mit weiter abnehmender Meereshöhe und zunehmender geographischer Breite nehmen die Niederschlagssummen an der meist nördlich exponierten Tal-Flanke des Rangit-Flusses deutlich ab. In Soom (RS 167) werden bereits 500 mm weniger Jahresniederschlag gemessen. Soom liegt auf einem nordwestlich exponierten Hang in ca. 1.500 m ü.NN. Ganz ähnliche Niederschlagsverhältnisse herrschen mit 2.261 mm auch an der östlich der Profillinie gelegenen Station Phoobsering (RS 166, 1.450 m ü.NN). Die Station liegt in nordöstlicher Verlängerung von Darjeeling (RS 187), auf einem Sporn der Nordflanke des Ghoom-Hauptkamms und ist ebenfalls, wie Soom (RS 167), durch eine nordwestliche Exposition gekennzeichnet. Somit wird die o.g. Ähnlichkeit der annuellen Niederschlagsvariation bei vergleichbaren orographischen Verhältnissen unterstrichen.

Zwischen Soom und der Talsohle des Rangit-Flusses (North Tukvar, RS 168) handelt es sich um eine Entfernung von lediglich 10 km, wobei aber die annuelle Niederschlagssumme um weitere 663 mm zurückgeht. Wird der Sommermonsun für sich betrachtet, so beläuft sich der saisonale Rückgang sogar auf 688 mm, was auch im deutlich geringeren prozentualen Jahresanteil zu erkennen ist. Somit hat sich auch der Typ der annuellen Variation geändert. North Tukvar liegt orographisch sehr abgeschirmt am Fuße der nördlich exponierten, steilen Talflanke des tief eingeschnittenen Rangit-Flusses in 500 m ü.NN. Mit 1.658 mm Jahresniederschlag wird das Minimum der Profillinie A1 erreicht.

Im nördlichen Anschluß an das Rangit-Tal erheben sich die Nordwest-Südost verlaufenden Gebirgsketten des Sikkim-Himalaya. Es existieren nur noch sehr wenige Referenzstationen, so daß erst im Bereich der Südflanke der zweiten Gebirgsbarriere in Geyzing (RS 220) Niederschlagsdaten vorhanden sind. Die Jahressumme nimmt im Vergleich zu North Tukvar um über 800 mm zu, wobei sich neben der Niederschlagssumme auch der Typ der annuellen Variation verändert. Mit 2.468 mm wird eine ähnliche Jahressumme, in ähnlicher

Höhenlage an der Nordflanke des Ghoom-Hauptkamms (Soom; RS 167; 2.321 mm) erzielt. Obwohl die Jahressumme des Niederschlags in Geyzing (RS 220) etwas höher ist als in Soom (RS 167), ist der prozentuale Anteil des Sommermonsuns am nördlichen Ende der Profillinie A1 aber deutlich geringer. Eine Zunahme ist insbesondere bei den Winterniederschlägen zu erkennen.

Nach Überqueren des Ghoom-Hauptkamms haben die Luftmassen den größten Teil ihrer Feuchtigkeit abgegeben, wodurch deutlich geringere Niederschläge resultieren. Der Ghoom-Hauptkamm teilt somit die gesamte Darjeeling-Region in eine Luv- und Leelage, die sehr große Niederschlagsunterschiede aufweisen, was die enge Beziehung zwischen Geländegestaltung und Klima im Himalaya unter Beweis stellt (DOMRÖS 1978). Die Bildung von starken Konvektionszellen über dem Hochland von Tibet hält von April bis Oktober ohne direkten Zusammenhang mit dem indischen Sommermonsun an (FLOHN 1970). Die Luftmassen bewegen sich dadurch weiter in Richtung Norden.

Das Rangit-Tal ist ein Beispiel für ein Himalaya-Trockental, was durch eine vergleichbar trockene Talsohle und feuchtere Kammbereiche zum Ausdruck kommt (North Tukvar). Bei dem West-Ost verlaufenden Tal können sich aber nicht die typischen und vor allem sehr ergiebigen Talwinde entwickeln, da kein direkter Zugang zum Tiefland von Bengalen vorhanden ist (Kap. 3.4.5). Es können sich somit nur Hangwindzirkulationen ausbilden, die aber auch nicht die hohen Niederschlagsintensitäten erbringen können wie die Talwinde (YOSHINO 1975). Es kommt aber dennoch von der Talsohle aus gesehen zu einer Zunahme der Kondensation mit steigender Meereshöhe. Diese wird in den mittleren und höheren Lagen der Nordflanke durch die vom tibetischen Hochland angesaugten Südwinde verstärkt. Dabei werden die Hangaufwinde überweht, und es kommt im Berührungsbereich zur Ausbildung einer Konvergenz. Die damit verbundene zusätzliche Kondensation ist auch die Erklärung für die Nebelhäufigkeiten bei den Stationen Darjeeling und Tumsong, die auf spornartigen, nach Norden verlaufenden Ausläufern des Ghoom-Hauptkamms liegen (BORBORA 1992, mündlich).

Auf der gegenüberliegenden, südlich exponierten Talflanke des Rangit-Flusses (in Sikkim) existiert keine Referenzstation. TROLL (1967) konnte in der mittleren und oberen Talflanke jedoch immergrüne Bergwälder (hauptsächlich Laubbäume) kartieren. Dies zeigt, daß die Niederschlagsergiebigkeit höher ist als auf der Darjeeling-Seite, da dort in vergleichbarer Höhe trockenere Nadelwälder dominieren. Beim Geländeaufenthalt im Rangit-Tal konnten auf der Sikkim-Seite, in Ergänzung zu TROLL's Kartierungen, neuere Aufforstungen mit Teak-Arten beobachtet werden.

An der südlich exponierten Talflanke des Rangit-Tals kann somit von einer intensiveren Einstrahlung ausgegangen werden, wodurch die Konvektionstätigkeit zunimmt. Dazu kommt noch die enorme Saugwirkung des tibetischen Hochlands, was die Hangaufwinde zusätzlich in der gleichen Strömungsrichtung kräftigt. Dadurch sind die Südflanken der hintereinandergestaffelten, West-Ost verlaufenden Gebirgszüge im Himalaya niederschlagsreicher als die Nordflanken, was auch durch die Vegetationskartierungen von SCHWEINFURTH (1957) eindeutig bestätigt wird. Dies erklärt die vergleichbar hohen Niederschläge im Bereich der Südflanke der zweiten Gebirgsbarriere in Geyzing (RS 220). Die Feuchtigkeit stammt von Verdunstungsvorgängen im Bereich der wärmeren, wasserführenden Talsohle. Der deutliche Anstieg der Winterregen sowie der vor- und nachmonsunalen Ergiebigkeiten zeigt aber auch schon einen deutlichen Übergang vom konvektiven in den advektiven Niederschlagstyp (FLOHN 1970).

5.2.2 NIEDERSCHLAGSPROFIL A2: TIBET-SIKKIM-DOOARS-TIEFLAND VON BENGALEN

Das Profil verläuft etwa entlang 88°30' E (Abb. 51, Anhang und 53). Es beginnt im Norden bei ca. 1.000 m ü NN im südwestlichen Teil des tibetischen Hochlands (RS 222) und quert im weiteren Verlauf den Hohen Himalaya (Sikkim-Himalaya), wo allerdings keine Referenzstationen mehr existieren. Erst wieder auf der Südflanke des Hohen Himalaya in Nordsikkim, im Bereich des ca. 3.000 m ü.NN gelegenen Tista-Quellgebiets, kann wieder auf Klimadaten zurückgegriffen werden (RS 216, 217, 218).

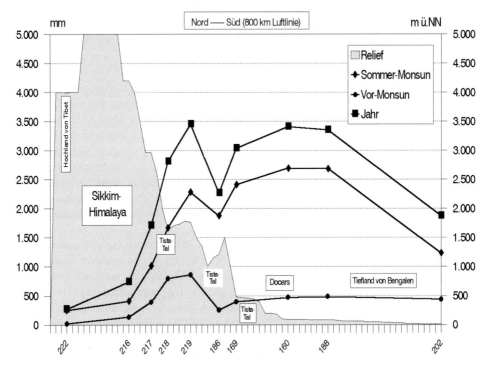

Abb. 53: · Niederschlagsprofil A2: Tibet-Sikkim-Dooars-Tiefland von Bengalen

Die Profillinie A2 verläuft in südliche Richtung bis Gangtok (RS 219) entlang des Tista-Flusses, welcher sich sehr tief von Nord nach Süd in die hauptsächlich West-Ost ziehenden Gebirgsketten des Sikkim-Himalaya eingeschnitten hat und somit als Durchbruchstal zu bezeichnen ist (Kap. 2.1.1). Kalimpong (RS 186) liegt in der Talsohle eines östlichen Seitentals der Tista in 1.209 m ü.NN. Rund 15 km weiter südlich erreicht das Profil wieder das Tista-Tal mit der Station Teesta Valley (RS 169) an der südöstlich exponierten Talflanke in ca. 800 m ü.NN. Direkt in Ufernähe des Tista-Flusses befinden sich dann im weiteren

154

Verlauf der Profillinie A2 die Stationen 160 und 188. Zwischen RS 169 und 160 erfolgt der orographische Übergang vom Darjeeling/Sikkim-Himalaya in die Dooars-Region. Das südliche Ende der 800 km langen und aus insgesamt 10 Referenzstationen bestehenden Profillinie A2 liegt im Tiefland von Bengalen, in Narayanganj (RS 202), nördlich von Dacca (Bangla Desh).

Die jährliche Niederschlagssumme der in 8 m ü.NN gelegenen Station Narayanganj (RS 202) beträgt 1.877 mm. Es befinden sich keine orographischen Hindernisse oder sonstige Erhebungen in unmittelbarer Nähe, wie dies bei den Tieflandstationen RS 189 und 190 der Profillinie A1 der Fall ist. Die annuellen Niederschläge schwanken um fast 500 mm zwischen den beiden südlichen Endpunkten der Profile A1 und A2. Somit kann ein regenhemmender Einfluß von kleinräumigen Leelagen selbst in Tieflandsregionen unter Beweis gestellt werden. Durch die südliche Lage erhitzen sich die Landmassen während des Vormonsuns sehr stark, was bei den herannahenden feuchten Südwinden zu Konvektionsniederschlägen führt. Der vergleichbar hohe prozentuale Anteil des Vormonsuns (fast 24 %) an der Jahressumme zeigt dies deutlich an.

Die Profilstrecke steigt auf einer Entfernung von 400 km bis Jalpaiguri (RS 188) von 8 m ü.NN bis auf 83 m ü.NN an. In diesem Bereich vollzieht sich der Übergang vom Tiefland von Bengalen in die westlichen Dooars. Der Unterschied der annuellen Niederschlagssumme steigt um fast 1.500 mm auf insgesamt 3.354 mm an. Unmittelbar nördlich davon befindet sich Kailashpur mit einer ähnlich hohen Jahressumme. Die annuelle Variation zeigt eine prozentuale Zunahme des sommermonsunalen Anteils auf 79 bzw. 80 %, was eine Steigerung von rund 15 % bedeutet.

Kleinere orographische Hindernisse, in Form von Stirnseiten der Schuttkegel bedingen mit hoher Wahrscheinlichkeit einen lokalen Luveffekt, der aber nicht alleine eine Erhöhung von 1.500 mm bewirkt. Bei der Profillinie A1 konnten in ähnlicher geographischer Breite (Kamala, RS 174) ebenfalls sehr hohe Niederschläge festgestellt werden, welche die südlich davon gelegenen Regionen deutlich übertrafen. Diese sommermonsunale Ergiebigkeit spricht in klimageographischen Sinne für den unmittelbaren Einfluß der Monsunkonvergenz, die damit ihre mittlere Lageposition in den Dooars bei 26° N hat. Ähnlich wie beim Profil A1 wäre es interessant zu wissen, wie die annuelle Variation 50-100 km südlich von Jalpaiguri aussieht, d.h. zu erfahren, wo sich der südliche Rand der mittleren Konvergenzposition befindet. Dies ist aber aufgrund der fehlenden Stationen nicht möglich. GOSWAMI (1991, mündlich) betont, daß die Niederschlagssummen auf einer Entfernung von 50 - 100 km in südlicher Richtung nicht mehr ansteigen, was den Nachweis über die mittlere Lageposition in den südlichen Dooars und Terai unterstreicht. Die Monsunkonvergenz verläuft weiter in westliche Richtung durch das Ganges-Tal.

Weiter in nördliche Richtung erreicht die Profillinie A2 das tief eingeschnittene Durchbruchstal der Tista, welches im Unter- und Mittellauf vom ca. 2.000-2.800 m hohen Darjeeling-Himalaya umrahmt wird. Im Bereich der Talöffnung existiert keine Referenzstation. Erst rund 40 km weiter flußaufwärts liegt Teesta Valley (RS 169) mit einem Jahresniederschlag von 3.038 mm. Nördlich von Kailashpur ist zu erwarten, daß die Ergiebigkeiten zurückgehen, da der direkte Einfluß der Monsunkonvergenz seltener wird. In den Fußzonen der Himalaya-Ränder gehen die Niederschlagssummen in typischer Weise etwas zurück, nehmen aber dann durch den enormen Staueffekt der Luftmassen wieder zu. Dies kann an dieser Stelle aufgrund des fehlenden Datenmaterials nicht nachgewiesen werden (siehe Profil A1: dort konnte der Beweis erbracht werden).

Hier handelt es sich aber nicht um einen steilen Reliefanstieg, sondern um ein Nord-Süd verlaufendes Himalaya-Tal. Es entwickeln sich kräftige Talwinde, die an den oberen Talflanken zu ergiebigen Niederschlägen führen (DHAR, MANTAN et JAIN 1966). Damit kann erklärt werden, daß die Station Teesta Valley vergleichbar ergiebige annuelle Niederschläge erhält. SCHWEINFURTH (1956) stieß im Rahmen seiner umfangreichen Vegetationskartierungen immer wieder auf trockene Talsohlen. Ein solches Beispiel ist Kalimpong (RS 186), wo mit 2.263 mm rund 800 mm weniger Niederschläge gemessen werden als im nur 15 km entfernten Teesta Valley.

Im weiteren Nordwärtsverlauf der Profillinie A2 entlang des Tista-Flusses erfolgt im Vergleich zu Teesta Valley eine weitere Niederschlagszunahme, welche sich bis auf den Sommermonsun in allen anderen Jahresabschnitten bemerkbar macht. In Gangtok (RS 219) werden im Bereich der oberen, westlich bis südwestlich exponierten Talflanke in 1.700 m ü.NN durchschnittlich fast 1.200 mm sowie über 400 mm mehr Jahresniederschlag registriert als in Kalimpong (RS 186), bzw. in Teesta Valley (RS 169). Gangtok liegt somit in einer feuchten Kammregion des Sikkim-Himalaya. Beim Geländeaufenthalt in Gangtok und Umgebung konnte anhand der landwirtschaftlichen Nutzflächen skizziert werden, daß die unteren Talflanken nicht bewirtschaftet waren (steppenartiges Aussehen). Erst in den mittleren bzw. oberen, steiler werdenden Hanglagen sind mit sehr viel Aufwand Terrassen angelegt worden, auf denen ohne Bewässerung Landwirtschaft betrieben wird.

FLOHN (1970) konnte nachweisen, daß sich im Falle von Gangtok eine ganztägige talaufwärts gerichtete Strömung bis zum November aufrecht halten kann. Nur zum Frühtermin ist diese Strömung über einer seichten Bergwindströmung nicht bis zum Boden hin wirksam. Bei diesem ganztägigen Talwind kann die sehr seichte nur begrenzt ausgeprägte Hangabströmung in der Nacht am Talboden nur eine sehr schwache Konvergenz auslösen. Die regenbringende Wirkung der Talwinde macht sich somit auch während des Vor- und Nachmonsuns bemerkbar, was zu den hohen Niederschlägen wie auch prozentualen Jahresanteilen führt. Dadurch geht der sommermonsunale Prozentanteil zurück. Beim Wintermonsun ist der stärkste Anstieg festzustellen. Mit zunehmender geographischer Breite und Meereshöhe nimmt die Intensität der advektiven Winterregen zu, während die konvektiven Sommerregen in ihrer regenbringenden Wirkung nachlassen. Durch diese Wechselwirkung der verschiedenartigen atmosphärischen Prozesse in der unteren und oberen Troposphäre entsteht eine Vielfalt verschiedener Lokalklimate.

Mit weiter zunehmender geographischer Breite nehmen die Jahresniederschläge ab. Bei der saisonalen Verteilung zeigt sich jedoch, daß davon lediglich der Sommermonsun betroffen ist, wohingegen die winter- und insbesondere die nachmonsunalen Niederschläge zunehmen (in Kap. 5.1.2 eingehend erörtert). Die sehr deutlich ausgeprägte Abnahme der Jahresniederschläge von 1.100 mm geht neben der weiteren Zunahme der geographischen Breite auch einher mit einem starken Anstieg der Meereshöhe von 1.637 m ü.NN (Chungtang) auf 2.969 m ü.NN (Lachen). Die Winterniederschläge nehmen besonders zu und erreichen mit 175 mm den höchsten Wert der Profillinie A2. Somit setzt sich der advektive Klimacharakter mit typischen Gleitniederschlägen immer mehr durch. FLOHN (1971b) schlägt deshalb vor, den Begriff der winterlichen Trockenzeit für den Himalaya nicht zu verwenden, da dies nur für den Bereich in Südtibet wirklich zutrifft. Es handelt sich beim Winter seiner Meinung nach nur um eine Periode abgeschwächter, aber immer noch hoher und relativ häufiger Niederschläge.

Thanggu (RS 216), im Tista-Quellgebiet von Nordsikkim, liegt an einer nordöstlich exponierten, steilen Hangpartie im 4.200 m ü.NN. Die Jahressumme des Niederschlags beträgt nur noch 738 mm, was ein weiterer Rückgang von fast 1.000 mm bedeutet. Die zunehmende Bedeutung der Winterniederschläge setzt sich weiter fort, denn mit 132 mm fallen während des Wintermonsuns mehr Niederschläge als jeweils im Vor- und Nachmonsun und machen dabei fast 18 % des Jahresniederschlags aus. Die Talwinde verlieren mit zunehmender Höhe ihre regenbringende Wirkung (DHAR, MANTAN et JAIN 1966). Im Zusammenhang mit den Sommerregen wird für diese Region von Hangaufwinden und sogar von lokalen Land- und Seewindsystemen gesprochen, die sich aufgrund des Seenreichtums ausbilden und regenbringend entfalten können (TROLL 1952). Die Niederschlagssumme wird in 5.000 m ü.NN nur noch auf 450 mm geschätzt (FLOHN 1970, p 41).

Somit nehmen die Niederschläge von den Himalaya-Randketten ausgehend in die inneren Gebirgsregionen ab. Die Durchbruchstäler verändern den tageszeitlichen Luftaustausch zwischen der Bengalischen Tiefebene und dem Tibetischen Hochplateau sehr stark (DOMRÖS 1978). Es kommt zu scharfen Gegensätzen in bezug auf die Niederschlagsverteilung wie auch im Pflanzenkleid: "Graue, kahle Steppenhänge stehen finsteren Tannenwaldhängen gegenüber, jede Geländefalte wird von der Vegetation abgezeichnet" (TROLL 1967, p 378).

Gyangtse (RS 222) liegt bereits auf der Nordseite des Hohen Himalaya. Mit nur 271 mm Jahressumme ist dies der niederschlagsärmste Standort; davon fallen 90 % von Juni-September. Der Hohe Himalaya ist die absolute topographische Barriere für die Luftmassen. Dahinter, d.h. im Hochland von Tibet, herrscht nur noch trockene Steppe (Steppen-Gürtel). Es kommt zu einem Nebeneinander von überwiegend advektiv beeinflußter Staulagen einerseits und der strahlungsreichen und konvektiven Hochtäler und Hochländer andererseits. Jedoch sind Verdunstungsangebot und Luftfeuchtigkeit so gering, daß es nur zu wenig ergiebigen Kondensationsvorgängen kommt.

5.2.3 NIEDERSCHLAGSPROFIL B1: WESTLICHE NORTH BANK--SHILLONG-PLATEAU--TIEFLAND VON BENGALEN

Das Profil verläuft etwa entlang 91°50' E (Abb. 51, Anhang und 54). Die aus 10 Referenzstationen bestehende Profillinie B1 hat eine Länge von 420 km. Da im nördlich gelegenen, steil aufragenden Bhutan-Himalaya keine Referenzstationen mehr existieren, beginnt das Profil im westlichen Teil der North Bank (Kap. 2.1.2), im Übergangsbereich vom unteren in das mittlere Assam-Tal. Bei Gauhati (RS 180) quert das Profil den Brahmaputra. Bhorjar (RS 193), südwestlich von Gauhati, liegt unmittelbar am Fuße der Nordabdachung des Shillong-Plateaus. Der Plateaucharakter wird durch den Shillong-Peak unterbrochen, welcher die umliegenden Regionen um rund 500-700 m überragt. An seiner nördlich exponierten Hangseite liegt in 1.500 m ü.NN Shillong (RS 183).

An der südlichen Plateaukante, nur 50 km von Shillong entfernt, liegt Cherrapunji (RS 184). Unmittelbar südlich von Cherrapunji fällt das Relief von 1.300 m auf 30 m ü.NN ab und läßt die Südabdachung des Shillong-Plateaus zu einem markanten Steilhang werden. Sylhet (RS 215, 23 m ü.NN) liegt bereits im Tiefland von Bangla Desh, rund 35 km vom Plateaufuß entfernt. In östliche Richtung öffnet sich das südassamesische Barak-Tal. Die Profillinie B1 endet in Agartala (RS 214, 16 m ü.NN). Direkt östlich anschließend von Agartala beginnen die ersten Nord-Süd verlaufenden, spornartigen Ausläufer (Athara Mura Range, 400 m ü.NN) der Mizoram-Berge (Abb. 6; 4e, Anhang).

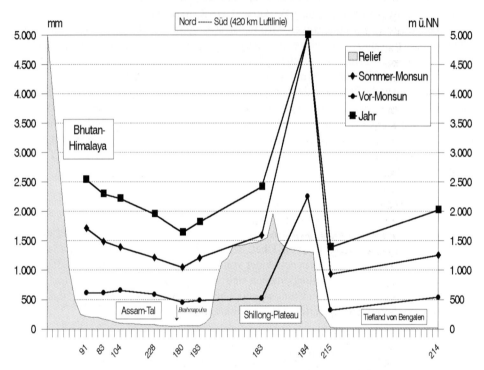

Abb. 54: Niederschlagsprofil B1: Westliche North Bank--Shillong-Plateau--Tiefland von Bengalen

Die jährlichen Niederschlagssummen entlang des Profils B1 weisen extrem große räumliche Variationen auf. In Agartala (RS 214), am südlichen Ende der Profillinie B1, werden mit 2.025 mm rund 150 mm mehr Jahresniederschlag gemessen als in Narayanganj, dem südlichen Endpunkt des Profils A2 (RS 202, Abb. 53). Die beiden Tieflandstationen liegen ca. 100 km voneinander entfernt, unterscheiden sich aber in bezug auf die umgebenden orographischen Verhältnisse. Agartala ist durch die gebirgsnahe Lage zu den westlichen Ausläufern der Mizoram-Berge gekennzeichnet. Beim Vergleich der saisonalen Niederschlagsverteilung zeigt sich, daß in Agartala höhere vor- und nachmonsunalen Niederschläge auftreten als in Narayanganj. Dabei geht der prozentuale Niederschlagsanteil des Sommermonsuns von fast 66 % (Narayanganj) auf 62 % (Agartala) zurück. Das jährliche Niederschlagsmaximum wird im Juni erreicht, welches in Agartala mit 398 mm um rund 75 mm höher ist als der Monatsniederschlag im Juli.

Dies zeigt, daß die südliche Lage nicht zwangsläufig mit hohen vormonsunalen Niederschlägen und dem Erreichen des Maximums im Juni verbunden ist. Wird bei dem o.g. Vergleich noch Berhampore (RS 190), der südliche Endpunkt des Profils A1 (Abb. 52), betrachtet, so ist ein West-Ost-Anstieg der Jahressumme erkennbar. Der prozentuale Niederschlagsanteil des Vormonsuns nimmt deutlich zu, wogegen der Anteil des Sommermonsuns zurückgeht. Hier spielt der Einfluß des nach Westen geöffneten Barak-Tals und die Nähe zum Steilabfall des Shillong-Plateaus eine entscheidende Rolle. Durch die Saugwirkung der frühzeitig ausgebildeten Troglinie (MOOLEY 1987, vgl. Kap. 5.1.5) kommt es zu konvergenten Strömungsverhältnissen, die mit einer Entladung der feuchten Südwinde in Form von ergiebigen Niederschlägen verbunden sind. Agartala ist neben der Nähe zum Barak-Tal auch noch durch eine Luvlage gekennzeichnet, was den o.g. West-Ost-Anstieg der vormonsunalen Niederschläge in ca. 24° N erklärt. Somit herrschen im Bereich der Südabdachung des Shillong-Plateaus sowie im Barak-Tal andere Druckverhältnisse, die zu einer Veränderung der annuellen Niederschlagsvariation führen (Kap. 5.1.5 und 5.1.6).

Im weiteren Verlauf der Profillinie B1 wird im nordöstlichen Teil des Tieflands von Bangla Desh (Abb. 6, Anhang) die Referenzstation Sylhet (RS 215) erreicht, was mit einem deutlichen Rückgang der jährlichen Niederschläge verbunden ist. Die Jahressumme in Sylhet (RS 215) sinkt dabei um über 600 mm auf 1.391 mm und ist durch ein Niederschlagsmaximum im Juli (272 mm) gekennzeichnet, welches aber nur um 32 mm über dem Juni-Wert von 240 mm liegt. Der Sommermonsun ist dann allerdings durch eine zurückgehende Monatssumme geprägt (um 81 mm), wobei im August nur noch 191 mm Niederschlag gemessen werden. Im September dagegen wird sogar mit 230 mm ein zweites spätsommermonsunales Niederschlagsmaximum erreicht. Im Oktober beträgt die Monatssumme nur noch 99 mm Niederschlag, was ein abruptes Ende des Sommermonsuns andeutet. Ein solcher Jahresgang konnte für sonst keine andere Station der näheren Umgebung festgestellt werden. Bei der klimageographischen Analyse der Niederschlagstypen konnten die 'regionsuntypischen' Variationen um Sylhet noch nicht geklärt werden (Kap. 5.1.3).

Östlich von Sylhet öffnet sich das Barak-Tal ohne jegliche orographische Hindernisse, aber nach ca. 40 km in nördliche Richtung erhebt sich das steilwandige Shillong-Plateau. Die Profillinie B1 erreicht dabei die an der südlichen Plateaukante gelegene Referenzstation Cherrapunji (RS 184), wo durchschnittlich 10.869 mm Jahresniederschlag fallen. Die dortige annuelle Niederschlagsvariation sowie die Ursachen für diese extreme Ergiebigkeit sind hinlänglich vorgestellt worden (Kap. 5.1.5). Die absoluten Monatssummen wurden in Abb. 54 aus Gründen der Übersicht und Vergleichbarkeit mit den anderen Profildiagrammen nur bis 5.000 mm graphisch dargestellt.

Die räumliche Niederschlagsvariation, bezogen auf die Jahressumme, ist zwischen Sylhet und Cherrapunji auf einer Distanz von rund 45 km mit 9.478 mm extrem groß. Die annuellen Niederschlagsvariationen zwischen Agartala und Cherrapunji sind miteinander vergleichbar, denn beide gehören zur Niederschlagsregion B2. Dazwischen liegt Sylhet mit einem völlig anderen Jahresgang des Niederschlags. Bei BLÜTHGEN et WEISCHET (1980, p 364-369), DOMRÖS (1974, p 141-166), DOMRÖS (1970, Karte 6-9), LAUER

(1993, p 128) sowie an verschiedenen Stellen bei YOSHINO (1969, 1975, 1976) konnten Erklärungsansätze und Beispiele für derart lokal begrenzte, andersartige Niederschlagsvariationen gefunden werden, die auf den vorliegenden Fall von Sylhet übertragbar sind.

Die südwestliche, sommermonsunale Bodenströmung wird über dem Tiefland von Bangla Desh einerseits von der Konvergenzlinie im Bereich der Südabdachung des Shillong-Plateaus (Kap. 5.1.5) angesaugt und andererseits aber auch von dem östlichen Ende der Konvergenzlinie im Barak-Tal (Kap. 5.1.5). Somit kann die Entstehung einer lokalen Strömungsdivergenz zwischen den beiden o.g. Regionen als möglich angesehen werden, die räumlich in das Gebiet um Sylhet paßt. Aus einer Konvergenz oder Divergenz in einem horizontalen Windfeld müssen aus Gründen der Massenkontinuität *vertikale Ersatzströmungen* resultieren. Eine lokal hervorgerufene Divergenz des Bodenwindfeldes bewirkt einen im Vergleich zur Umgebung leicht erhöhten Bodendruck und erzwingt damit eine vertikal von oben nach unten gerichtete Absinkbewegung. Dies ist mit Wolkenauflösung und abnehmender Niederschlagtätigkeit verbunden. Damit verbunden ist auch, daß im Juni noch nicht das annuelle Niederschlagsmaximum erreicht wird.

Im Juli befindet sich die mittlere Lageposition der Monsunkonvergenz im Assam-Tal, was zu einer Abschwächung der bodennahen, lokalen Strömungsdivergenz führt. Dadurch steigt der Anteil der Konvektionsniederschläge bei der hohen Strahlungsintensität wieder leicht an und führt zum Erreichen des Jahresmaximums, welches aber nur knapp über der Juni-Monatssumme liegt. Im September hat sich aufgrund des Rückzugs der Monsunkonvergenz die bodennahe Strömungsdivergenz wieder aufgelöst. Die Lage im südlichen Teil des Untersuchungsgebiets (25° N) führt im September noch zu mittleren Monatstemperaturen von fast 29 °C, bei einem mittleren Maximum von fast 32 °C (Narayanganj, RS 202). Durch die hohe Globalstrahlung kommt es bei den noch vorherrschenden tropisch-maritimen Südwinden über Sylhet zu Konvektionserscheinungen und zur Ausbildung eines sekundären, spätsommermonsunalen Niederschlagsmaximums.

Durch diese Erkenntnisse kann davon ausgegangen werden, daß im Juni die Monsunkonvergenz im südöstlichen Teil des Untersuchungsgebiets nicht als durchgängige Linie zu verstehen ist, sondern durch die o.g. bodennahe Strömungsdivergenz lokal abgeschwächt oder sogar unterbrochen sein muß. Wäre es eine durchlaufende Linie mit gleich tiefem Druck, würde die gesamte Südabdachung des Shillong-Plateaus durch extrem hohe Niederschläge gekennzeichnet sein, was aber nur bei Cherrapunji und Mawsynram der Fall ist (Kap. 5.1.6).

Vom Plateaukantenbereich um Cherrapunji weiter in nördliche Richtung sinkt die jährlichen Niederschläge wieder auf 2.415 mm, was auf einer Distanz von wiederum ca. 50 km eine räumliche Variation von 8.454 mm ergibt. Shillong (RS 183) liegt im zentralen Bereich des gleichnamigen Plateaus, an der nördlich exponierten Hangseite des 1.963 m hohen Shillong-Peaks. Die feucht-warmen, labil geschichteten Luftmassen haben nach Passieren der Plateaukante einen Großteil ihrer Feuchtigkeit verloren, was sich im Windschatten des o.g. orographischen Hindernisses noch verstärkt (GOSWAMI 1990, mündlich). Dabei sind insbesondere die Niederschläge während des Sommermonsuns betroffen, die nur noch knapp 66 % der Jahressumme ausmachen (Cherrapunji: 74 %). Die annuelle Niederschlagsvariation ist durch ein deutlich ausgeprägtes Maximum im Juni gekennzeichnet, wodurch deren Ähnlichkeit zur Plateaukante und den südlich vorgelagerten Regionen dokumentiert wird.

Eine genauere Untersuchung der räumlichen Niederschlagsvariationen innerhalb dieses 100 km Abschnitts der Profillinie B1 (Strecke Sylhet - Cherrapunji - Shillong) wäre von großem wissenschaftlichen Interesse, konnte aber nicht vorgenommen werden, da keine weiteren Klimadaten existieren. Im Rahmen einer Projektstudie des Department of Geography der Northeast Hill University in Shillong wurde 1987 der Versuch unternommen, ein solches Meßprofil zu installieren, mußte aber aus logistischen und politischen Gründen wieder abgebrochen werden (RAI 1990, mündlich). In Anlehnung an die Arbeiten von SCHWEINFURTH (1957) und TROLL (1959) wäre die Kartierung der Vegetationszusammensetzung und der -üppigkeit eine aussagekräftige Möglichkeit, um dadurch die Niederschlagsergiebigkeiten an verschiedenen Standorten abzuschätzen. Aufgrund des klüftigen Kalkuntergrunds des Shillong-Plateaus sowie der anthropogenen Entwaldung ist die Region jedoch extrem vegetationsarm: "This area receives the highest rainfall of the world, but on the other hand it is totally devoid of vegetation and gives a deserted look" (RAI 1986, p 359).

Weiter in nördliche Richtung verläuft die Profillinie B1 von Shillong nach Bhorjar (RS 193), unmittelbar am nördlichen Hangfuß des Shillong-Plateaus gelegen. Die annuelle Niederschlagssumme sinkt dabei um weitere 600 mm. Prozentual am meisten betroffen sind dabei die nachmonsunalen Niederschläge, die um 161 mm, d.h. um 63 % zurückgehen. Im Verlauf des Nachmonsuns gewinnen die Nordwinde immer mehr an Richtungsdominanz. Shillong ist durch die nördliche Exposition in besonderem Maße diesen Winden ausgesetzt, was sich aufgrund des dadurch entstehenden Staueffekts regenbringend auswirkt. Mit 255 mm Niederschlag (11 % der Jahressumme) wird das nachmonsunale Maximum der Profillinie B1 erreicht.

Nur ca. 10 km entfernt von Bhorjar, unmittelbar am Ufer des Brahmaputra, liegt Gauhati (RS 180). Dort gehen die Jahresniederschläge nochmal um 183 mm zurück und erreichen mit 1.637 mm das Minimum im gesamten Verlauf der Profillinie B1. Bei der saisonalen Niederschlagsverteilung ist zu erkennen, daß die Abnahme fast ausschließlich durch geringere Ergiebigkeit der sommermonsunalen Niederschläge gesteuert wird. Bhorjar und Gauhati liegen beide im Lee zu den vorherrschenden Südwinden (Kap. 5.1.3) und noch ca. 1.450 m tiefer, was die Abnahme der Niederschläge im Vergleich zu Shillong erklärt.

Bhorjar liegt dicht am Plateaufuß und besitzt somit eine ausgeprägte Leelage. Dennoch erhält Bhorjar 183 mm mehr Jahresniederschlag als Gauhati. Die intensiv ausgebildeten, ganztägig wirkenden Talwinde transportieren die Feuchtigkeit in die nördlich und südlich gelegenen, umrahmenden Gebirge, was dort zu ergiebigen Niederschlägen führt (Kap. 3.4.5). D.h., je weiter ein Standort von der unmittelbaren Uferregion entfernt liegt, desto eher kommt er in den regenbringenden Wirkungsbereich der Tal- und Hangaufwinde. Der zum Shillong-Plateau gerichtete Talwind ist in seiner Wirkung jedoch äußerst schwach (BORA 1992, mündlich), da aufgrund der Saugwirkung des tibetischen Hochlands die Talwinde in nördlicher Strömungsrichtung viel stärker ausgebildet sind. Dennoch reicht diese schwache Strömungskomponente der Tal- und Hangaufwinde in Bhorjar offensichtlich aus, in Verbindung mit einem lokalen Staueffekt in der Fußzone des Shillong-Plateaus, um

160 mm und 32 mm mehr Niederschlag während des Sommer- und des Vormonsuns zu erbringen.

Auf der North Bank nehmen die Niederschläge dann mit zunehmender Annäherung an die Fußzone des Bhutan-Himalaya und bei ansteigendem Relief deutlich zu. Dieses ist bereits in Rangia (RS 228), knapp 40 km nördlich von Gauhati, mit 315 mm höherer annueller Niederschlagssumme spürbar. Diese niederschlagssteigende Tendenz setzt sich bis zum nördlichen Ende des Profils B1 fort und erreicht in Orangajuli (RS 91) eine Jahressumme von 2.538 mm, die um 900 mm über der 75 km entfernten Station Gauhati liegt. Orangajuli liegt direkt am Fuße des Bhutan-Himalaya auf einem der gewaltigen Schuttkegel in ca. 200 m ü.NN. Bei Annäherung an diese Fußzone nehmen die Niederschläge innerhalb kürzester Distanz stark zu. Von Bhooteachang (RS 83) nach Orangajuli wird ein Anstieg von 241 mm auf einer Distanz von nur 8 km verzeichnet.

Der Anstieg der Ergiebigkeit ist zwar in allen Jahresabschnitten erkennbar, aber beim Vor- und Sommermonsun am stärksten ausgeprägt. Die mittlere Lageposition der Monsunkonvergenz im Bereich der North Bank (Kap. 5.1.3) sowie der zunehmend regenbringende Einfluß der Tal- und Hangaufwinde, die am Fuße des Bhutan-Himalaya zum Aufsteigen gezwungen werden, führen zu diesem räumlichen Niederschlagsanstieg in nördliche Richtung.

5.2.4 NIEDERSCHLAGSPROFIL B2: NORTH BANK--WESTRAND RENGMA-BERGE--BARAIL-KETTE--BARAK-TAL--MIZORAM-BERGE

Das Nord-Süd-Profil verläuft etwa entlang 93° E (Abb. 51, Anhang und 55). Die aus 15 Referenzstationen bestehende Profillinie B2 hat eine Länge von 525 km. Bei der Auswahl der Stationen wurde besonders darauf geachtet, daß die orographischen Verhältnisse durch möglichst große Unterschiede gekennzeichnet sind, wodurch an manchen Stellen ein geknickter Verlauf des Profils resultiert. Im Norden beginnt das Profil B2 unmittelbar im Hangfußbereich (350 m ü.NN) des steil aufragenden Assam-Himalaya (RS 114) und verläuft in südwestliche Richtung durch die North-Bank des mittleren Assam-Tals. Nach Überqueren des Brahmaputra streift die Profillinie B2 den Westrand der Rengma-Berge (RS 109, 115, 76). Lumding (RS 182) liegt in der Ausraumzone zwischen dem Shillong-Plateau und den Rengma-Bergen.

Von dort aus erheben sich im südlichen Anschluß die Barail-Ketten (RS 211), welche zu den Indisch-Burmesischen Grenzgebirgen gezählt werden (Abb. 6: 4c, Anhang). Nach Überqueren eines 1.900 m hohen, Nordost-Südwest verlaufenden Gebirgskamms wird die Nordflanke des Barak-Tals erreicht (RS 101, 100). Silchar (RS 185) liegt am Südufer des in diesem Bereich sehr stark mäandrierenden Barak-Flusses. Über die Südflanke des Barak-Tals (RS 102, 10) hinweg verlaufend, endet das Profil B2 in Aizwal (RS 195). Die Station befindet sich auf einem Nord-Süd ziehenden Höhenzug (in fast 1.100 m ü.NN) der Mizoram-Berge (Abb. 6: 4e, Anhang), welche ebenfalls zu den Indisch-Burmesischen Gebirgsketten gezählt werden.

Die räumlichen Niederschlagsvariationen entlang des Profils B2 sind im Vergleich zu B1 zwar deutlich geringer, weisen aber dennoch eine annuelle Schwankung von 3.239 mm auf. Kurkoorie (RS 101) und Lumding (RS 182) liegen dabei nur ca. 130 km voneinander entfernt. In den Nord-Süd verlaufenden Kämmen der Mizoram-Berge wird eine annuelle Niederschlagssumme von 2.265 mm erreicht (Aizwal, RS 195). Im Bereich der nördlich exponierten Talflanke nehmen die Jahresniederschläge an den in 290 bzw. 230 m ü.NN liegenden Stationen Lallamookh und Borojalingah (RS 10, 102) um ca. 800 mm zu und betragen 3.070 mm. In Richtung der Talsohle steigen die Ergiebigkeiten weiter an (Silchar: 3.226 mm).

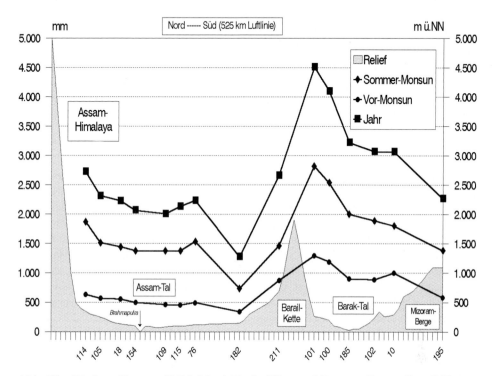

Abb. 55: Niederschlagsprofil B2: North Bank--Westrand Rengma-Berge--Barail-Kette--
Barak-Tal--Mizoram-Berge

Bisher traten die Talsohlen meist trockener in Erscheinung als die Talflanken, was durch die ganztägig ausgebildeten Talwinde verursacht wurde. Bei der saisonalen Betrachtung zeigt sich, daß die sommermonsunalen Niederschläge im südlichen Teil des Barak-Tals von den Rahmengebirgen zur Talsohle hin zunehmen. Die mittlere Lageposition der Monsunkonvergenz befindet sich im Bereich der Nordflanke des Barak-Tals (Mai-Juni) bzw. im Assam-Tal (Juli-August), was eine deutliche Niederschlagszunahme bei Annäherung an die Troglinie bedeutet (Kap. 5.1.6).

Die aber vergleichbar hohe vormonsunale Niederschlagssumme in Lallamookh (RS 10) an der oberen Südflanke zeigt den orographischen Luveffekt in bezug auf die aus Norden heranziehenden Hagelstürme (GOSWAMI 1988). Darüber hinaus kann nach Durchzug eines Monsuntiefs (im Barak-Tal schon im April/Mai) entlang der Troglinie mit einer Abschwächung des zur Talsohle gerichteten Druckgradienten gerechnet werden. Dies begünstigt kurzzeitig die Ausbildung von Talwinden und führt bei aufsteigender Luftbewegung zu höheren Ergiebigkeiten an den Oberhängen (1.003 mm oder 32.7 % der Jahressumme).

Auf der Nordflanke des Barak-Tals erfolgt ab ca. 300 m ü.NN ein abrupter Reliefanstieg der Barail-Kette im Osten wie auch des Shillong-Plateaus im Westen. Die Jahresniederschläge nehmen von der Talsohle in Silchar (RS 185) in Richtung zu der überwiegend südlich bis südwestlich exponierten Talflanke weiter zu und erreichen in Kurkoorie (RS 101, 260 m ü.NN) mit 4.516 mm das Maximum des Profils B2. Dies ist für alle Jahresabschnitte erkennbar. Die bereits vormonsunal ausgebildete Troglinie sowie die im weiteren Verlauf des Sommermonsuns im Assam-Tal liegende Monsunkonvergenz 'saugt' die tropisch-maritimen und später die äquatorial-maritimen Südwinde zyklonal in den Bereich des tiefen Drucks hinein. Dies ist bei zunehmender Höhenlage auf der Nordflanke des Barak-Tals mit sehr ergiebigen Niederschlägen verbunden. Da das Kondensationsmaximum oberhalb von 300 m ü.NN vermutet wird (Kap. 5.1.6), ist dort mit noch höheren Ergiebigkeiten zu rechnen. Selbst noch während des Nachmonsuns bewirkt die Kombination der Talwinde mit der thermischen Zirkulation der hochgelegenen Heizfläche von Tibet einen Anstieg der Niederschlagssummen mit wachsender Meereshöhe.

Nach Überqueren des südlich exponierten, steilen Kammbereiches der Barail-Kette wird auf der nördlich exponierten, flach auslaufenden Hangseite die Station Haflong (RS 211) erreicht. In einer Höhenlage von knapp 700 m ü.NN beträgt der Jahresniederschlag 2.668 mm. Hier macht sich die zu bestimmten Jahresabschnitten herrschende Leewirkung sehr deutlich bemerkbar, was die annuelle Niederschlagssumme um über 1.800 mm zurückgehen läßt (Rückgang während des Sommermonsuns: 1.358 mm). Das jährliche Maximum wird mit 556 mm im Juni erreicht, was den kammübergreifenden Einfluß der Monsunkonvergenz im Barak-Tal dokumentiert. Im Juli und August gehen die Monatssummen jedoch auf 354 und 298 mm zurück. Bei einer mittleren Lageposition der Monsunkonvergenz im Assam-Tal resultiert dann in Haflong ein in das Assam-Tal hineinwehender Südwind, der nur noch eine vergleichsweise geringe regenbringende Wirkung hat (Leelage und abnehmende Meereshöhe). Die auffallend hohen Niederschläge während des Vormonsuns (878 mm), die im weiteren Verlauf des Profils nach Norden hin stark abnehmen, deuten an, daß Haflong, obwohl orographisch schon dem Assam-Tal zugewendet, durch die Druck- und Niederschlagsverhältnisse im Barak-Tal maßgeblich beeinflußt wird.

Lumding (RS 182, 149 m ü.NN) liegt ca. 80 km nördlich von Haflong in einem orographisch sehr abgeschirmten, korridorähnlichen Talbereich des nach Nordwesten fließenden Kopili (Brahmaputra-Nebenfluß). Diese Ausraumzone um Lumding wird im Nordosten durch die Rengma-Berge (bis 1.300 m ü.NN), im Osten und Süden durch die Barail-Kette (bis 1.900 m ü.NN) und im Westen durch das Shillong-Plateau (bis 700 m ü.NN) begrenzt und besitzt dadurch eine ausgesprochene Leelage. Es besteht nur ein schmaler Talausgang in nordwestlicher Richtung. In Lumding fallen durchschnittlich nur noch 1.277 mm Niederschlag pro Jahr, d.h. fast 1.400 mm weniger als in Haflong. Die Niederschlagshäufigkeit ist ebenfalls sehr gering und erreicht mit nur 77 Regentagen den niedrigsten Wert im gesamten Untersuchungsgebiet. Weiterhin auffällig ist der hohe annuelle Anteil von

52 % windstillen Tagen (BORA 1976). Ansonsten gibt es zu keiner Jahreszeit eine dominante Windrichtung, sondern eher ständig wechselnde Richtungen.

Aufgrund der geringen sommermonsunalen Ergiebigkeiten ist nicht von einem direkten Einfluß der Monsunkonvergenz auszugehen. In dem abgeschirmt gelegenen, relativ windschwachen Talbereich können sich in idealer Weise vollständige Berg-Talwind-Systeme sowie Hangwindzirkulationen ausbilden (BORA 1992, mündlich). Dies führt zu einem vergleichbar trockenen und vegetationsarmen Talboden um Lumding. Es dominiert der Reisanbau, welcher mit Flußwasser aus dem Kopili ermöglicht wird. Die während des Sommermonsuns relativ gleichbleibenden Monatssummen deuten auf die Existenz der Lokalwindsysteme hin (YOSHINO 1975). Die Hänge sind durch höhere Ergiebigkeiten gekennzeichnet, was am Beispiel von Haflong bestätigt wird. Die Ostabdachung des Shillong-Plateaus sowie die Westabdachung der Rengma-Berge sind aufgrund der üppigeren Vegetation schwer zugänglich, was als Indikator für die dort höheren Niederschlagssummen gewertet werden kann. Die vergleichbar hohen Niederschläge im Mai zeigen an, daß noch ein gewisser Einfluß vom Barak-Tal bis nach Lumding hineinreicht. Die sehr früh ausgebildete Monsunkonvergenz im Barak-Tal bewirkt ein Druckgefälle in Richtung Norden und führt zur Stärkung der Talwinde.

Das Profil B2 streift im weiteren Verlauf in Richtung Norden den Westrand der Rengma-Berge, in deren Fußzone die Stationen Salonah (RS 76), Kellyden (RS 115) und Sagmootea (RS 109) räumlich eng beieinander liegen. Die sich unmittelbar anschließenden Rengma-Berge haben in diesem Bereich eine mittlere Höhenlage von 700 m ü.NN. Die Stationen liegen nicht mehr im Windschatten des Shillong-Plateaus, sondern auf der äußeren South Bank des mittleren Assam-Tals. Die annuellen Niederschläge sind in diesem Abschnitt des Profils um ca. 700-900 mm höher als in Lumding. Weiter in Richtung Brahmaputra nimmt jedoch die Niederschlagsergiebigkeit von Süd nach Nord hin ab und erreicht im ufernahen Sagmoogtea 2.008 mm. Durch die nordwestliche Exposition ist Kellyden im Vergleich zu den beiden benachbarten Stationen (RS 76 und 109) durch ausgesprochen hohe Niederschläge während des Nach- und Wintermonsuns gekennzeichnet (Kap. 5.1.1).

Im Bereich der North Bank steigen die Niederschläge in allen Jahresabschnitten mit zunehmender Meereshöhe und kürzer werdender Distanz zum steil aufragenden Assam-Himalaya weiter an. Bormahjan (RS 114), die nördlichste Station (RS 114) des Profils B2, liegt in 350 m ü.NN und ist durch 2.723 mm Jahresniederschlag gekennzeichnet. Dies sind 715 mm mehr als in der 50 km südlich gelegenen, ufernahen Station Sagmootea (RS 109). Leider existieren keine Stationen an der Südabdachung des Assam-Himalaya, wodurch das Profil bereits in der Fußzone enden muß. Die Zone mit maximalen Niederschlagssummen, im Sommer wie auch im Winter, wird in einer Höhenlage zwischen 1.200 und 2.100 m ü.NN lokalisiert (DOMRÖS 1978 und TROLL 1967).

Bei einem Querschnitt durch das mittlere Assam-Tal zeigt sich (wie auch schon bei Profil B1), daß die South Bank durch geringere Niederschlagsergiebigkeiten gekennzeichnet ist als die North Bank. Die mittlere Lageposition der Monsunkonvergenz im Bereich der North Bank sowie die ganztägigen Talwinde, die durch den 'Sog' der Heizfläche Tibet zu einem enormen Staueffekt der feuchten Luftmassen an den Himalaya-Rändern führen, bedingen die hohen Jahressummen. Dies zeigt sich insbesondere beim Vor- und Sommermonsun.

Die Wirkungen der Strahlungsexposition üben insbesondere bei Südhängen einen stärkenden Einfluß auf die Talwinde aus (TROLL 1967), wodurch diese meist an südlich exponierten Hängen kräftiger ausgebildet sind als an nördlich exponierten. Das fast immer nach Norden gerichtete Druckgefälle führt im Bereich der South Bank zu weitaus weniger Ergiebigkeiten. Lediglich die sehr viel schwächer ausgebildeten Talwinde können lokale Staueffekte und damit verbundene Niederschläge bewirken, die aber weit unter den Ergiebigkeiten der South Bank liegen (BARTHAKUR 1968). Die ufernahe Talsohle des Brahmaputra ist niederschlagsärmer als die äußeren Bereiche, wodurch das Assam-Tal zwar noch nicht zu einem typischen Himalaya-Trockental nach SCHWEINFURTH (1956) oder TROLL (1959) wird, was aber ansatzweise diese mesoskalige Besonderheit erkennen läßt.

5.2.5 NIEDERSCHLAGSPROFIL B3: ASSAM-HIMALAYA--NORTH BANK--OSTRAND RENGMA-BERGE--BARAIL-KETTE--IMPHAL-BECKEN

Aufgrund der orographischen Vielfalt der umrahmenden Gebirgsländer im mittleren Assam-Tal wurde eine weitere Profillinie (B3) ausgewählt, die sich östlich der Rengma-Berge befindet. Damit soll ein direkter Vergleich mit den Niederschlagsverhältnissen am westlichen Rand der Rengma-Berge (Profillinie B2) ermöglicht werden. Das Nord-Süd Profil verläuft etwa entlang 94° E (Abb. 51, Anhang und 56). Das aus 13 Stationen bestehende Profil hat eine Länge von 405 km und beginnt im Norden in Ziro (RS 234). Die Station liegt im tief eingeschnittenen, West-Ost verlaufenden Tal des Ranga (Nebenfluß des Brahmaputra) und wird vom Assam-Himalaya umgeben. Koilamari (RS 155) und Lakhimpur Town (RS 229) befinden sich in der Fußzone des steil aufragenden Assam-Himalaya. Im Bereich der North Bank des gesamten oberen Assam-Tals existieren somit nur zwei Stationen. Meleng (RS 5) und Koliapani (RS 4) liegen bereits auf der South Bank des oberen Assam-Tals. Südlich dieser beiden Stationen erreicht das Profil die ca. 30 km breite Ausraumzone der beiden Brahmaputra-Nebenflüsse Dhansiri und Diyung zwischen den Rengma-Bergen und der Nordost-Südwest verlaufenden Barail-Kette. Die Stationen Lattakoojan (RS 111), Duflating (RS 6), Mokrung (RS 110) und Ghillidary (RS 88) liegen dabei im Fußzonenbereich der Barail-Kette.

Danach wechselt die Profillinie unmittelbar in die nordöstliche Fußzone der Rengma-Berge (Namburnadi, RS 20). Banaspaty (RS 120) befindet sich zwischen den beiden Brahmaputra-Nebenflüssen in der Mitte der Ausraumzone. Im Südosten, in Lengree (RS 55), verläuft das Profil erneut entlang der Rengma-Berge. Nach Überqueren der Barail-Kette im nordostindischen Bundesstaat Nagaland wird eine in ca. 800 m ü.NN gelegene, intramontane Beckenlandschaft erreicht. Das abflußlose Imphal-Becken ist im zentralen Teil durch den 1.500 km² großen Logtak-See und seinen angrenzenden Sumpfgebieten gekennzeichnet. Die Profillinie B3 endet in Imphal (RS 213) und wird von ca. 1.500-2.000 m den Beckenboden überragenden, Nord-Süd verlaufenden Höhenzügen der Manipur-Berge umrahmt.

Die annuellen Niederschläge steigen zwar von Süden nach Norden an, aber beim Vergleich mit der ca. 130 km westlich davon gelegenen Profillinie B2 (Abb. 55) fällt auf, daß die räumlichen Variationen wesentlich geringer sind. Im abflußlosen Imphal-Becken

(RS 213) werden nur durchschnittlich 1.423 mm Jahresniederschlag gemessen, was auf die orographisch abgeschirmte Lage zurückgeführt werden kann. Im Vergleich dazu ist die Kammlage von Aizwal (RS 195, Profillinie B2) durch nahezu 850 mm mehr Jahresniederschläge gekennzeichnet. Die Monsuntiefs können das im Lee der Süd- und Südwestströmung liegende Imphal-Becken nur noch bedingt regenbringend beeinflussen. Lediglich stark ausgebildete Monsundepressionen (Kap. 3.4.2) erreichen das Becken und führen zu ergiebigen Niederschlagsereignissen.

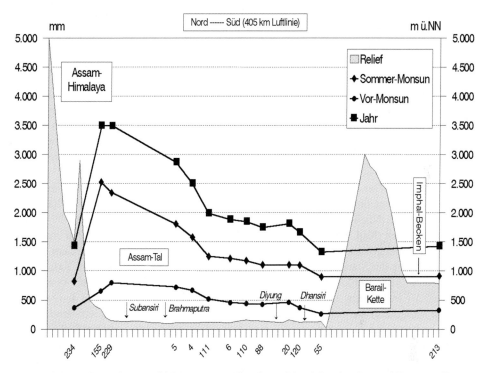

Abb. 56:   Niederschlagsprofil B3: Assam-Himalaya--North Bank--Ostrand Rengma-Berge
--Barail-Kette--Imphal-Becken

Vom Beckenboden ausgehend, strömen die Talwinde an den Hängen der umliegenden Manipur-Berge hinauf und führen in 2.000-2.500 m ü.NN zu Niederschlägen, was anhand der zunehmend üppigeren Vegetation hergeleitet werden kann (SCHWEINFURTH 1957, BORA 1976). Die starke Zerlappung der inneren Beckenränder sowie die zahlreichen, von den Hängen herunterkommenden Fließgewässer sind ein Anzeichen für die höheren Niederschlagsergiebigkeiten im Mittel- und Oberhangbereich. Somit kommt es zu einer niederschlagsärmeren Sohle des Imphal-Beckens. Bei einer Ermittlung des Gebietsmittels anhand einer einzigen und dazu noch auf dem Beckengrund liegenden Station kommt der 'Troll-Effekt' zum Tragen (Kap. 3.4.5), denn die Niederschlagssumme wird dabei eher unterschätzt. Somit wird in dieser topographisch sehr vielgestaltigen Landschaft von solchen

Gebietsmitteln Abstand genommen. Durch die nächtlich von den Hängen abfließenden Bergwinden kommt es sehr häufig zu morgendlichen Nebelbildungen und zu Inversionen (GOSWAMI 1991, mündlich). Die Wasserflächen und Sumpfgebiete im Bereich des Logtak-Sees liefern die zur Kondensation notwendige Feuchtigkeit.

Lengree (RS 55) liegt, ähnlich wie Lumding (RS 182, Abb. 55), in einem orographisch sehr abgeschirmten Talbereich des nach Nordosten fließenden Dhansiri. An der südöstlichen Fußzone der Rengma Deige wird mit 1.325 mm die geringste Jahresniederschlagssumme des Profils B3 erreicht. Die Ergiebigkeiten sind dabei während des Sommermonsuns mit knapp über 900 mm genauso hoch wie in Imphal (RS 213). Die Lage im Windschatten zu den sommermonsunalen Strömungen führt zu einem starken Rückgang der Niederschläge. Sehr auffallend für Lengree sind die während des Sommermonsuns fast gleichbleibenden Monatsniederschläge, was als Hinweis auf die regenbringende Dominanz von Talwinden gewertet werden kann (YOSHINO 1975).

Im weiteren Verlauf des Profils B3 wird der Windschatteneffekt geringer, was die annuellen Niederschlagssummen in Richtung Norden ansteigen läßt. Davon ist aber der Sommermonsun kaum betroffen, denn von Banaspaty (RS 120) bis Lattakoojan (RS 111) erfolgt nur eine sehr schwache Zunahme der Niederschläge. Dies deutet an, daß die mittlere Lageposition der Monsunkonvergenz größtenteils nördlich der genannten Stationen liegt und somit nur einen schwächeren regenbringenden Einfluß ausüben kann.

Während des Vormonsuns nehmen die Ergiebigkeiten jedoch zu und erreichen in Lattakoojan mit 519 mm den bislang höchsten Wert. Dieses wird in der Hauptsache durch die regenbringenden 'Norwesters' verursacht, die in Richtung des oberen Assam-Tals immer häufiger auftreten (Kap. 3.4.1). Vergleichbar höhere Niederschläge werden dabei immer an solchen Stationen gemessen, die in den Fußzonen von steil aufragenden Bergländern liegen. Dabei wirkt sich der Staueffekt der Luftmassen niederschlagserhöhend aus (RS 20 und 11). Mit Erhöhung der mittleren Temperatur (Mitte April/Mai) bilden sich im Assam-Tal zunehmend Talwinde aus, die zu Niederschlagsereignissen führen, was neben den Monatssummen auch durch die stark ansteigenden Niederschlagshäufigkeiten unterstrichen wird.

Mit weiter zunehmender geographischer Breite und Annäherung an den Brahmaputra nehmen die annuellen Niederschläge zu. Ein vergleichbar starker Anstieg auf kürzester Distanz ist von Lattokojan (RS 111) nach Koliapani (RS 4) zu verzeichnen, wo die Jahressumme innerhalb von nur 10 km um 513 mm ansteigt. Dies geschieht vorwiegend während des Sommer- und Vormonsuns, ohne daß sich die annuelle Niederschlagsvariation verändert, was durch die prozentualen Anteile an der Jahressumme zum Ausdruck gebracht wird. In bezug auf die orographischen Verhältnisse gibt es ebenfalls keine Unterschiede, denn beide sind ausgesprochene Tieflandstationen. Die mittlere Lageposition der Monsunkonvergenz überquert zwischen Thakurbari (RS 205) und Tocklai (RS 203) den Brahmaputra und verläuft dann weiter im Bereich der South Bank nach Südosten (Kap. 5.1.3). Aufgrund der o.g. Gründe liegt Koliapani im unmittelbaren Einflußbereich der Monsunkonvergenz, was bei zyklonalem Einströmen mit Aufsteigen der Luftmassen und starken Niederschlägen verbunden ist.

Dieses gilt auch für die nur ca. 10 km nordwestlich von Koliapani entfernte Station Meleng (RS 5), wo eine weitere Steigerung der annuellen Summe um 364 mm zu erkennen ist. Die Niederschlagszunahme vollzieht sich in allen Jahresabschnitten, was neben dem häufigen Einfluß der Monsunkonvergenz (Sommermonsun) auch die Exposition zu den regenbringenden 'Norwesters' (Vormonsun) sowie zu den 'western disturbances' (Wintermonsun) unter Beweis stellt. Koliapani und Meleng liegen auf der South Bank (ca. 110 m ü.NN), im Übergangsbereich vom mittleren in das obere Assam-Tal, wobei sich die Rengma-Berge und das Shillong-Plateau auf einer südlich davon gelegenen Linie befinden. Es besteht somit eine ungehinderte breite Öffnung nach Westen, Osten und Norden ohne orographische Hindernisse, was für fast alle Windrichtungen eine regenbringende Wirkung mit sich bringt (GOSWAMI 1990, mündlich).

Das Profil verläuft weiter in nördliche Richtung, überquert dabei den Brahmaputra und erreicht bei Lakhimpur Town (RS 229, 310 m ü.NN) und Koilamari (RS 155, 360 m ü.NN) die Fußzone des Assam-Himalaya. Im gesamten Bereich der North Bank, welche durch zahlreiche Nebenarme, Sandbänke und Sumpfregionen des Brahmaputra gekennzeichnet ist, existieren auf einer Strecke von ca. 75 km leider keine Referenzstationen. Die annuellen Niederschläge steigen auf dieser Strecke um über 600 mm an und erreichen in Lakhimpur Town (RS 229) 3.491 mm. Dabei nehmen insbesondere die Ergiebigkeiten während des Sommermonsuns zu, was sich im nur 10 km weiter nördlichen Koilamari weiter fortsetzt. Dort steigen bei gleichbleibender Jahresumme die sommermonsunalen Niederschläge nochmals um 184 mm an. Bei der Betrachtung der prozentualen Jahresanteile zeigt sich die zunehmende Bedeutung des Sommermonsuns in bezug auf die annuelle Variation (72 % Jahresanteil).

Die mittlere Lageposition der Monsunkonvergenz befindet sich im Bereich der South Bank (RS 4 und 5) und ist somit nicht für die hohen Ergiebigkeiten verantwortlich. In Lakhimpur Town (RS 229) betragen die sommermonsunalen Summen in allen Monaten zwischen 500 und 650 mm, ohne Ausbildung eines deutlich höheren Maximums und mit vergleichbar hohen Ergiebigkeiten im August und September (gilt auch für Koilamari, RS 155). Im Bereich der North Bank ist dieses ein Hinweis für den nach Osten immer stärker werdenden, regenbringenden Einfluß der Talwinde. LAUER (1993, p 106) betont, daß das (Berg)-Talwind-Phänomen im Himalaya "fast ausschließlich den täglichen Klimaablauf mit seinen Wirkungen auf die räumlichen Differenzierungen der Landschaften" bestimmt.

Die Ergiebigkeit der Talwinde ist im Bereich der North Bank weitaus höher als auf der South Bank, da die hochgelegene tibetische Heizfläche eine enorme Saugwirkung auf die direkt vorgelagerten Tiefländer der Himalaya-Südabdachung ausübt. Die Exposition nach Süden und die damit verbundene intensivere Globalstrahlung führt zu einer weiteren Stärkung der Talwinde (BÖHM 1966).

Bei vegetationsgeographischen Kartierungen konnten der Gürtel der Wolkenwälder bei 2.000 m ü.NN lokalisiert werden, welcher durch enorme Niederschläge gekennzeichnet ist (TROLL 1967). Es ist somit davon auszugehen, daß die Niederschläge dort ihr Maximum erreichen (maximales Kondensationsniveau). Die Ergiebigkeiten müssen dabei auf jeden Fall noch höher sein als in Koilamari (RS 155: 3.496 mm). Die Profillinie B3 endet in Ziro (RS 234), wo nur noch 1.430 mm Jahresniederschläge registriert werden. Dieses ist eine Variation von über 2.000 mm auf lediglich 40 km Entfernung zu Koilamari, die mit großer Wahrscheinlichkeit in höheren Lagen noch größer sein dürfte. Leider gibt es in diesen spannenden Gebirgsregionen keine Referenzstationen, die wertvolle wissenschaftliche Hinweise bezüglich der hygrisch-klimatischen Differenzierung liefern könnten.

Die vorher beschriebenen Talwinde haben nach Überqueren der 2.900 m hohen Dafla-Berge einen Großteil der Feuchtigkeit abgegeben. Beim Absteigen in die Talsohle des Ranga-Flusses von 2.900 m auf 1.400 m ü.NN kommt es zu einer trockenadiabatischen Erwärmung, was mit Wolkenauflösung und Niederschlagsrückgang verbunden ist. Auf den leeseitigen Nordhängen kommt es zur Ausbildung von trockenen Nadelwäldern, was im gesamten Assam-Himalaya nachgewiesen werden konnte (TROLL 1967). Das dabei eindrucksvollste Beispiel für TROLL ist das weiter im Norden gelegene, West-Ost verlaufende Tal des Tsangpo. Insgesamt kann das Ranga-Tal als ein typisches Trockental im Himalaya bezeichnet werden mit dem entsprechend "trostlosen Eindruck, den diese trockenen Bereiche der inneren Himalaya-Täler machen" (SCHWEINFURTH 1956, p 298).

Ziro (RS 234) liegt ca. 100 m über der Talsohle des Ranga-Flusses im südlich exponierten Unterhangbereich der nächsten West-Ost verlaufenden Gebirgskette des Assam-Himalaya, den steil aufragenden Miri-Bergen. Die vergleichbar hohen Prozentanteile während des Vor- und Nachmonsuns sowie während des Wintermonsuns (6,3 %) zeigen, daß der advektive Klimacharakter mit wachsender geographischer Breite und Höhenlage an Bedeutung zunimmt (Kap. 5.1.1). Die Niederschläge während des Sommermonsuns werden zum größten Teil durch die Talwinde hervorgerufen.

5.2.6 NIEDERSCHLAGSPROFIL C: ASSAM-HIMALAYA--OBERES ASSAM-TAL--PATKAI-BERGE

Das Nordwest-Südost Profil verläuft etwa entlang 95°30' E (Abb. 51, Anhang und 57). Die aus 12 Referenzstationen bestehende Profillinie C1 hat eine Länge von 160 km. Bei Pasighat (RS 212, 157 m ü.NN) hat sich der Dihang sehr tief in den Assam-Himalaya eingeschnitten. Auf einer Strecke von 30 km, von der Station ausgehend bis zum Übergang ins Assam-Tal, wird das Nord-Süd verlaufende Durchbruchstal von ca. 2.000 m hohen Kämmen der Abor-Berge begrenzt (in Abb. 57 gestrichelt angedeutet). Etwa 100 km weiter in nördliche Richtung erreicht das Dihang-Tal die tibetische Grenze. Die Talsohle liegt dabei in einer Höhenlage von 3.300 m ü.NN. Südlich von Pasighat fließt der Dihang in das obere Assam-Tal und wird von da ab Brahmaputra genannt.

Nalani (RS 127) liegt bereits auf der South Bank in flußnaher Lage. Danach quert das Profil den gesamten äußeren und inneren Bereich des oberen Assam-Tals. Bei Chota Tingrai (RS 125) wird die Stirnseite einer, ca. 50 m über dem Talgrund liegenden Riedelfläche gestreift. Weiter in südöstlicher Richtung erreicht das Profil bei Margherita-Village (RS 204) die nördlich exponierte Fußzone der Patkai-Berge (Abb. 6: 4a, Anhang), welche zu den Indisch-Burmesischen Grenzgebirgen gezählt werden (Kap. 2.1.1). Danach verläuft die Profillinie entlang des Burhi Dihing (Abb. 6: 16, Anhang) immer dichter an die Hangfußzone heran (RS 29, 122 und 129). In unmittelbaren Anschluß an Namdang (RS 129) beginnen die steil aufragenden Patkai-Berge mit einer maximalen Höhenlage von 3.000 m ü.NN. In knapp 900 m ü.NN liegt Khonsa (RS 235), die südlichste Station des Profils C. Dabei handelt es sich um einen nach Nordwesten exponierten Gebirgshang, welcher durch die Tisa und deren Nebenflüsse stark zertalt ist.

Obwohl innerhalb der Tieflandzone des oberen Assam-Tals nur minimale Reliefunterschiede existieren, sind dennoch sehr große räumliche Niederschlagsvariationen zu erkennen. Die Jahressummen nehmen in Richtung der umrahmenden Gebirge ebenfalls stark zu, wodurch das Profil C auf seinen nur 160 km durch ein Fülle von enormen mesoskaligen Niederschlagsvariationen gekennzeichnet ist.

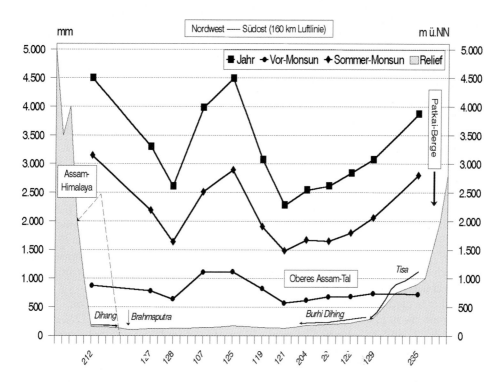

Abb. 57: Niederschlagsprofil C: Assam-Himalaya--oberes Assam-Tal--Patkai-Berge

In Khonsa (RS 235) wird mit 3.873 mm eine vergleichbar sehr hohe Jahressumme für eine South Bank-Station erzielt. Im oberen Talabschnitt des Brahmaputra ist die South Bank mit 60 km sehr breit und durch eine Anzahl wasserreicher Nebenflüsse gekennzeichnet. Trotz der Saugwirkung des tibetischen Hochlands können sich, aufgrund des größeren Flächenareals der South Bank, regenbringende Talwinde ausbilden, die in Richtung der südlichen Rahmengebirge wehen. Dies ist im Rahmen von Windmessungen an der Station Margherita-Village (RS 204) nachgewiesen worden (Kap. 4.6.3.1). Somit resultieren im Vergleich zu den bereits vorgestellten Profillinien B1-B3 die höchsten Jahressummen für die südlichen Fußzonen und Rahmengebirge der South Bank im oberen Assam-Tal. Bei Khonsa kommt noch die Höhenlage von 900 m ü.NN dazu, welche im Nahbereich des Kondensationsmaximums von 1.000-1.200 m ü.NN liegt (DAS 1970 und DESAI 1968).

Von Khonsa (RS 235) ausgehend, nehmen die annuellen Niederschläge mit abnehmender Meereshöhe in nördliche Richtung ab und erreichen in Satispur (RS 121) mit 1.904 mm den niedrigsten Wert der gesamten Profillinie C. Die annuelle räumliche Variation zwischen der Fußzone und den mittleren Lagen der Patkai-Berge, ausgedrückt durch die beiden Stationen Namdang (RS 129) und Khonsa, beträgt fast 800 mm auf einer Entfernung von nur 35 km. Dafür sind fast ausschließlich die Niederschläge während des Sommermonsuns verantwortlich, welche in Khonsa zum größten Teil durch Konvektion der Talwinde resultieren. Somit wird insbesondere für die Rahmengebirge des oberen Assam-Tals die große Bedeutung der Talwinde als Regenbringer unter Beweis gestellt.

Die weitere annuelle Niederschlagsabnahme von Namdang (RS 129) in Richtung Satispur (RS 121) erfolgt annähernd kontinuierlich in Form von 200 mm-Intervallen. Dabei werden ebenfalls auf einer Strecke von 35 km rund 800 mm weniger Jahresniederschläge verzeichnet. Die niederschlagsbringende Wirkung der Talwinde geht mit zunehmender Entfernung von den umrahmenden Patkai-Bergen mehr und mehr verloren. Margherita-Village (RS 204) zeigt geringfügige Abweichungen in bezug auf die annuelle Variation, derart daß die sommermonsunalen Ergiebigkeiten leicht zunehmen. Dies wird durch einen vergleichsweise häufigeren Einfluß der Monsunkonvergenz verursacht (Kap. 5.1.1).

Unmittelbar im nordwestlichen Anschluß an Satispur beginnt eine Reihe um ca. 30-50 m erhöht liegender Riedelflächen, welche durch Erosionstätigkeit der zahlreichen Fließgewässer teilweise sogar ihre morphologische Anbindung an die Patkai-Berge verloren haben und somit als isoliert stehende, längliche Hügel in Erscheinung treten (Kap. 2.1.2). Auf der westlich exponierten, flach abfallenden Stirnseite dieser Reliefform liegt Anandabari (RS 119). Die Jahresniederschläge steigen innerhalb von 10 km von 2.279 mm (RS 121) auf 3.077 mm an, d.h. um fast 800 mm. Neben der annuellen Niederschlagssumme ändert sich auch die annuelle Variation auf kürzester Distanz, derart daß in allen Jahresabschnitten eine merkliche Zunahme der Ergiebigkeiten stattfindet.

Weiter in nördliche Richtung wird auf einer benachbarten Riedelfläche, welche die Umgebung um ca. 50 m überragt, das lokale Feuchtareal um Chota Tingrai (RS 125) erreicht (Kap. 4.6.3.2 und 5.1.2). Innerhalb von nur 10 km steigen die Jahresniederschläge um weitere 1.400 mm an und erzielen dabei einen Wert von 4.494 mm. Der in diesem Abschnitt steilere Riedelabhang weist im Gegensatz zu Anandabari eine nordwestlich bis nördliche Exposition auf, und es existieren innerhalb des oberen Assam-Tals in westlicher und nördlicher Richtung keine weiteren Geländeerhebungen mehr, d.h. es besteht ein ungehinderter Zugang für Luftmassen aus westlichen und nördlichen Richtungen. Sewpur (RS 107) ist durch ein ähnliches Kleinrelief gekennzeichnet und liegt etwas nach Osten zurückversetzt in ca. 10 km Entfernung von Chota Tingrai. Die Jahressumme erreicht mit 3.983 mm einen ähnlich hohen Wert.

Es kann davon ausgegangen werden, daß die drei Referenzstationen im Bereich der mittleren Lageposition der Monsunkonvergenz liegen, was während des Sommermonsuns mit sehr hohen Niederschlagsergiebigkeiten verbunden ist (Kap. 5.1.1 und 5.1.2). Daneben fungieren die Stirnseiten der Riedelflächen als orographische Hindernisse, was ebenfalls zu einer Niederschlagserhöhung führt. Dieser kleinräumige Luv-Effekt wirkt sich nicht nur während des Sommermonsuns aus, sondern auch bei den heranziehenden vormonsunalen 'Norwesters' sowie bei den nach- und wintermonsunalen Winden aus nördlichen Richtungen. Sehr bezeichnend ist bei Sewpur (RS 107), Chota Tingrai (RS 125) und Anandabari (RS 119) das Erreichen eines sekundären Niederschlagsmaximums im April, was in den

172

beiden nördlicher gelegenen Stationen RS 125 und RS 119 viel deutlicher ausgeprägt ist. Dies stellt das regenbringende Intensitätsmaximum der 'Norwesters' im April unter Beweis (Kap. 3.4.1 und 5.1.1).

Die sich im Norden anschließende Tieflandstation Dhelakhat (RS 128) befindet sich offensichtlich außerhalb der mittleren Lageposition der Monsunkonvergenz, was insbesondere beim Sommermonsun, im Vergleich zu Sewpur, zu einem Niederschlagsrückgang von fast 900 mm führt. Die Station liegt ebenfalls außerhalb oder nur noch im Randbereich der 'Norwester'-Zugbahnen, was sich anhand des Niederschlagsrückgangs von 42 % andeutet (BORA 1976).

Ca. 10 km weiter nördlich erreicht das Profil C die Station Nalani (RS 127), wo ein Anstieg der annuellen Niederschläge um fast 700 mm erkennbar ist, der sich in fast allen Jahresabschnitten durchsetzt. Mit zunehmender geographischer Breite nehmen die Advektivniederschläge während des Wintermonsuns zu, was sich in Pasighat (RS 212) noch steigert. Im Verlauf des Vormonsuns ist kein sekundäres April-Maximum mehr ausgebildet. Somit entfalten die 'Norwesters' nur noch in eingeschränkter Weise ihre Wirkung. Dafür muß aber ein anderer Regenbringer an Bedeutung zunehmen. Dieses sind die bereits ab Mitte März/Anfang April ausgebildeten Talwinde (Kap. 3.4.5), die sich im äußeren oberen Assam-Tal regenbringend bemerkbar machen. Der unmittelbare Einfluß der Monsunkonvergenz ist nicht mehr häufig gegeben, was aber durch die niederschlagsverursachenden Talwinde mehr als ausgeglichen wird.

Auf der gegenüberliegenden North Bank existieren keine Stationen. Aber anhand der ca. 150 km westlich davon gelegenen Referenzstationen der Profillinie B3 (RS 229 und RS 155) zeigt sich eine entsprechende Zunahme der o.g. Regenbringer. Der Einfluß der niederschlagsbringenden Talwinde scheint sich in östliche Richtung zu verstärken, denn in Pasighat (RS 212) wird eine annuelle Niederschlagssumme von 4.495 mm erzielt, d.h. rund 1.000 mm mehr als in Koilamari (RS 155). Innerhalb des Profils C beträgt der Anstieg der Jahressumme auf einer Strecke von 60 km (Nalani-Pasighat) über 1.700 mm.

Die kombinierte Wirkung der Talwinde mit der thermischen Zirkulation der hochgelegenen tibetischen Heizfläche führt insbesondere in den Nord-Süd verlaufenden Durchbruchstälern des Himalaya zu einem Hineinpressen der Luftmassen, die sich über den ausgedehnten Wasser- und Sumpfarealen des Brahmaputra mit Feuchtigkeit angereichert haben. Die südliche Exposition des Dihang-Tals sowie die an der Talöffnung stattfindende Strömungskonvergenz kräftigt die Talwinde, die sich dabei sogar zum Orkan steigern können (TROLL 1967). Die vergleichsweise hohen Ergiebigkeiten wie auch Häufigkeiten im September unterstreichen die Beständigkeit und lange Andauer der Talwinde. Außer in Pasighat (157 m ü.NN) gibt es keine weiteren Niederschlagsaufzeichnungen aus höher gelegenen Regionen des Dihang-Tals. Das maximale Kondensationsniveau liegt bei 2.000 m ü.NN (TROLL 1967), wo noch mit höheren Jahresniederschlägen gerechnet werden kann.

5.2.7 NIEDERSCHLAGSPROFIL D: TERAI--DOOARS--ASSAM-TAL--ASSAM-HIMALAYA

Nachdem insgesamt sechs Nord-Süd Profile vorgestellt und die darin bestehenden räumlichen Niederschlagsvariationen analysiert worden sind, wird ein West-Ost Profilschnitt die

Betrachtungen abschließen. Das Profil D hat eine Gesamtlänge von annähernd 1.000 km und besteht aus 40 Referenzstationen (Abb. 51, Anhang und 58). Es verläuft vom Terai-Tiefland im Westen entlang der Dooars-Region und erreicht bei Dhubri (RS 181) das untere Assam-Tal. Die mittlere Höhenlage schwankt dabei zwischen 300 m ü.NN (Terai-/Dooars-Tiefland) und 35 m (Dhubri). Weiter in östliche Richtung zieht das Profil durch das gesamte Assam-Tal von West nach Ost und erreicht bei Sankar (RS 2) die beginnende Fußzone des Assam-Himalaya. Der Höhenunterschied von Dhubri (35 m ü.NN) und Sankar (150 m ü.NN) beträgt dabei nur lediglich 115 m auf einer Strecke von über 650 km (Aus diesem Grund wurde auf die Reliefdarstellung in Abb. 58 verzichtet). Von Sankar verläuft die Profillinie in das tief eingeschnittene, West-Ost verlaufende Durchbruchstal Tal des Lohit-Flusses. Tezu (RS 233, 197 m ü.NN) liegt im Bereich der Lohit-Talsohle, wogegen sich Dening (RS 223) am Oberhang der südwestlich exponierten Talflanke in einer Höhenlage von 1.400 m ü.NN befindet.

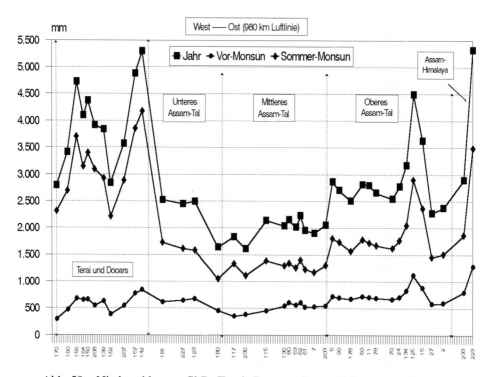

Abb. 58: Niederschlagsprofil D: Terai--Dooars--Assam-Tal--Assam-Himalaya

Im Norden wird die Profillinie D auf der gesamten Länge von den Gebirgsketten des Darjeeling-Himalaya, Bhutan-Himalaya und Assam-Himalaya begleitet (Abb. 6, Anhang). Im Süden sind dies die Höhenzüge des Shillong-Plateaus und der Indisch-Burmesischen Grenzgebirge. Eine Öffnung nach Süden (bis zum Golf von Bengalen) besteht nur im westlichen Teil, wo die Tiefländer von Bengalen und Bangla Desh direkt an das Profil angrenzen. Ferner existieren zwei, ca. 30 - 50 km breite Ausraumzonen von größeren Nebenflüssen des Brahmaputra (Kopili, Dhansiri), die zu einer orographischen Ausbuchtung der umrahmenden Höhenzüge nach Süden führen.

Bei der Auswahl der 40 Stationen wurde besonders darauf geachtet, daß die orographischen Verhältnisse der umrahmenden Gebirgszüge durch möglichst viele Gegensätze sowie Unterschiede gekennzeichnet sind. Deswegen verläuft die Profillinie zum größten Teil durch die South Bank des Brahmaputra. Nur in der Dooars-Region wurde bewußt der maximal mögliche Nordverlauf gewählt, da dort der Bhutan-Himalaya durch zahlreiche Durchbruchstäler tief eingeschnitten ist. Somit ergibt sich eine orographisch differenzierte Südabdachung mit West-Ost verlaufenden, wandförmigen Steilabschnitten und dazwischenliegenden Zugängen in die inneren Gebirgsregionen ('dooars'). Bei der anschließenden klimageographischen Analyse der räumlichen Niederschlagsvariationen werden aus Gründen der Übersicht des öfteren mehrere Stationen zusammengefaßt betrachtet.

Das Profil beginnt in Taipoo (RS 170) mit einer annuellen Jahressumme von 2.787 mm. Die lokal existierenden Lee-Wirkungen sowie der nachlassende Einfluß der Monsunkonvergenz konnten beim Profil A1 (Kap. 5.2.1) an dieser Station eindrucksvoll nachgewiesen werden. In Kailaspur (RS 160), am Ufer der Tista, steigt die Jahressumme um 600 mm an, was insbesondere während des Vor- und Sommermonsuns erkennbar ist. Die Station liegt im Bereich der mittleren Lageposition der Monsunkonvergenz (Kap. 5.2.2).

Von dort aus wird in östlicher Richtung die Dooars-Region erreicht. Die Jahresniederschläge steigen dabei auf Werte zwischen 4.700 mm und 3.800 mm an (RS 156, 164, 150, 208 und 139). Die Lage im Kantenbereich der größtenteils südlich exponierten, die Umgebung um 200 m überragenden Schuttkegel sowie der unmittelbare Steilanstieg des Darjeeling- und Bhutan-Himalaya führen zu einem gewaltigen Staueffekt der aus Süden kommenden Luftmassen (Kap. 5.1.4). Dieses trifft vor allem für die äquatorial-maritimen Strömungen während des Sommermonsuns zu. Aber auch schon während des Vormonsuns kommt es zu regenbringenden Staueffekten der tropisch-maritimen Luftmassen, die einerseits sehr früh und andererseits ungehindert die Dooars-Region erreichen können. Dadurch geht der prozentuale Jahresanteil des Sommermonsuns leicht zurück und liegt unter 80 %.

Dennoch sind räumliche Schwankungen erkennbar, die im Bereich des o.g. Dooars-Abschnitts 900 mm betragen (RS 156 bis RS 139). Bei Geländebegehungen und Geländekartierungen konnte dies durch lokal sehr eng begrenzte Relief- und Expositionsunterschiede hergeleitet werden, derart daß geringere Ergiebigkeiten mit geringeren Hangneigungen im Schuttkegelbereich und mit kleinräumigen Ausraumzonen an der Südabdachung des Bhutan-Himalaya in Verbindung gebracht werden konnten. Ferner spielt die Exposition eine modifizierende Rolle, denn nur bei exakt südlicher Exposition werden die höchsten vor- und sommermonsunalen Niederschläge gemessen (vgl. RS 156 und 150). Eine leichte Abweichung davon bedingt bereits eine Ergiebigkeitsreduzierung. Somit spielen die orographischen Verhältnisse und die damit verbundene unterschiedliche Intensität der Luvwirkungen eine maßgebliche Rolle für die Niederschlagsergiebigkeiten.

Werden die Niederschlagssummen von Referenzstationen südlich der Profillinie D mit in die Betrachtungen integriert (Abb. 51, Anhang), so ergibt sich eine noch bessere Übersicht über die räumlichen Niederschlagsvariationen und deren mögliche Ursachen. Südlich von Sylee (RS 156), der niederschlagsreichsten Station in den westlichen Dooars, werden jährlich über 4.000 mm und während des Sommermonsuns über 3.000 mm erreicht (RS 140, 151, 143). Das bedeutet, daß sich die mittlere Lageposition der Monsunkonvergenz vom Terai-Tiefland (RS 174, 160) ausgehend, wie ein *regenbringendes Band* durch die Dooars-Region zieht (Kap. 5.1.4). Bei den hohen Ergiebigkeiten der Referenzstationen 156 bis 139 spielen, neben dem regenbringenden und häufigen Einfluß der Monsunkonvergenz, die o.g. lokal wirkenden Luv-Effekte eine zusätzlich niederschlagserhöhende Rolle.

Ein weiterer regenbringender Faktor sind die im September gehäuft auftretenden Monsunpausen, wobei sich dabei die Monsunkonvergenz extrem dicht an den Himalaya-Rändern befindet. Dies zeigt sich an den vergleichbar hohen September-Niederschlägen, die nur unwesentlich unter denen des August liegen oder teilweise sogar ein sekundäres Maximum ausbilden (RS 164, 139). Weiter in südliche Richtung (RS 140, 159, 151, 143, 209) sinken die September-Niederschläge deutlich unter die Monatssummen im August, wodurch die Nordlage der Monsunkonvergenz während der Monsunpausen unter Beweis gestellt wird.

Im weiteren Verlauf des Profils gehen die Jahressummen in Rheabari (RS 162) deutlich zurück, was im Vergleich zu Debpara (RS 139) beim Vormonsun fast 250 mm sowie beim Sommermonsun über 700 mm ausmacht und damit eine enorme räumliche Niederschlagsvariation hervorruft. Die Station liegt auf einem 5 km breiten Schwemmfächer des Ammo-Flusses, der ein tief eingeschnittenes Durchbruchstal in den Bhutan-Himalaya geschaffen hat, welches an der Übergangsstelle in die Dooars rund 3 km breit ist. Somit existieren in unmittelbarer Nähe von Rheabari (RS 162) keine orographischen Hindernisse. Der Steilanstieg des Bhutan-Himalaya ist durch die Ausraumzone des Ammo-Flusses rund 20 km zurückverlagert. Der fehlende Luv-Effekt bewirkt ein Rückgang der Jahressumme um 1.000 mm auf einer Distanz von nur 8 km. Der im Vergleich zum August recht hohe September-Wert deutet an, daß die Monsunpausen in Rheabari eine regenbringende Wirkung haben.

Rund 12 bzw. 16 km südöstlich von Rheabari (RS 162) liegen die Referenzstationen RS 144 und 152. Die Jahresniederschläge betragen 3.643 und 4.053 mm. Die Stationen liegen zwar an einem südwestlich exponierten Ausläufer eines Schuttkegels, der aber orographisch mit 20-30 m über der Umgebung nur noch schwach in Erscheinung tritt. Die regenbringende Wirkung geht hauptsächlich von der mittleren Lageposition der Monsunkonvergenz aus, die in den mittleren Dooars nicht ganz am Nordrand verläuft, sondern ca. 10-30 km südlicher davon liegen muß. Die Monsunpausen im September zeigen dabei im Gegensatz zu Rheabari nur noch eine geringe regenbringende Bedeutung, ausgedrückt in den im Vergleich zum August weitaus kleineren Monatssummen. Diese Gegenüberstellung zeigt, daß die fehlenden orographischen Niederschläge sowie die Lage außerhalb der mittleren Position der Monsunkonvergenz für Rheabari (RS 162) einen annuellen Niederschlagsrückgang von rund 1.000 mm bedingen.

In Chuapara (RS 207) steigen die Niederschläge auf 3.570 mm an. Die Station liegt an einem östlich exponierten, ca. 200 m hohen Schuttkegelhang. Im unmittelbaren nördlichen Anschluß erhebt sich der steilwandige Bhutan-Himalaya. Aufgrund der Gebirgsnähe wäre eine höhere Niederschlagssumme zu erwarten gewesen, aber es kann von einem lokal wirkenden Lee-Effekt im Bereich des Schuttkegels ausgegangen werden, was nicht zum Erreichen von einer extrem hohen Niederschlagsergiebigkeit führt (GOSWAMI 1990, mündlich). Bei Geländebegehungen in Chuapara konnte durch Befragung von sieben Dorfbewohnern in Erfahrung gebracht werden, daß kleinbäuerlicher Gemüseanbau nur auf der östlich exponierten Schuttkegelseite möglich ist, da auf der nur ca. 1 km entfernten Luv-Seite die Niederschlagssummen und die Windgeschwindigkeiten angeblich zu hoch sind. Es ist im Gelände stehend schwer vorstellbar, daß solche enormen Niederschlagsvariationen tatsächlich aufgrund sehr kleinräumiger Reliefunterschiede hervorgerufen werden können. Doch die Arbeiten von BÖHM (1966), BORA (1976), DAS (1968), DOMRÖS (1968b, 1969, 1978), FLOHN (1970), IVER (1936), MAHALANOBIS (1927), SARKAR (1979), STARKEL (1972) und YOSHINO (1975) bestätigen dies ebenfalls für andere monsunal beeinflußte Untersuchungsgebiete.

Mit 642 mm wird im September sogar ein sekundäres sommermonsunales Niederschlagsmaximum in Chuapara (RS 207) erreicht. Dieser Wert übertrifft die August-Summe um 144 mm oder um 29 %, was in dieser Höhe überraschend ist. Der Lee-Effekt läßt im Verlauf des Sommermonsuns die monatlichen Ergiebigkeiten noch stärker zurückgehen, da der regenbringende Einfluß der Monsunkonvergenz immer schwächer wird. Während der Monsunpausen rückt jedoch der Monsuntrog dicht an den Himalaya-Rand und bedingt für Chuapara eine solch hohe September-Summe. Weiterhin auffallend sind die vergleichbar geringen Niederschläge während des Nachmonsuns. Regenbringer während des Nachmonsuns sind die anfänglich wehenden, schwachen Südwinde, welche aber durch den lokalen Lee-Effekt nur noch wenig ergiebig sind. Daneben kommt es in der Dooars-Region bei Durchzug von tropischen Zyklonen zu starken Niederschlagsereignissen. Offensichtlich streifen die Zugbahnen der tropischen Zyklone den Bereich um Chuapara nur äußerst selten, was bei Befragungen von acht Vorarbeitern in den benachbarten Teeplantagen ebenfalls bestätigt wurde.

In Jainti (RS 157) und Rydak (RS 142) herrschen ähnliche orographische Verhältnisse wie in Sylee (RS 156). Ebenso scheint die mittlere Lage der Monsunkonvergenz in den östlichen Dooars weiter nördlich zu liegen, was insbesondere die Station Rydak (RS 142) regenbringend beeinflußt. Dort wird eine annuelle Niederschlagssumme von 5.300 mm gemessen. Jainti (RS 157) liegt direkt am Himalaya-Rand, profitiert daher nicht mehr ganz so stark vom unmittelbaren und häufigen Einfluß der Monsunkonvergenz, was aber durch den gewaltigen orographischen Staueffekt der Luftmassen nahezu ausgeglichen wird (4.900 mm Jahresniederschlag).

Die Profillinie D verläuft von Rydak (RS 142) in südöstliche Richtung und erreicht das untere Assam-Tal mit den am Brahmaputra-Ufer liegenden Referenzstationen 181, 227, 123 und 180. Die Jahresniederschläge gehen dabei im Vergleich zu Rydak um 53-70 % zurück. Bei der saisonalen Betrachtung fällt auf, daß der Sommermonsun am meisten davon betroffen ist. Mit zunehmender östlichen Richtung nehmen die sommermonsunalen Ergiebigkeiten immer weiter ab und erreichen in Gauhati (RS 180) mit 1.048 mm das Minimum der Profillinie D. Die aus Süden kommenden äquatorial-maritimen Luftmassen können das untere Assam-Tal (wie auch das mittlere und obere Assam-Tal) nicht mehr auf direktem Wege erreichen, da das gesamte Shillong-Plateau ein orographisches Hindernis darstellt. Einer der Gründe für die sinkenden Ergiebigkeiten während des Sommermonsuns ist somit die zunehmende Lee-Wirkung des Shillong-Plateaus. Ein weiterer Grund ist die Monsunkonvergenz, deren mittlere Lageposition sich auf der North Bank befindet (Kap. 5.1.3), was für die South Bank-Stationen der Profillinie nur von abgeschwächter regenbringender Bedeutung ist.

Beim Vormonsun kehrt sich die Situation um, denn die Niederschlagssummen nehmen nach Osten hin zu und sind in Simlitola (RS 123) mit 677 mm sogar höher als in den meisten Dooars-Stationen. Gauhati (RS 180) verzeichnet zwar eine im Vergleich zu Simlitola geringere absolute Niederschlagssumme während des Vormonsuns, aber der prozentuale Anteil von fast 28 % zeigt, daß auch hier die Bedeutung zunimmt. Die Regenbringer während dieses Jahresabschnitts sind die 'Norwesters', deren Wirkung nach Osten hin zunimmt und im oberen Assam Tal das Ergiebigkeitsmaximum erreichen (Kap. 5.1.1). Die Nordabdachung des Shillong-Plateaus bewirkt für die durchziehenden 'Norwesters' einen niederschlagsverursachenden Luv-Effekt.

Gopal Krishna (RS 117) liegt im weiteren Verlauf des Profils etwas weiter südlich als Gauhati (RS 180), also noch weiter von der mittleren Lageposition der Monsunkonvergenz entfernt, erhält aber rund 300 mm oder 27 % mehr sommermonsunale Niederschläge als Gauhati. Aufgrund der wesentlich breiteren South Bank können sich Talwinde entwickeln, die sich an der unmittelbar südlich von Gopal Krishna aufragenden Südabdachung des Shillong-Plateaus ausregnen. Die von der Talsohle nach Süden ausgerichteten Talwinde sind zwar weitaus schwächer als die zum Himalaya wehenden Talwinde, entfalten aber dennoch spürbar ihre regenbringende Wirkung. Diese geht aber in Chaparamukh (RS 230) um über 200 mm (17 %) zurück, da aufgrund der breiten Ausraumzone des Kopili die zum Stau-Effekt notwendigen orographischen Hindernisse im unmittelbaren südlichen Anschluß fehlen.

Die Profillinie setzt sich in der Fußzone der Rengma-Berge fort. Im nordwestlichen Teil sind dies RS 115 und im nordöstlichen Teil RS 130, 80, 53, 62, und 61. Es zeigt sich, daß die Jahresniederschläge wieder auf 2.000 und 2.200 mm ansteigen. Der regenbringende Einfluß der 'Norwesters' wird mit Annäherung an das obere Assam-Tal stärker. Bei einer nördlichen oder nordwestlichen Exposition und bei gleichzeitig gebirgsnaher Lage der Stationen (RS 80 und 62) werden die höchsten Saisonniederschläge erreicht. Gleiches gilt auch für den Sommermonsun, was dabei durch die größere regenbringende Wirkung der Talwinde verursacht wird. Dazu kommt noch die Enge des Brahmaputra-Tals, was eine nähere Lage zur Monsunkonvergenz bedingt. In Koomtai (RS 7) wird die ca. 30 km breite Ausraumzone der beiden Brahmaputra-Nebenflüsse Dhansiri und Diyung erreicht, was insbesondere während des Sommermonsuns zu einem Rückgang der Ergiebigkeiten führt. Eine ähnliche Situation der fehlenden orographischen Hindernisse im unmittelbaren südlichen Anschluß konnte bereits für Chaparamukh (RS 230) festgestellt werden.

In östliche Richtung steigen die vor- und sommermonsunalen Niederschläge deutlich an (RS 203). In Meleng (RS 5) verläuft das Profil durch die mittlere Lageposition der Monsunkonvergenz, die den Brahmaputra zwischen RS 205 und RS 203 überquert hat (Kap. 5.2.5). Dies führt zu einem deutlichen Anstieg der Jahresniederschläge, die im weiteren Verlauf des Profils stets über 2.500 mm liegen (RS 90, 178, 60, 11 und 78). Anhand der auftretenden räumlichen Variationen während des Sommermonsuns (Sibsagar, RS 178) zeigt sich, daß die mittlere Lageposition der Monsunkonvergenz nicht geradlinig in Richtung des oberen Assam-Tals verläuft. Da die Saisonsummen südlich der Profillinie (RS 95, 3, 116 und 31) niedriger sind, kann davon ausgegangen werden, daß die Monsunkonvergenz eher in Südufernähe des Brahmaputra verläuft. Die vergleichbar hohen Ergiebigkeiten bei RS 124, 87 und 177 deuten dies an. Mit zunehmender östlichen Richtung steigen auch die vor- und wintermonsunalen Niederschläge an (Kap. 5.1.1 und 5.1.2).

Das Profil erreicht in Dirial (RS 70) den inneren Teil des oberen Assam-Tals. Weiter in östliche Richtung folgen die spornartigen Ausläufer der Riedelflächen, welche als kleinräumige orographische Hindernisse fungieren und die Ergiebigkeiten in allen Jahresabschnitten ansteigen lassen. Die lokalen Luv-Effekte in Verbindung mit der mittleren Lageposition der Monsunkonvergenz führen zu extrem hohen Niederschlagssummen, was insbesondere in Chota Tingrai (RS 125) verwirklicht ist (Kap. 5.1.2 und 5.2.6). Die Zugbahnen der 'Norwesters' verlaufen offensichtlich ebenfalls im Bereich des inneren oberen Assam-Tals, was durch die anwachsenden Saisonniederschläge dokumentiert wird (RS 24 bis RS 15). Das Erreichen eines sekundären Niederschlagsmaximums im April bei fast allen Stationen unterstreicht diese Lokalisierung der 'Norwester'-Zugbahnen.

Im weiteren östlichen Verlauf der Profillinie scheint es einerseits einen Lee-Effekt zu geben, denn die Niederschläge sinken deutlich ab, von 4.494 mm (RS 125) auf 2.376 mm (RS 27). Andererseits muß aber auch der direkte Einfluß der Monsunkonvergenz geringer bzw. seltener werden, da eine sommermonsunale Schwankung von rund 1.400 mm auf 30 km nicht alleine durch die Lee-Wirkung von ca. 50 m höheren Riedelflächen hervorgerufen werden kann (BORA 1992, mündlich). Für die im südöstlichen Teil des oberen Assam-Tals gelegene Station Margherita-Village (RS 204) fiel der hohe Anteil von Niederschlagsereignissen bei Windstillen auf, was auf die häufige Nähe der Monsunkonvergenz schließen läßt (Kap. 5.1.1). Dies bedeutet, daß die mittlere Lageposition der Monsunkonvergenz von Chota Tingrai (RS 125) und Dhoedaam (RS 15) somit nicht geradlinig nach Osten verläuft, sondern häufiger nach Südosten ausschert. Bei Betrachtung der sommermonsunalen Summen und Variationen aller Referenzstationen im oberen Assam-Tal kann keine eindeutige regionale Niederschlagserhöhung festgestellt werden, welche auf eine mittlere Lageposition hinweisen würde. Somit scheint die Lage der Monsunkonvergenz im äußersten oberen Teil des Assam-Tals, dem sog. 'Sack von Assam' sehr variabel und veränderlich zu sein.

Der seltene direkte Einfluß der Monsunkonvergenz zeigt sich in Doom Dooma (RS 27), wo die Niederschlagsergiebigkeiten durch ein lokales Minimum im oberen Assam-Tal gekennzeichnet sind. In Sankar (RS 2) dagegen nehmen die Niederschläge wieder in allen Jahresabschnitten zu. Das Relief steigt langsam an, und durch die Nähe zu den umrahmenden Gebirgen wird Sankar durch die Talwinde beeinflußt, was sich insbesondere während des Sommer- und Nachmonsuns niederschlagserhöhend auswirkt. In östliche Richtung verläuft das Profil D in das Lohit-Tal (Abb. 6: 17, Anhang) hinein und erreicht die Stationen Tezu (RS 233) und Dening (RS 223). Tezu liegt am Unterhang der südwestlich exponierten Talflanke des Lohit-Flusses in ca. 200 m ü.NN und Dening in 1.400 m ü.NN am Oberhang der gleichen Talflanke in nur 15 km Entfernung. Es handelt sich dabei um den Übergangsbereich des Assam-Himalaya in die Indisch-Burmesischen Grenzgebirge (Patkai-Berge).

Bei der Gegenüberstellung der Niederschlagssummen an den beiden Stationen zeigt sich in besonders eindrucksvoller Weise die regenbringende Wirkung und damit auch die Bedeutung der Talwinde (Kap. 5.1.2). Das Lohit-Tal ist durch eine trockene Talsohle gekennzeichnet mit geschätzten annuellen Niederschlagssummen von 1.300 mm (GOSWAMI 1990, mündlich). Diese Tendenz konnte auch bei einer Geländebegehung festgestellt werden, denn der Großteil der landwirtschaftlichen Nutzflächen befindet in den Hangbereichen.

Die Ergiebigkeiten der Talwinde steigen mit zunehmender Meereshöhe an und erreichen in Dening die bereits beschriebenen und analysierten Ergiebigkeiten (Kap. 5.1.2).

Ein sehr interessanter Aspekt ergibt sich bei der Gegenüberstellung von Pasighat (RS 212) und Tezu (RS 233). Beide Stationen liegen an Unterläufen von großen Himalaya-Durchbruchstälern (Dihang und Lohit) in ähnlicher Höhenlage zwischen 150 und 200 m ü.NN. Die annuellen Niederschläge betragen jedoch 4.494 mm (Kap. 5.1.1 und 5.2.6) und 2.892 mm, was eine annuelle Differenz von rund 1.600 mm ergibt. Während des Sommermonsuns sind dies fast 1.300 mm. Aufgrund der richtungsgleichen Saugwirkung des Hochlands von Tibet erfolgt beim Nord-Süd verlaufenden Durchbruchstal des Dihang eine Stärkung der Talwinde, die förmlich in das Dihang-Tal hineingepreßt werden und bereits in Pasighat (RS 212) zu enormen Ergiebigkeiten führen. Beim Ost-West verlaufenden Lohit-Tal kann die o.g. Saugwirkung nur eingeschränkt wirken, so daß in Tezu (RS 233) die Talwinde in Verbindung mit den Hangaufwinden ohne die überregionale Saugwirkung auskommen müssen. Daher sind die Konvektionsniederschläge vergleichbar weniger ergiebig.

Dening (RS 223) liegt in 1.400 m ü.NN und ist durch eine annuelle Niederschlagssumme von 5.317 mm gekennzeichnet. Vegetationskartierungen ergaben für das Lohit-Tal ein Üppigkeitsmaximum der 'Wolkenwälder' in 1.600-1.700 m ü.NN (SCHWEINFURTH 1957 und TROLL 1959, 1967). Dies bedeutet, daß die maximalen Niederschlagsergiebigkeiten sogar noch über 5.300 mm liegen dürften. Sie werden auf 5.800 mm geschätzt (BORA 1992, mündlich). Im Dihang-Tal dagegen beträgt die annuelle Niederschlagssumme in 157 m ü.NN bereits 4.495 mm (Pasighat, RS 212). Das maximale Kondensationsniveau liegt in ca. 2.000 m ü.NN (TROLL 1967), wo somit noch mit höheren Jahresniederschlägen gerechnet werden kann (Kap. 5.2.6). Leider existieren in dieser Höhenlage keine Stationen. Bei Befragungen des Leiters der Klimastation von Pasighat (RS 212) sowie verschiedener Agrarklimatologen der Assam Agricultural University in Jorhat rangierten die Schätzungen bezüglich der annuellen Niederschlagssumme von 6.500-8.000 mm, was aber nicht weiter bewiesen werden kann. Hier besteht noch enormer Forschungsbedarf sowie wissenschaftliche Herausforderung in diesen politisch fast unzugänglichen Gebirgsregionen von Arunachal Pradesh.

5.3 Bewertung des Monsuns als Regenbringer für das Untersuchungsgebiet

In Anlehnung an die Arbeiten von DOMRÖS (1972, 1978 und 1989) wird die Frage nach der Rolle des Monsuns als Regenbringer untersucht. Im Mittelpunkt steht dabei die Frage inwieweit der Begriff "Regenzeit" für die einzelnen Jahresabschnitte zutrifft und durch welche Vorgänge in der Troposphäre die Monsunniederschläge verursacht werden. Dabei wird auch der Fragenkreis erörtert, ob neben dem Monsun noch andere Regenbringer existieren. Anhand der saisonalen Niederschlagssummen sowie ihrer prozentualen Anteile an der Jahressumme wird die Rolle des Monsuns als Regenbringer nach verschiedenen Regionen Nordostindiens bewertet (Tab. 9).

Grundlage ist das Verständnis des Monsuns als Teil der allgemeinen Zirkulation der Atmosphäre (FLOHN 1956 und 1960), bestehend aus einem jahreszeitlich alternierenden Windpaar, das im Sommer aus den äquatorialen Westwinden (Sommermonsun, Südwestmonsun) und im Winter aus den tropischen Ostwinden (Wintermonsun, Nordostmonsun) besteht. Das Wind- und Niederschlagsregime des vier-monatigen Sommermonsuns sowie des drei-monatigen Wintermonsuns decken zeitlich über die Hälfte des Jahres ab. Es stellt sich darüber hinaus die Frage, welche Bedeutung die Niederschlagsereignisse während des Vor- und Nachmonsuns haben und welche Vorgänge dabei für die Niederschläge verantwortlich sind. Trotz des irreführenden Namens müssen sie zu den Monsunzeiten gerechnet werden, da die äquatorialen Westwinde und die Passate dynamisch aneinandergrenzen (und keine "Lücke" zwischen den beiden ist). Aus den beiden Winden resultiert der abwechselnd gebildete Monsun - einschließlich der beiden Übergangsjahreszeiten (= Vor- bzw. Nachmonsun), in dieser unglücklichen Bennenung auf den Sommermonsun bezogen. Die klare zeitliche Abgrenzung der Jahresabschnitte und somit auch der saisonalen Niederschlagssummen ist gerechtfertigt, denn "der Wechsel ist in Indien viel abrupter und krasser ausgebildet als in Sri Lanka" (DOMRÖS 1989, p 88).

Tab. 9: Saisonale Niederschlagssummen und prozentuale Anteile an der Jahressumme für die einzelnen Niederschlagsregionen in Nordostindien

Niederschlagsregion	Typ	Winter-Monsun		Vor-Monsun		Sommer-Monsun		Nach-Monsun	
		mm	%	mm	%	mm	%	mm	%
Gesamtindien		35	3	93	9	838	78	106	10
NO-Indien		78	3	628	23	1.890	68	176	6
A1	2	116	4	695	25	1.764	64	183	7
Oberes Assam-Tal &	3	91	4	596	25	1.520	64	156	7
Fußzone der Randgebirge &	5	155	4	862	25	2.194	64	226	7
Sikkim	8	118	4	641	21	2.079	69	164	6
A2	9	235	5	1.198	24	3.192	65	280	6
Assam-Himal. & N-Sikkim	13	154	13	259	21	708	57	105	9
B1a	1	55	3	515	24	1.375	66	142	7
Mittl. & unteres Assam-Tal	7	33	2	302	21	1.016	70	104	7
B1b	10	42	1	405	13	2.536	81	159	5
Darjeeling & Tiefländer	11	48	1	633	15	3.289	78	232	6
B2a	12	75	1	2.255	21	8.012	74	527	4
Südkante Shillong-Plateau	14	38	0	1.980	18	9.182	80	207	2
B2b	4	63	2	738	29	1.587	61	202	8
Barak-Tal	6	78	2	1.117	29	2.359	61	287	8

708	9.182

niedrigste - höchste Ausprägung

Anhand der annuellen Niederschlagsvariationen für Nordostindien zeigt sich, daß der Sommermonsun mit 68 % Jahresanteil deutlich als Regenbringer hervortritt, während der Wintermonsun mit 3 % nur eine sehr geringe Rolle als Regenbringer spielt (Tab. 5.1). Die Anteile der intermonsunalen Niederschläge des "Vor-" und "Nachmonsuns" betragen zusammen 29 %, wobei der Vormonsun durch eine vergleichbar hohe regenbringende Wirkung gekennzeichnet ist (23 %). Für Gesamtindien gilt mit 78 % ein noch höherer Anteil der sommermonsunalen Niederschläge. Beim Vormonsun ist die regenbringende Wirkung mit nur 9 % sogar geringer als die des Nachmonsuns. Werden jedoch die absoluten saisonalen Niederschlagssummen verglichen, so wird der Niederschlagsreichtum im Untersuchungsgebiet mehr als deutlich. Die Niederschlagsergiebigkeit während des Sommermonsuns übertrifft dabei die von Gesamtindien um 125 %, und beim Vormonsuns sind es sogar fast 600 %.

Die Reihenfolge der anschließenden saisonalen Betrachtungen richtet sich nach der regenbringenden Bedeutung der einzelnen Jahresabschnitte, so daß nach dem Sommermonsun (68 %) der Vor- und Nachmonsun (29 %) und am Ende der Wintermonsun (3 %) folgt.

5.3.1 SOMMERMONSUN

Die prozentualen Anteile der Sommermonsunregen an der Jahressumme liegen in allen Niederschlagsregionen des Untersuchungsgebiets deutlich über 50 %, was diesen Jahresabschnitt als äußerst niederschlagsergiebig charakterisiert und somit die Bezeichnung "Regenzeit" rechtfertigt (Tab. 9). Die Niederschlagsanteile schwanken zwischen 57 und 81 %. Die enormen räumlichen Variationen werden durch die absoluten Niederschlagssummen verdeutlicht, die von 9.182 mm (Typ 14) bis 708 mm (Typ 13) reichen und somit eine Schwankungsbreite von 8.474 mm ergeben. DOMRÖS (1972) konnte für Sri Lanka anhand der gleichzeitig höchsten absoluten und relativen Niederschläge diejenigen Gebiete lokalisieren, in denen der Monsun die größte Bedeutung als Regenbringer hat. Im Untersuchungsgebiet entspricht jedoch die höchste Niederschlagssumme nicht in jedem Fall auch dem höchsten Anteil. Bei den vorangegangenen Analysen der räumlichen und zeitlichen Niederschlagsvariationen konnten während des Sommermonsuns eine Reihe niederschlagsverursachender sowie -verstärkender Vorgänge nachgewiesen werden.

Eine übergeordnete Rolle spielt dabei die randmonsunale Lage des Untersuchungsgebiets. Dadurch kommt es zu keinem vollständigen Durchzug der Innertropischen Konvergenzzone, wie dies für die Insel Sri Lanka sowie für Südindien zweimal im Jahr der Fall ist (DOMRÖS 1989). Im Juni erreicht der Monsuntrog den Süden des Untersuchungsgebiets, d.h. Teile des Tieflands von Bengalen und Bangla Desh sowie die Südabdachung des Shillong-Plateaus und das Barak-Tal (Niederschlagsregionen B2a und B2b). Wie gezeigt wurde, erreicht dann im Juli die Monsunkonvergenz ihre nördlichste Position in den vorgelagerten Tiefländern des Darjeeling-Himalaya (Terai und Dooars) und im gesamten Assam-Tal. Somit ist lediglich der o.g. südliche Teil des Untersuchungsgebiets durch einen vollständigen Durchzug der Monsunkonvergenz gekennzeichnet. Dieser findet im Juni statt und ist dabei gleichzeitig mit den höchsten annuellen Niederschlägen verbunden (Konvektionsniederschläge).

Die äquatorial-maritimen Monsunwinde folgen erst Ende Juni/Anfang Juli, woraus aber eine geringere Niederschlagsergiebigkeit resultiert. Nach Erreichen des annuellen Maximums im Juni gehen die Monatssummen im Juli zwar deutlich zurück, nicht aber die Niederschlagshäufigkeit, die sich in der Anzahl der Regentage ausdrückt. Das Maximum im Juli zeigt, daß die Sommermonsunwinde durch orographische Staueffekte häufig zur Kondensation gezwungen werden. Die Niederschläge gehen im August und September weiter zurück, was die nur relativ kurze Andauer der Sommermonsunregen zum Ausdruck bringt.

Wird die Frage nach dem sommermonsunalen Regenbringer im Assam-Tal und im nördlich davon angrenzenden Himalaya gestellt, so muß die Antwort lauten, daß es sich dabei überwiegend um Konvektionsniederschläge handelt, welche durch den direkten Einfluß der Monsunkonvergenz hervorgerufen werden. Es konnte gezeigt werden, daß sich die mittlere Lageposition der Troglinie in der North Bank des unteren und teilweise mittleren Assam-Tals befindet, so daß lediglich die schmale South Bank in diesem Talabschnitt von den äquatorial-maritimen Monsunwinden beeinflußt wird. Im Luv der orographischen Hindernisse (Shillong-Plateau, Indisch-Burmesische Grenzgebirge) hat jedoch der Sommermonsun vor Erreichen des Assam-Tals den größten Teil seiner Feuchtigkeit bereits abgegeben. Es kommt sogar zu einem Föhneffekt, der für die betroffenen Gebiete der South Bank (Region B1a) einen deutlichen Niederschlagsrückgang bedingt. Somit können sich auch hier die Sommermonsunwinde nicht als Regenbringer durchsetzen. Aufgrund der Nähe zum Monsuntrog erreichen die starken Konvektionsniederschläge auf der North Bank zur gleichen Zeit weitaus größere Ergiebigkeiten und können somit als die maßgeblichen Regenbringer während des Sommermonsuns angesehen werden, was auch im Rahmen der Profiluntersuchungen gezeigt wurde.

Während des Sommermonsuns bewirkt die enorme Saugwirkung des Hochlands von Tibet, daß die ganztägigen Tal- und Hangaufwinde an der Himalaya-Südabdachung sowie in den inneren Gebirgsregionen entscheidend verstärkt werden und somit eine wichtige regenbringende Bedeutung für den Nordteil des Untersuchungsgebiets haben. Mit zunehmender Höhe steigen auch die Niederschlagssummen und erreichen im Kondensationsniveau maximale Ergiebigkeiten. Der sommermonsunale Regenbringer ist dabei die Kombination der Talwinde mit der thermischen Zirkulation der hochgelegenen Heizfläche von Tibet.

Die extrem niederschlagsreiche Region B2a (Typ 12 und 14) im Bereich der Südkante des Shillong-Plateaus ist durch ein einzigartiges Zusammenwirken mehrerer Regenbringer charakterisiert. Zu Beginn des sommermonsunalen Jahresabschnitts sind es die Konvektionsniederschläge bei Durchzug der Monsunkonvergenz (Juni) und ab Juli die äquatorial-maritimen Monsunwinde, die durch die orographische Stauwirkung des steilwandigen Shillong-Plateaus zum Aufsteigen und daraus bedingten Kondensation gezwungen werden. Die Untersuchung ergab, daß die Höhenlage von ca. 1.300 m ü.NN dabei noch eine besondere Rolle spielt, da sich dort das maximale Kondensationsniveau befindet. Das Shillong-Plateau ist darüber hinaus für die äquatorial-maritimen Luftmassen aus dem Indischen Ozean und dem Golf von Bengalen das erste größere orographische Hindernis. Dies gilt auch für die im Bereich des Golfs von Bengalen gebildeten Monsundepressionen. Das seenreiche Tiefland von Bangla Desh sorgt dabei zusätzlich für den hohen Sättigungsgrad der Luft.

Nach Rückzug der Monsunkonvergenz aus dem Assam-Tal bewirkt die Heizwirkung des Shillong-Plateaus selbst in Verbindung mit der des Hochlands von Tibet einen Sog, wodurch es zur Ausbildung von Talwinden bzw. Hangaufwinden im Bereich der südlich exponierten Plateaukante kommt. Dieses bewirkt die sehr hohen Ergiebigkeiten am Ende des Sommermonsuns, die noch bis in den Nachmonsun hinein anhalten. Die dabei angesaugte Luft ist tropisch-maritimen Ursprungs (Golf von Bengalen, nördlich des Äquators) und nicht mehr äquatorial-maritim (Indischer Ozean, südlich des Äquators). Dies bedeutet, daß es sich nicht mehr um Monsunwinde handelt.

Bei einer Gegenüberstellung der sommermonsunalen Regenbringer und deren Ergiebigkeiten ergibt sich für Cherrapunji (T 12) wie auch für Mawsynram (T 14), daß die Monsunwinde (Juli und August) mit 53 % durch einen den dominierenden Anteil am Sommermonsun gekennzeichnet sind. Der Rest verteilt sich auf die Monsunkonvergenz (Juni) und die Tal- und Hangaufwinde (September). Diese Methode zur quantitativen Abschätzung der monsunalen Regenbringer und die damit verbundenen monsunalen Niederschlagsarten soll lediglich als eine überschlägige Annäherung verstanden werden.

Die Niederschlagsregion B1b ist im Bereich der Dooars (T 11) durch sehr hohe Ergiebigkeiten gekennzeichnet. Während der sommermonsunalen Regenzeit fallen rund 78 % der annuellen Niederschlagssumme. Es konnte gezeigt werden, daß die Monsunkonvergenz in dieser Region ihre nördlichste Position erreicht und von Ende Juni bis Anfang September heftige Niederschläge verursacht. Der Niederschlagsanteil dieser Zenitalregen beläuft sich auf 67 %. Während der Monsunpausen wandert die Troglinie in den Bereich der Himalaya-Südabdachung, und über den Dooars wehen dann die äquatorial-maitimen Monsunwinde, deren Niederschlagsanteil dabei aber unter 10 % liegt. Ganz am Anfang und am Ende der Regenzeit sind es die tropisch-maritimen Südwinde, die infolge von Abbremsung und Staueffekt der nahegelegenen Himalaya-Ränder die restlichen Niederschlagsanteile erbringen.

Im Darjeeling-Himalaya und den vorgelagerten Tiefländern (T 10) wird mit 81 % zwar der höchste Niederschlagsanteil an der Regenzeit erzielt, jedoch nicht die höchste Ergiebigkeit. Das von DOMRÖS (1978) aufgezeigte Problem des unrealistischen Gebietsmittels in der Himalaya-Gebirgsregion spielt dabei eine wichtige Rolle, da enorm große räumliche Variationen auftreten. Im Terai-Tiefland herrschen ähnliche Niederschlagsverhältnisse wie in den Dooars. An der Südabdachung (Ghoom-Hauptkamm) steigen die Niederschlagssummen bis zum Erreichen des Kondensationsmaximums in 1.300-1.600 m ü.NN rapide an. Ursache dafür sind dynamische Hebungen der Luftmassen, welche durch die ganztägig wirkenden Tal- bzw. Hangaufwinde nach Norden transportiert werden. In den inneren Gebirgsregionen entstehen dadurch trockene Talsohlen und sehr feuchte Oberhänge und Kammbereiche. Die Monsunkonvergenz und die Monsunzyklonen erreichen diese Regionen nicht mehr, so daß die o.g. Tal- und Hangaufwinde als monsunale Regenbringer dominieren. Die enorme räumliche Niederschlagsdifferenzierung erfolgt dabei durch die komplexen Luv- und Lee-Effekte in den inneren Gebirgsbereichen, was anhand der Niederschlagsprofile gezeigt werden konnte.

Die in Richtung der tibetischen Heizfläche angesaugten Luftmassen sind größtenteils äquatorial-maritimen Ursprungs und enthalten aufgrund der überdurchschnittlich warmen oberen Troposphäre (um ca. 5 °C, Kap. 3.4.5) weitaus mehr 'regenbares Wasser' als z. Bsp. eine gesättigte Luft über den südwestindischen West-Ghats. Dies führt zu den extrem hohen Ergiebigkeiten der Tal- und Hangaufwinde. Der äquatorial-maritime Charakter der Luftmassen geht mit zunehmender geographischer Breite immer mehr verloren. Die Feuchtigkeit für die aufsteigenden Talwinde stammt bei den Nord-Süd verlaufenden Durchbruchs-tälern aus der Terai-Region, wogegen sie bei den Ost-West verlaufenden Tälern überwiegend aus den Verdunstungsvorgängen im Bereich der Talsohle resultiert. Dies führt dann auch zum o.g. Rückgang der sommermonsunalen Ergiebigkeiten in nördliche Richtung.

Die Niederschlagsregion A2 ist im Bereich des Assam-Himalaya (T 9) mit 3.192 mm durch eine hohe Saisonsumme bei einem aber vergleichbar niedrigen Jahresanteil von 65 % gekennzeichnet. Die Situation in der Teilregion Dening (RS 223), am Oberhang des Lohit-Tals (1.400 m ü.NN), ist mit der im Darjeeling-Himalaya vergleichbar. Bei den sommermonsunalen Regenbringern handelt es sich überwiegend um die Tal- und Hangaufwinde. In der anderen Teilregion um die "Feuchtinsel" Chota Tingrai (RS 125) sind es zu ca. 80 % die Konvektionsniederschläge bei unmittelbarem Einfluß der Monsunkonvergenz. Die Niederschlagsergiebigkeiten werden beim zyklonalen Einströmen noch durch die exponierte Lage an der Stirnseite einer Riedelfläche erhöht.

Die dominierende Wirkung der sommermonsunalen Konvektionsniederschläge als Regenbringer gilt auch für die Niederschlagsregion A1 im oberen Assam-Tal und in den angrenzenden Fußzonen der umrahmenden Gebirge (T 2, 3, 5, 8). In der Nähe der Fußzonen nimmt die regenbringende Wirkung der Talwinde zu, die sich unmittelbar nach Durchzug der Monsuntiefs ausbilden. Die Feuchtigkeit stammt dabei von den nahegelegenen Wasserflächen des Brahmaputra. Anhand der Niederschlagsprofile konnte gezeigt werden, daß die regenbringende Wirkung auf der North Bank höher ist als auf der South Bank, was durch die nach Norden gerichtete Saugwirkung des Hochlands von Tibet verursacht wird. Aufgrund bisher noch nicht vorhersagbarer Lageveränderungen der Monsunkonvergenz kommt es auf deren Südseite zum kurzzeitigen Einfluß von Monsunwinden, die aber durch den Lee-Effekt der Indisch-Burmesischen Grenzgebirge und der Rengma-Berge weitgehend ihren maritimen Charakter verloren haben. Ihr Ergiebigkeitsanteil liegt unter 10 %.

Im Barak-Tal (T 4 und 6) werden mit 61 % mit die niedrigsten Anteile an der Regenzeit erreicht, was durch die hohen vormonsunalen Niederschlagssummen verursacht wird. Dennoch betragen die absoluten Saisonsummen im nördlichen Teil des Barak-Tals über 2.300 mm. Im Juni ist der Regenbringer die Monsunkonvergenz, wobei auch das annuelle Maximum erzielt wird. Der Anteil an der gesamten Regenzeit beträgt 29 %. Die Ergiebigkeiten sind im südlichen Talbereich (T 4) weitaus geringer, was durch die Randlage zur Monsunkonvergenz einerseits und durch das Gefälle nach Norden mit adiabatischer Erwärmung der zum tiefem Druck strömenden Luftmassen andererseits bedingt ist (Anteil: 27 %).

Im Juli und August herrschen im Barak-Tal größtenteils Monsunwinde vor, die in Richtung der im Assam-Tal liegenden Monsunkonvergenz wehen. Sie führen im nördlichen Talbereich (T 6) durch den orographisch verursachten Luv-Effekt der Barail-Kette zu großen Ergiebigkeiten und erbringen einen Anteil von 51 % an der Regenzeit. Durch die Leelage der südlichen Talflanke (T 4) sind die Monatssummen deutlich kleiner. Die Monsunwinde tragen durch den Föhneffekt nur noch abgeschwächt zu den Niederschlagssummen bei. Die Rolle als Regenbringer übernehmen die nachgewiesenen Tal- und Hangaufwinde. Im September gilt dies auch für den nördlichen Teil des Barak-Tals (T 6), wo nur noch die Talwinde als Regenbringer fungieren und einen Anteil von 20 % an der Regenzeit erzielen.

Im mittleren und unteren Assam-Tal (T 1 und 7) werden vergleichbar geringe Niederschlagssummen während des sommermonsunalen Jahresabschnitts registriert. Für die North

Bank (T 1) fungieren im Juni die Talwinde als Regenbringer sowie im Juli und August die Monsunkonvergenz. Der Anteil der Monsunwinde liegt dabei unter 20 %. Nur in den weit südlich gelegenen Ausraumzonen des Kopili und Dhansiri, die sich dadurch immer südlich der Monsunkonvergenz befinden, steigt der Anteil der Monsunwinde als Regenbringer auf ca. 60 %. Jedoch ist deren Ergiebigkeit durch die Lee-Wirkung der Barail-Kette sowie der Rengma- und Naga-Berge gering. Der Typ 7 verzeichnet mit 1.010 mm noch geringere Niederschläge, wobei aber der prozentuale Anteil mit 70 % vergleichbar hoch ist. Die Teilregion um Gauhati (RS 180, 193 und 117) im unteren Assam-Tal ist, wie bereits zu Beginn angedeutet, durch einen Föhneffekt mit Leelage durch das Shillong-Plateau gekennzeichnet. Die mittlere Lageposition der Monsunkonvergenz befindet sich fast während der gesamten Regenzeit nördlich der betrachteten Region und führt dadurch nur zu einer geringen regenbringenden Wirkung. Somit wehen von Mitte Juni bis Mitte September die Monsunwinde.

Für jede der o.g. Stationen wurde die Anteile der sommermonsunalen Regenbringer berechnet, wobei jeweils zur Hälfte die jeweiligen Monatssummen im Juni und September berücksichtigt worden sind. Diese Vorgehensweise führt zu dem Ergebnis, daß die Monsunwinde für die Stationen Gauhati (RS 180), Bhorjar (RS 193) und Gopal Krishna (RS 117) einen Niederschlagsanteil von 77-79 % erbringen und somit als maßgebliche Regenbringer angesehen werden können. Allerdings ist deren Niederschlagsergiebigkeit durch den Windschatteneffekt des Shillong-Plateaus abgeschwächt.

Nordsikkim (T 13) ist durch die geringste absolute wie auch relative Niederschlagssumme während der Sommerregenzeit gekennzeichnet. Die Untersuchung konnte zeigen, daß es sich überwiegend um Advektivniederschläge durch Ausläufer der außertropischen Westwinddrift. Sie sind zwar durch sehr große Häufigkeiten, bei gleichzeitig aber sehr geringen Ergiebigkeiten gekennzeichnet. Daneben fungieren die Tal- und Hangaufwinde als Regenbringer, die aber aufgrund der Höhenlage ebenfalls nur noch wenig ergiebig sind.

Fazit:

Aufgrund der vorangegangenen Betrachtungen konnte gezeigt werden, daß es sich während des Sommermonsuns um mehrere monsunale Niederschlagsarten handelt. Als Regenbringer dominieren in den Tiefländern Nordostindiens die sehr ergiebigen Konvektionsniederschläge, welche durch den direkten Einfluß der Monsunkonvergenz verursacht werden. In den umrahmenden Gebirgsregionen kommt es durch die ganztägigen Tal- und Hangaufwinde zu enormen Niederschlagsergiebigkeiten, was auf die Heizflächenwirkung des tibetischen Hochlands zurückzuführen ist. Die höchsten Niederschlagsanteile durch äquatorialmaritime Monsunwinde von über 70 % sind im unteren Assam-Tal anzutreffen. Hier erweisen sich aber die Monsunwinde durch die Lee-Wirkung des Shillong-Plateaus als vergleichbar trockene Strömung, was dort den viel strapazierten Begriff 'Großer Regen' in Frage stellt.

Aufgrund der in Nordostindien während des Sommermonsuns räumlich differenziert vorkommenden und durch unterschiedliche Ergiebigkeiten gekennzeichneten Niederschlagsarten sollte daher der Begriff 'Monsunregen' durch 'Sommerregen' ersetzt werden, und in bezug auf den Jahresabschnitt sollte nur noch von einer 'Sommerregenzeit' gesprochen werden. Dies ließe sich auch im englischen Sprachgebrauch durch den Begriff 'summer rain' verwirklichen.

5.3.2 Vor- und Nachmonsun

In Nordostindien fallen 23 % der annuellen Niederschlagssumme während des Vormonsuns, der somit eine wichtige Rolle als Regenbringer spielt (Tab. 9). Hier unterscheidet sich das Untersuchungsgebiet deutlich von Gesamtindien. Der sonst in Indien als 'trockene Hitzezeit' bezeichnete Jahresabschnitt zeichnet sich durch vergleichbar hohe Niederschläge aus, die mit 628 mm um rund 600 % über denen von Gesamtindien liegen. Die bereits aufgezeigten Gründe für diese hohe Ergiebigkeit sind mehrschichtig und regional unterschiedlich ausgeprägt, was durch eine räumliche Schwankungsbreite von fast 2.000 mm deutlich zum Ausdruck kommt (vgl. T 12 und T 13).

Die höchsten vormonsunalen Niederschläge mit 1.980 und 2.255 mm fallen an der Südkante des Shillong-Plateaus (T 12 und 14). Die tropisch-maritimen Luftmassen aus dem Golf von Bengalen entladen sich dabei an den Luvseiten von orographischen Hindernissen. Dieses führt im März und April an der steilwandigen Südabdachung des Shillong-Plateaus zu enormen Ergiebigkeiten (Kondensationsmaximum in 1.300 m ü.NN). Die Heizwirkung des Hochlands von Tibet sowie des Shillong-Plateaus üben eine enorme Saugwirkung auf die vormonsunalen Südwinde im vorgelagerten Tiefland von Bangla Desh aus, was zu dem beschriebenen Auftrieb führt. Es konnte auch aufgezeigt werden, daß aufgrund der südlichen Lage die Niederschlagsregion B2a bereits sehr früh in den direkten Einflußbereich der nach Norden vorrückenden Monsunkonvergenz kommt, was die Niederschlagssumme im Mai extrem erhöht. Die prozentualen Anteile liegen mit 18 und 21 % sogar noch unter dem Durchschnitt des Untersuchungsgebiets, was anzeigt, daß die Regenbringer während des Sommermonsuns für Cherrapunji und Mawsynram noch bedeutsamer sind.

Im Barak-Tal (T 4 und 6) werden mit einem Jahresanteil von jeweils 29 % die maximalen regenbringenden Wirkungen des Vormonsuns erzielt. Die Lage unterhalb von 350 m ü.NN bedingt allerdings eine niedrigere Kondensationsrate als an der Plateaukante des Shillong-Plateaus (1.300 m ü.NN), was zu vergleichbar niedrigeren Vormonsunregen führt. Die intraregionalen Summenunterschiede im Barak-Tal sind durch die aufgezeigten Luv- und Lee-Effekte begründet.

Die Ergiebigkeiten der vormonsunalen Niederschläge sowie ihre Bedeutung als Regenbringer (25 %) steigen im oberen Assam-Tal (T 2, 3, 5, und 8) in Richtung der umrahmenden Gebirge (T 9) von 600 auf 1.200 mm an. Die tropisch-maritimen Südwinde erreichen diese Gebiete nur noch als Föhnwinde und scheiden somit als Regenbringer aus (im Lee der südlich gelegenen Bergregionen). Mit zunehmender Richtung nach Osten nimmt die regenbringende Wirkung von Gewitterstürmen ('Norwesters') zu, die somit als Regenbringer während des Vormonsuns fungieren. Die Niederschlagszunahme mit steigender Meereshöhe (T 5 und 9) zeigt aber, daß im oberen Assam-Tal noch ein weiterer regenbringender Faktor an Bedeutung gewinnt, nämlich die Tal- und Hangaufwinde, die aufgrund von starken Konvektionszellen über dem Hochland von Tibet bereits ab April neben der thermischen Konvektion noch einen zusätzlichen Auftrieb erhalten. Die Niederschläge steigen dabei mit zunehmender Annäherung an das maximale Kondensationsniveau.

Für den Darjeeling-Himalaya und die vorgelagerten Tiefländer (T 10 und 11) treten die 'Norwesters' aufgrund der im Westen gelegenen, Nord-Süd verlaufenden Gebirgskämme in den Hintergrund. Dies macht sich in den sehr niedrigen Vormonsunanteilen von nur 13

und 15 % bemerkbar. Die Regenbringer im Tiefland sind lediglich die Konvektionsniederschläge der tropisch-maritimen Luftmassen und mit zunehmender Höhe die Tal- und Hangaufwinde. Hier treten allerdings große räumliche Variationen auf, welche durch das Relief
bedingt werden (feuchte Kammlagen, trockene Talsohlen).

Für das untere und mittlere Assam-Tal (T 1 und 7) zeigt sich eine vergleichbar geringe
'Norwester'-Häufigkeit. Die tropisch-maritimen Südwinde sind durch den Lee-Effekt des
Shillong-Plateaus kaum niederschlagsbringend, und die Talwinde können aufgrund der
minimalen Höhenunterschiede sowie der Enge des Brahmaputra-Tals ihre hygrische Wirkung nicht entfalten. Dies erklärt die sehr geringen Vormonsunniederschläge (T 7: nur 302
mm). In Nordsikkim (T 13) konnten die wandernden Höhentröge in der westlichen Höhenströmung als Regenbringer identifiziert werden, die aber vergleichbar unergiebig sind.

Fazit:

Die wichtigsten Regenbringer während des Vormonsuns sind die tropisch-maritimen Luftmassen aus Süden, die Monsunkonvergenz im südlichen Abschnitt des Untersuchungsgebiets und die Tal- und Hangaufwinde in den umrahmenden Gebirgsregionen. Durch die
unterschiedliche Exposition und Höhenlage des Reliefs kommt es zu enormen räumlichen
Schwankungen.

Während des Nachmonsuns fallen in Nordostindien nur etwa 6 % (bzw. 176 mm) der
annuellen Niederschlagssumme, was damit sogar unter dem Anteil von Gesamtindien liegt
(Tab. 5.1). Die regionalen Schwankungen sind mit knapp über 400 mm vergleichbar gering
(siehe T 12 und T 7). Nach dem abrupten Rückzug der Monsunkonvergenz aus Nordostindien herrschen anfänglich noch schwache Südwinde vor, die dann ab Mitte/Ende Oktober
durch kontinentale und trockene Winde aus nördlichen Richtungen abgelöst werden. Zusätzlich kommt es beim Hinabwehen ins Assam-Tal noch zu einer adiabatischen Erwärmung. Daher kommen sie als Regenbringer nicht in Frage, was durch die vergleichbar
niedrigen Ergiebigkeiten im unteren und mittleren (T 1 und 7) sowie teilweise im oberen
Assam-Tal (T 3 und 8) unter Beweis gestellt wird. Dies gilt ebenso für Nordsikkim (T 13),
wo die trocken-kalten Nordwinde zu kaum nennenswerten Niederschlagsereignissen führen.

Die höchsten Nachmonsunregen von über 200 mm werden im südlichen Teil des Untersuchungsgebiets erzielt, d.h. an der steilen Südabdachung des Shillong-Plateaus um Cherrapunji (T 12), an der südlich exponierten Talflanke des Barak-Tals (T 6) sowie am südlich
exponierten Ghoom-Hauptkamm des Darjeeling-Himalaya und den vorgelagerten Terai-
und Dooars-Regionen (T 11; bei T 10 nur südlicher Himalaya-Rand). Verursacht wird dies
durch die zu Beginn des Nachmonsuns noch schwach wehenden Südwinde, die an den südlich exponierten Hängen zu Stauniederschlägen führen. Desweiteren kommt es zu Starkregenereignissen bei Entladungen von vorbeiziehenden Tiefs und Zyklonen, welche vorwiegend Ende Oktober/Anfang November über dem Südteil des Golfs von Bengalen gebildet
werden. Für die Südkante des Shillong-Plateaus und den Südhang des Ghoom-Hauptkamms
zeigten sich sehr hohe Niederschlagsintensitäten, die auf den regenbringenden Einfluß der
Zyklonen zurückgeführt werden konnten.

Im oberen Assam-Tal hat der Nachmonsun nur noch in den umrahmenden Gebirgen
(T 9) und den tief eingeschnittenen Durchbruchstälern (T 5) eine regenbringende Bedeutung (über 200 mm). Da die Saugwirkung der tibetischen Heizfläche noch bis Ende Oktober

andauert, resultieren daraus auch entsprechende Tal- und Hangaufwinde, die zu Niederschlägen führen.

Fazit:

Für den Nachmonsun spielen als Regenbringer nur noch die Zyklonen im südlichen Teil des Untersuchungsgebiets und die Talwinde in den umrahmenden Gebirgen eine Rolle.

5.3.3 WINTERMONSUN

Lediglich 3 % (78 mm) der Jahressumme fallen während des Wintermonsuns. Die räumliche Schwankung ist mit 202 mm (vgl. T 9 und T 7) vergleichsweise gering (Tab. 9). Beim Wintermonsun handelt es sich um Nordostpassate, die kaum noch eine Rolle als Regenbringer spielen. Beim Monsun kann es sich somit auch um eine jahreszeitliche Trockenheit handeln, die in Nordostindien deutlich nachgewiesen werden kann. Beispielsweise werden in der Region um Mawsynram (T 14), welche mit einer Jahressumme von über 11.000 mm zu den niederschlagsreichsten Stationen der Erde zählt, während des drei-monatigen Wintermonsuns nur durchschnittlich 38 mm Niederschlag bei ca. 4-5 Regentagen gemessen. Selbst an den Luvseiten bringt der Wintermonsun (NO-Passat) keine Niederschläge.

Nur durch zyklonale Störungen, die aus der Westwinddrift in das Untersuchungsgebiet hineingesteuert werden, resultieren aus den warmen und feuchten Luftmassen entsprechende Niederschläge. Es zeigte sich, daß die 'western disturbances' insbesondere im äußeren Teil des oberen Assam-Tals (T 2 und 5) und im Assam-Himalaya (T 9) zu Niederschlägen führen, deren Ergiebigkeiten an der Himalaya-Südabdachung bei zunehmender geographischer Breite und Höhenlage zunehmen. Der advektive Klimacharakter konnte am deutlichsten in Nordsikkim (T 13) gezeigt werden, was sich nicht allein durch die Niederschlagssumme äußert, sondern durch die Niederschlagshäufigkeit, ausgedrückt durch die vergleichbar sehr hohe Anzahl von Regentagen. Die Ausläufer der mediterranen Winter-Frühjahrsregen fungieren als Regenbringer, der Monsun dagegen verursacht Trockenheit.

Fazit:
Die zyklonalen Störungen der außertropischen Westwinddrift fungieren während des Wintermonsuns als Regenbringer. Der Wintermonsun kann somit in Nordostindien als Regenbringer nicht bestätigt werden.

6 ZUSAMMENFASSUNG

Grundlegend für das untersuchte Thema wurde einführend der "indische Monsun" diskutiert. Dabei wurden auch eigene lokalklimatische Geländebeobachtungen sowie zahlreiche
mündliche Informationen berücksichtigt, die während der Forschungsarbeiten in Indien
gewonnen worden sind.

Die Datengrundlage für die statistische Auswertung bildeten die monatlichen Niederschlagsdaten von 219 Stationen für die 30-jährige Periode 1961-1990. Mit Hilfe der Fakto-
ren- und Clusteranalyse wurden im Untersuchungsgebiet 14 Typen der annuellen Niederschlagsvariation herausgearbeitet. Es zeigten sich beträchtliche räumliche wie auch zeitliche
Variationen, wodurch eine große hygrische Heterogenität für Nordostindien bewiesen werden konnte.

Die annuellen Niederschlagssummen schwanken zwischen 11.407 mm und 1.226 mm,
die Zahl der Regentage zwischen 168 und 87, wobei eine hohe Niederschlagshäufigkeit
nicht in jedem Fall eine entsprechend hohe Ergiebigkeit zur Folge hat. Dies führt in
manchen Regionen zu enormen Niederschlagsintensitäten. Bei den monatlichen Ergiebigkeiten tritt beispielsweise im Juni eine maximale, räumliche Niederschlagsamplitude von
2.649 mm auf. Auch innerhalb kürzester Distanzen kommt es zu enormen Schwankungen,
was anhand von Sylhet (RS 215) und Cherrapunji (RS 236) nachgewiesen werden konnte.
Auf einer horizontalen Distanz von nur 45 km steigt die durchschnittliche Niederschlagsergiebigkeit im Juni von 240 mm auf 2.702 mm an. Die Unterschiede sind bei der Anzahl der
monatlichen Regentage im Untersuchungsgebiet, verglichen mit den Niederschlagsunter-
schieden, weitaus geringer.

Die hygrische Saisonalität ist in Nordostindien besonders markant ausgeprägt. Während
des Sommermonsuns (Juni-September) fallen durchschnittlich 68 % der annuellen Niederschlagssumme. An der Südkante des Shillong-Plateaus sowie im Darjeeling-Himalaya und
seinen Tiefländern liegt der Anteil sogar bei 80 %. Die geringsten Niederschläge fallen mit
nur ca. 3 % der Jahressumme während des Wintermonsuns (Dezember-Februar). Auch im
Vergleich mit dem auf der Grundlage von repräsentativen Stationen für ganz Indien errechneten Gesamtindien-Jahresgang zeigten sich erhebliche Abweichungen. Die durchschnittlichen sommermonsunalen Niederschläge liegen dabei in Nordostindien mit 1.890
mm um mehr als das Doppelte über denen von Gesamtindien, beim Vormonsun sogar um
das Sechsfache, wodurch die hygrisch-klimatische Besonderheit von Nordostindien unterstrichen wird.

Für das Assam-Tal konnte gezeigt werden, daß die Niederschlagssummen sowie die
Niederschlagshäufigkeit von West nach Ost, d.h. in Richtung der umrahmenden Gebirgszüge ansteigen. Im Assam-Tal spielt die Monsunkonvergenz eine entscheidende Rolle, die bei
direktem Einfluß zu maximalen Ergiebigkeiten führt. Die Südabdachungen der Gebirge sind
durch extrem hohe Niederschlagssummen gekennzeichnet, die jedoch mit zunehmender
geographischer Breite abnehmen. Dabei geht der konvektive Niederschlagscharakter mehr
und mehr in den advektiven über. Die enorme hygrische Differenzierung in den inneren
Gebirgsbereichen ist Ausdruck der engen Beziehung zwischen Geländegestaltung und
Klima, wobei die Höhenlage und die Exposition eine entscheidende Rolle für die nieder-

schlagsmodifizierenden Luv- und Lee-Effekte spielen. Die sehr trockenen Talsohlen und extrem feuchten oberen Hangpartien und Kammregionen sind auf die Ausbildung von Tal- und Hangaufwinden zurückzuführen.

Anhand von Niederschlagsprofilen konnte u.a. die mittlere Lageposition der Monsunkonvergenz in einigen Teilen des Untersuchungsgebiets lokalisiert werden, was ebenfalls für die Höhenlage des Kondensationsmaximums in den untersuchten Gebirgsregionen gelang.

Als maßgeblicher sommermonsunaler Regenbringer ist die Monsunkonvergenz zu nennen, was insbesondere im unmittelbaren Einflußbereich sehr hohe Ergiebigkeiten für die Tiefländer und Bergregionen südlich des Himalaya bedingt. An der Himalaya-Südabdachung und im Inneren spielen die Tal- und Hangaufwinde, die in einzigartiger Weise *ganztägig* ausgebildet sind, eine wichtige Rolle als Regenbringer. Der Luftmassenaufstieg wird dabei entscheidend gestärkt durch die von April bis Oktober vorhandene starke Konvektion über dem Hochland von Tibet. Die von dieser hochgelegenen Heizfläche ausgehende Saugwirkung ist der maßgebliche 'Motor' für den indischen Sommermonsun. Die Nähe von Nordostindien zu dieser Heizfläche bedingt die im Vergleich zu Gesamtindien sehr hohen Niederschlagsergiebigkeiten und -intensitäten, was insbesondere für die südlich exponierten Hangpartien des Himalaya nachgewiesen werden konnte.

Am Beispiel der sehr weit in den Sikkim/Darjeeling-Himalaya reichenden, Nord-Süd verlaufenden Durchbruchstäler konnte gezeigt werden, daß durch den ungehinderten Zugang vom Golf von Bengalen die maritimen Luftmassen weit nach Norden transportiert werden und dort zu vergleichbar hohen Ergiebigkeiten führen. Die höchsten Niederschlagssummen resultieren aus dem komplexen Zusammenwirken der o.g. Regenbringer in Verbindung mit bestimmten orographischen Verhältnissen, was anhand der regenreichsten Stationen Cherrapunji und Mawsynram ausführlich diskutiert wurde.

LITERATURVERZEICHNIS

ALISSOW, B. P. (1954): Die Klimate der Erde. - Berlin.

ALISSOW, B. P., DROSDOW, O. A. et RUBINSTEIN, E. S. (1956): Lehrbuch der Klimatologie. - Berlin.

ARMINGER, G. (1979): Faktorenanalyse. - Stuttgart.

AYOADE, J. O. (1983): Introduction to climatology for the tropics. - Chichester.

BACKHAUS, K., ERICHSON, B., PLINKE, W. et WEIBER, R. (1994): Multivariate Analysemethoden. - Berlin, Heidelberg, New York.

BARTHAKUR, M. (1968): Some aspects of weather in the Brahmaputra valley. - Journal Assam Science Society. Volume 63.

BARUA, D. N. (1989): Science and practice in tea culture. - Calcutta.

BARUA, H. (1984): The red river and the blue hills. - Gauhati.

BECKER, C. (1927): Im Stromtal des Brahmaputra. - Aachen.

BHATTACHARYA, S. (1967): Geography and geology of Assam. - Edition 5, Barkataki, Volume 19.

BHULLAR, G. S. (1952): Onset of the monsoon over Delhi. - Indian Journal of Meteorology and Geophysics 4, p. 25-30.

BLÜTHGEN, J. et WEISCHET, W. (1980): Allgemeine Klimageographie. - Lehrbuch der Allgemeinen Geographie. Berlin.

BÖHM, H. (1966): Die geländeklimatische Bedeutung des Bergschattens und der Exposition für das Gefüge der Natur- und Kulturlandschaft. - Erdkunde 20, p. 81-103.

BORA, L. N. (1976): A study on water balance and drought climatology of Assam and the vicinity. Jorhat.

BORA, L. N. (1992): Mündliche Mitteilungen während seines Forschungsaufenthalts am Geographischen Institut, Universität Mainz vom 30.6.-30.7.1992.

BORBORA, B. C. (1992): Mündliche Mitteilungen während seines Forschungsaufenthalts am Geographischen Institut, Universität Mainz vom 30.6.-30.7.1992.

BORCHERT, G. (1993): Klimageographie in Stichworten. - Berlin.

BOROOAH, G. L. (1985): Population geography of Assam. - New Delhi.

BORTZ, J. (1993): Statistik. - Berlin, Heidelberg.

BOSE, S. C. (1968): Land and people of the Himalaya. - Calcutta.

BOSE, S. C. (1978): Geography of West Bengal. - New Delhi.

CHADHA, S. K. (1988): Himalayas: Ecology and environment. - New Delhi.

CHADHA, S. K. (1989a): Ecological hazards in the Himalayas. - Jaipur.

CHADHA, S. K. (1989b): Himalayan ecology. - New Delhi.

CHADHA, S. K. (1990): Himlayas: Environmental problems. - New Delhi.

CHAKRAVARTY, P. K. (1982a): Environmental and rural habitat transformation in the Darjeeling Himalaya. - Paris.

CHAKRAVARTY, P. K. (1982b): Darjeeling: a study in environmental resources, management and development strategies. - Allahabad.

CHANG, P. C. et KRISHNAMURTI (1987): Monsoon meteorology. - Oxford University Press. New York.

CHANGRANEY, T. G. (1966): The role of the westerly waves in causing flood producing storms over Northwest India during southwest monsoon period. - Indian Journal of Meteorology and Geophysics 17, p. 119-126.

CHATTERJEE, S. P. (1936): Le plateau de Meghalaya (Garo, Khasi, Jaintia). - Paris.

CHROMOW, S. P. (1957): Die geographische Verbreitung der Monsune. - Petermanns Geographische Mitteilungen 101, p. 234-237.

CONRAD, V. (1937): Zur Definition des Monsuns. - Meteorologische Zeitschrift 54, p. 313-317.

DAS, H. P. (1969): The problem of flood and its control in Assam. Essays on Agriculture and Geography. - Calcutta.

DAS, H. P. (1970): Geography of Assam. - National Book Trust of India. New Delhi.

DAS, P. K. et BEDI, H. S. (1981): A numerical model of the monsoon trough. - Monsoon Dynamics. (Editors: Sir LIGHTHILL, J. et PEARCE, R. P.). Cambridge, p. 351-364.

DAS, P. K. (1987): Short- and long-range monsoon prediction in India. - Monsoons. (Editors: FEIN, J. S. et STEPHENS, P. L.). New York, p. 549-578.

DAS, P. K. (1988): The monsoons. - New Delhi.

DESAI, H. J. (1968): The Brahmaputra, mountains and rivers. - New Delhi.

DHAR, O. N. et NARAYANAN, J. (1965): A study of precipitation distribution in the neighbourhood of Mount Everest. - Indian Journal of Meteorology and Geophysics 16, p. 229-240.

DHAR, O. N., MANTAN, D. C. et JAIN, B. C. (1966): A brief study of rainfall over the Teesta Basin. - Proceedings Symposium of Hydrometeorology of India. Journal of Meteorology and Geophysics 17, p. 59-66.

DHAR, O. N., RAKHECHA, P. R. et MANDAL, B. N. (1980): Does the early or late onset of the monsoon provide any clue to subsequent rainfall during the monsoon season? - Monthly Weather Review 108, p. 1069-1072.

DOMRÖS, M. (1968a): Zur Frage der Niederschlagshäufigkeit auf dem Indisch-Pakistanischen Subkontinent nach Jahresabschnitten. - Meteorologische Rundschau 21, p. 35-43.

DOMRÖS, M. (1968b): Über die Beziehung zwischen äquatorialen Konvektionsregen und der Meereshöhe auf Ceylon. - Archiv für Meteorologie, Geophysik und Bioklimatologie. Serie B 16, p. 164-173.

DOMRÖS, M. (1969). Die Niederschlagsverhältnisse im Uva-Becken auf Ceylon – eine geländeklimatologische Untersuchung. - Erdkunde 23, p 117-127.

DOMRÖS, M. (1970): A rainfall atlas of the Indo-Pakistan Subcontinent based on rainy days, together with a bibliography (1945-1969) of rainfall conditions in the Indo-Pakistan Subcontinent. - Studies in the climatology of South Asia (Editors: SCHWEINFURTH, FLOHN et DOMRÖS). Wiesbaden.

DOMRÖS, M. (1971): Der Monsun im Klima der Insel Ceylon. - Die Erde 102, p. 118-140.

DOMRÖS, M. (1972): Zur Frage des Monsuns als "Regenbringer", untersucht am Beispiel der Insel Ceylon. - Meteorologische Rundschau 25, p. 51-54.

DOMRÖS, M. (1974): The agroclimate of Ceylon. A contribution towards the ecology of tropical crops. - Wiesbaden.

DOMRÖS, M. (1976): An agroclimatological land classification of Sri Lanka. -Applied Science and Development 7, p. 39-65.

DOMRÖS, M. (1978): Temporal and spatial variations of rainfall in the Himalaya with particular reference to mountain ecosystems. - Dialogue 76/77, Proceedings of the Seminar on 'Himalayan Mountain Ecosystems', New Delhi 1977. Max Mueller Bhavan. Bombay. p. 63-75.

DOMRÖS, M. (1981): Südasien. Asien I. (Herausgeber: GRÖTZBACH et RÖLL). - Harms-Handbuch der Geographie. München. p. 118-190.

DOMRÖS, M. (1982): Cold-tropical mountain climates in South and Southeast Asia. - Climatological Notes 29, p. 9-14. Tsukuba.

DOMRÖS, M et PENG, G. (1988): The climate of China. - Berlin, New York.

DOMRÖS, M. (1989): Der Monsun als Regenbringer? Das Beispiel Sri Lanka. - Geographische Rundschau 41, p. 84-90.

DOMRÖS, M. et RANATUNGE, E. (1992): The orthogonal structure of monsoon rainfall variation over Sri Lanka. - Theoretical and Applied Climatology 46, p. 109-114.

DOMRÖS, M. (1993): Tee in Indien. - Geographische Rundschau 45, p. 644-650.

DOMRÖS, M. (1996): Rainfall variability over Sri Lanka. - Climate variability and agriculture (Editors: ABROL, Y., GADGIL, S. et PANT, G. B.). New Delhi, p. 163-179.

DORAISWAWY-IVER, V. (1935): Typhoons and Indian weather. - Memorandum India Meteorological Department. Volume 26, Part VI, p. 93-130.

ELIOT, J. (1902): Monthly and annual rainfall of 457 stations in India to the end of 1900. - India Meteorological Department. Memorandum XIV, p. 709-767.

ERIKSEN, W. (1985): Klimageographie. - Darmstadt.

FAHER, M. (1969): Physiography of Assam. - Gauhati.

FINDLATER, J. (1981): An experiment in monitoring cross-equatorial airflow at low level over Kenia and rainfall over western India during the north summer. - Monsoon Dynamics, p. 309-319.

FLEX, O. (1873): Pflanzerleben in Indien. Kulturgeschichtliche Bilder aus Assam. - Berlin.

FLOHN, H. (1956): Der indische Sommermonsun als Glied der planetarischen Zirkulation der Atmosphäre. - Berichte des Deutschen Wetterdienstes 22, p. 134-139.

FLOHN, H. (1958): Beiträge zur Klimakunde von Hochasien. - Erdkunde 12, p. 294-308.

FLOHN, H. (1960): Monsoon winds and general circulation. - Monsoons of the world. New Delhi. p. 65-74.

FLOHN, H. (1965): Thermal effects of the Tibetean plateau during the Asian monsoon season. - Australian Meteorological Magazine 49, p. 55-57.

FLOHN, H. (1970): Beiträge zur Meteorologie des Himalaya. - Khumbu Himal. (Herausgeber: HELLMICH, W.). Band 7, p. 25-47. München.

FLOHN, H. (1971a): Arbeiten zur Allgemeinen Klimatologie. - Darmstadt.

FLOHN, H. (1971b): Tropical circulation pattern. - Bonner Meteorologische Abhandlungen. Volume 15.

FLOHN, H. et KAPALA, A. (1989): Changes of tropical sea-air interaction processes over a 30-year-period. - Nature 338, p. 244-246.

FUCHS, H.-J. (1989): Tea environments and yield in Sri Lanka. - Tropical Agriculture 5. Weikersheim.

GAIT, E. A. (1926): A history of Assam. - Calcutta.

GANSSER, A. (1964): Geology of the Himalayas. - London.

GOSWAMI, P. (1988): Agriculture in Assam. - Gauhati.

GOSWAMI, P. C. (1986): The movement of monsoon in Northeast India as indicated by the wind direction. - Two and a Bud 33, p. 7-14.

GOSWAMI, P. C. (1988): The climate of Cachar and its extremities. - Two and a Bud 35, p. 19-28.

GOSWAMI, P. C. (1990): - Mündliche Mitteilungen am 2.3.1990.

GOSWAMI, P. C. (1991): - Mündliche Mitteilungen während seines Forschungsaufenthalts am Geographischen Institut, Universität Mainz, vom 10.-24.11.1991.

GUPTA, M. D. (1986): Forestry development in North-East India. - Gauhati.

HARTERT, E. (1889): Schilderungen aus Oberassam und über Assam im allgemeinen. - Verhandlungen der Gesellschaft für Erdkunde Berlin, Band 16.

HARTUNG, J. et ELPELT, B. (1995): Multivariate Statistik. Lehr- und Handbuch der angewandten Statistik. - München, Wien.

HEYER, E. (1977): Witterung und Klima. Eine Allgemeine Klimatologie. - Leipzig.

IVES, J. D. et MESSERLI, B. (1990): The Himalayan dilemma. - London.

IYER, V. D. (1936): Typhoons and Indian weather. - India Meteorological Department. Memorandum 26.

JACOBEIT, J. (1989): Zirkulationsdynamische Analyse rezenter Konvektions- und Niederschlagsanomalien in den Tropen. - Augsburger Geographische Hefte Band 9.

KARAN, P. P. (1967): Bhutan - a physical geography. - Lexington/Kentucky.

KIEFER, A. (1902): Die Teeindustrie Indiens und Ceylons. - Abhandlungen der Geographischen Gesellschaft Wien IV.

KOTESWARAM, P. (1960): The Asian summer monsoon and the general circulation over the tropics. - Monsoons of the world. Delhi. p. 105-110.

KREBS, N. (1939): Vorderindien und Ceylon - eine Landeskunde. - Stuttgart.

KRIPALANI, R. H. et SINGH, P. A. (1991): Large-scale features of rainfall and outgoing longwave radiation over Indian and adjoining regions. - Beiträge zur Physik der Atmosphäre 64, p. 159-168.

LALL, J. 3. (1982): The Himalaya - aspects of change. - New Delhi.

LAUER, W. (1975): Vom Wesen der Tropen. Klimaökologische Studien zum Inhalt und Abgrenzung eines irdischen Landschaftsgürtels. - Abhandlungen der Akademie der Wissenschaften und der Literatur. Mainz.

LAUER, W. (1993): Klimatologie. - Das Geographische Seminar. Braunschweig.

McGREGOR, G. (1993): A multivariate approach to the evaluation of the climatic regions and climatic resources of China. - Geoforum 24, p. 357-380.

McLAREN, J. M. (1904): The geology of Upper Assam. - G.S.I. Records 31.

MAHALANOBIS, P. C. (1927): Report on rainfall and floods in North Bengal. - Government of Bengal: Irrigation Department. Calcutta.

MALBERG, H. (1994): Meteorologie und Klimatologie. Eine Einführung. - Berlin.

MAMORIA, C. B. (1975): Geography of India. - Agra.

MERZENICH, B. et IMFELD, A. (1986): Tee - Gewohnheit und Konsequenz. - St. Gallen, Köln. (Herausgeber: Gesellschaft zur Förderung der Partnerschaft mit der Dritten Welt).

MILLS, F. (1995): Principal component analysis of precipitation and rainfall regionalization in Spain. - Theoretical and Applied Climatology 50, p. 169-183.

MITTAL, R. S. (1968): Physiographical and structural evolution of the Himalayas, mountains and rivers of India. - National Committee for Geography. Calcutta.

MOOLEY, D. A. et PARTHASARATHY, B. (1984): Fluctuations in all-India summer monsoon rainfall during 1871-1978. - Climate Change 6, p. 287-301.

MOOLEY, D. A. et SHUKLA, J. (1987): Variability and forecasting of the summer monsoon rainfall over India. - Monsoon Meteorology. (Editors: CHANG et KRISHNAMURTI). Oxford Monographs on Geology and Geophysics. Number 7, p. 26-59.

MUKHOPADHYAY, S. C. (1982): The Tista Basin - a study in fluvial geomorphology. - Calcutta.

MURTHY, M. V. N. (1968): An outline in geomorphological evolution of the Assam region. - Proceedings of Symposium on Geomorphology and Plant Geography of Northeast India. p. 10-15. Gauhati.

NEEF, W. (1968): Monsune und Monsunländer. - Zeitschrift für den Erdkundeunterricht 20, p. 400-410.

NEDUNGADI, T. M. et SRINIVASAN, T. R. (1964): Monsoon onset and Everest expedition. - Indian Journal of Meteorology and Geophysics 15, p. 137-148.

NIEUWOLT, S. (1977): Tropical climatologly. - London.

PARTHASARATHY, B., RUPA KUMAR, K. et MUNOT, A. A. (1993): Homogeneous indian monsoon rainfall. - Proceedings Indian Academy of Science 102, p. 121-155.

PARTHASARATHY, B., MUNOT, A. A. et KOTHAWALE, D. R. (1994): All-India monthly and seasonal rainfall series: 1871-1993. - Theoretical and Applied Climatology 49, p. 217-224.

PEDELABORDE, P. (1963): The monsoon. - Aberdeen.

PETERS, W. (1981): Der Ablauf des hygroklimatischen Jahres in Sri Lanka im Spiegel der statistischen Analyse. - Archiv für Meteorologie, Geophysik und Bioklimatologie. Serie B 29, p. 71-80.

RAI, R. K. (1986): Ecology and environmental planning. -a case study of Meghalaya. - International Geomorphology. Part II. p. 356-360.

RAI, R. K. (1990): Mündliche Mitteilungen am 13.3.1990.

RAMAGE, C. S. (1971): Monsoon meteorology. - New York.

RAMAKRISHNAN, P. K. (1937): The rainfall in the Indian Peninsula associated with cyclonic storms from the Bay of Bengal during the post monsoon and early winter season. - India Meteorological Department. Scientific Notes VII/74.

RAMAMURTHY, K. (1969): Some aspects of the break in the Indian summer monsoon during July and August. - Forecasting Manual. India Meteorological Department. Part IV-18.3.

RAMASWAMY, C. (1962): Breaks in the Indian summer monsoon as a phenomenon of interaction between the easterly and subtropical westerly jet stream. - Tellus 14, p. 337-349.

RAMASWAMY, C. (1976): A normal period of large-scale break in the southwest monsoon over India. - Proceedings of the Indian National Science Academy. New Delhi. Volume 42. Part A. Number 1, p. 51-67.

RAO, Y. P. (1976): Southwest monsoon. - India Meteorological Department. Monograph. Synoptic Meteorology 1.

RAO, Y. P. (1981): The climate of the Indian subcontinent. - Survey of Climatology (Editors: TAKAHASHI et ARAKAWA) 9. Amsterdam, p. 67-119.

RIEHL, H. (1954): Tropical meteorology. - New York.

ROBINSON, H. (1976): Monsoon Asia. - Plymouth.

ROY-CHAUDHURY, S. (1990): Soil erosion and environmental degradation in middle Tista Basin. - Indian Journal of Landscape Systems and Ecological Studies 13, p. 112-116.

SARKAR, R. P. (1979): Droughts in India and their predictability. - Proceedings Symposium on Hydrological Aspects of Droughts. New Delhi, p. 33-40.

SCHÖNWIESE, C.-D. (1979): Klimaschwankungen. - Berlin.

SCHÖNWIESE, C.-D. (1985): Praktische Statistik für Meteorologen und Geowissenschaftler. - Berlin.

SCHÖNWIESE, C.-D. et MALCHER, J. (1985): Nicht-Stationarität oder Inhomogenität? Ein Beitrag zur statistischen Analyse klimatologischer Zeitreihen. - Wetter und Leben 37, p. 181-193.

SCHWEINFURTH, U. (1956); Über klimatische Trockentäler im Himalaya. - Erdkunde 10, p. 297 302.

SCHWEINFURTH, U. (1957): Die horizontale und vertikale Verteilung der Vegetation im Himalaya. - Bonner Geographische Abhandlungen 20.

SCULTETUS, H. R. (1969): Klimatologie. - Das Geographische Seminar. Braunschweig.

SHARMA, S. S. (1959): Tea culture in Assam. - National Geographical Journal of India 2.

SHEA, D. J. et SONTAKKE, N. A. (1995): The annual cycle of precipitation over the Indian Subcontinent: daily, monthly and seasonal statistics. - Technical Note 401. National Center for Atmospheric Research. Boulder. Colorado.

SIKKA, D. R. et GADGIL, S. (1980): On the maximum cloud zone and the ITCZ over Indian longitudes during the southwest monsoon. - Monthly Weather Review 108, p. 1840-1853.

SINGH, J. P. (1980): Urban land use planning in hill areas. A case study of Shillong. - Anand Nagar.

SINGH, R. B. (1992): Dynamics of mountain geosystems. - New Delhi.

SINGH, R. L. (1971): India, a regional geography: Assam valley and Darjeeling. - Varanasi.

SONTAKKE, N. A. (1993): Fluctuations in the northeast monsoon over India since 1871. - Advances in Tropical Meteorology (Editors: KESHAVAMURTHY et JOSH), p. 149-158.

STARKEL, L. (1972): The role of catastrophic rainfall in shaping the relief of the lower Himalaya. - Geographica Polonica 6, p. 124-143.

STARKEL, L. et al. (1989): Thresholds in the transformation of slopes and river channels in the Darjeeling Himalaya, India. - Studia Geomorphologica Carpatho-Balcancia 23, p. 105-121.

Statistisches Bundesamt. (1988): Statistik des Auslands. - Länderbericht Indien. Wiesbaden.

SUBBARAMAYYA, I. et RAMANADHAM, R. (1981): On the onset of the Indian southwest monsoon general circulation. - Monsoon Dynamics, p. 213-320.

SUBBARAMAYYA, I. et al. (1984): Onset of the summer monsoon over India and its variability. - Meteorological Magazine 107, p. 37-44.

SUBBARAMAYYA, I. et al. (1988): A note of the normal dates of onset of summer monsoon over south peninsular India. - Meteorological Magazine 117, p. 371-377.

SUKLA, J. (1987): Interannual variability of monsoons. - Monsoons (Editors: FEIN, J. S. et STEPHENS, P. L.). New York. p. 399-463.

198

Tocklai Tea Experimental Station (1965-1987): Soil survey of several planting districts of Assam and the planting district of Darjeeling. - Tocklai Occasional Papers, Jorhat.

Tocklai Tea Experimental Station (1973-1988): Planting calendars for Darjeeling and Assam. - Advisory Bulletins, Jorhat.

Tocklai Tea Experimental Station (1985): The planters' handbook. - Jorhat.

Tocklai Tea Experimental Station (1988a): Field management in tea. - Jorhat.

Tocklai Tea Experimental Station. (1988b): Drainage for tea. - Jorhat.

TROLL, C. (1943): Thermische Klimatypen der Erde. - Petermanns Geographische Mitteilungen 89, p. 81-89.

TROLL, C. (1952): Die Lokalwinde der Tropengebirge und ihr Einfluß auf Niederschlag und Vegetation. - Bonner Geographische Abhandlungen 9, p. 124-182.

TROLL, C. (1959): Die tropischen Gebirge. Ihre dreidimensionale klimatische und pflanzengeographische Zonierung. - Bonner Geographische Abhandlungen 25.

TROLL, C. (1962): Die dreidimensionale Landschaftsgliederung der Erde. - Hermann v. Wissmann-Festschrift. Tübingen. Verlag des Geographischen Instituts der Universität. p. 54-80.

TROLL, C. (1967): Die klimatische und vegetationsgeographische Gliederung des Himalaya-Systems. - Khumbu Himal. (Herausgeber: HELLMICH, W.). Ergebnisse des Forschungsunternehmens Nepal Himalaya. Band 1, p. 353-388. Berlin, Heidelberg, New York.

ÜBERLA, K. (1968): Faktorenanalyse. - Berlin.

UHLIG, H. (1976): Rice-cultivation in the Himalayas. - Contribution to Indian studies. (Herausgeber: Embassy of the Federal Republic of Germany). Volume II. New Delhi, p. 295-326.

WAGNER, A. (1931): Zur Aerologie des indischen Monsuns. - Beiträge zur Geophysik 30.

WAGNER, M. et RUPRECHT, E. (1975): Materialien zur Entwicklung des indischen Sommermonsuns. - Bonner Meteorologische Abhandlungen 26.

WALKER, J. M. (1972): Monsoons and the global circulation. - Meteorological Magazine 101, p. 349-355.

WALKER, G. T. (1913): The cold weather storms of North India. - India Meteorological Department. Memorandum 21/7.

WARD, F. K. (1940): Botanical and geographical exploration in the Assam Himalaya. - Geographical Journal 96, p. 1-13.

WARNECKE, G. (1991): Meteorologie und Umwelt. - Berlin.

WEBSTER, P. J. (1983): Mechanism of monsoon low frequency variability: surface hydrological effects. - Journal of Atmospherical Science 40, p. 2110-2124.

WEBSTER, P. J. (1987): The variable and interactive monsoon. - Monsoons (Editors: FEIN et STEPHENS). New York, p. 269-329.

WEISCHET, W. (1965): Der tropisch-konvektive und der außertropisch-advektive Typ der vertikalen Niederschlagsverteilung. - Erdkunde 19, p. 6-14.

WEISCHET W. (1979): Einführung in die allgemeine Klimatologie. - Stuttgart.

WIEDERSICH, B. (1996): Das Wetter. Entstehung, Entwicklung, Vorhersage. - Stuttgart.

WILLIAMS, C. (1932): Rainfall of Assam. - Quarterly Journal of the Meteorological Society 58. London.

WIILIAMSON, V. (1931): The variability of rainfall over India. - Quarterly Journal of the Meteorological Society 57. London.

YOSHINO, M. (1963): Rainfall, frontal zones and jet streams in early summer over East Asia. - Bonner Meteorologische Abhandlungen 3.

YOSHINO, M. (1969): Climatological studies on the polar frontal zone and intertropical convergence zones over South, Southeast and East Asia. - Climatological Notes (Tsukuba) 1, p. 1-71.

YOSHINO, M. (1975): Climate in a small area. An introduction to local meteorology. - Tokyo.

YOSHINO, M. (1976): Climatological and meteorological problems of precipitation in Monsoon Asia. - Annual Report. Institute of Geoscience. Tsukuba. Number 2, p. 51-63.

VERZEICHNIS

MAINZER GEOGRAPHISCHE STUDIEN

19. KRETH, Rüdiger: Die Versorgungslage der Mainzer Bevölkerung. Determinanten der stadtteilspezifischen Versorgungssituation und des distanzbezogenen Einkaufsverhaltens. 259 Seiten, 11 Abb., 38 Tabellen und 5 Karten. 1979. ISBN 3-88250-019-0. DM 28,00

20. KRIETER, Manfred: Bodenerosion in rheinhessischen Weinbergen - Ursachen, Folgen und Verhinderung aus landschaftsökologischer Sicht. 139 Seiten mit 39 Abb. und 28 Tabellen. 1985. ISBN 3-88250-020-0. DM 24,00

21. GORMSEN, Erdmann (Hrsg.): Periodische Märkte in verschiedenen Kulturkreisen. Vorträge der Fachsitzung 15 des 42. Deutschen Geographentages Göttingen 1979. - Periodic Markets in Different Cultural Realms. Papers Presented at Session 15 of the 42nd Conference of German Geographers, Göttingen 1979. 7 Beiträge, 82 Seiten, 18 Abb., 6 Tabellen. 1982. ISBN 3-88250-021-2. DM 18,00

22. SCHÜRMANN, Heinz: Sektoral polarisierte Entwicklung und regionale Partizipation in peripheren Räumen der Dritten Welt - Zur Problematik regionaler Entwicklung am Beispiel von Phosphatbergbau und Tourismus im südtunesischen Gouvernorat Gafsa unter besonderer Berücksichtigung demographischer Aspekte. 272 Seiten, 31 Abb., 19 Tabellen. 1986. ISBN 3-88250-022-0. DM 27,00

23. ABELE, Gerhard: Trockene Massenbewegungen, Schlammströme und rasche Abflüsse. Dominante morphologische Vorgänge in den chilenischen Anden. 102 Seiten, 29 Abb. 1981. ISBN 3-88250-023-9. DM 24,50

24. GORMSEN, Erdmann und Robert H.T. SMITH (eds.): Market-Place Exchange: Em-pirical and Theoretical Studies. Papers Presented at the Meeting of the International Geographical Union Working Group on Market-Place Exchange Systems in Nagoya, Japan 1980. 12 Papers, 104 pages, 38 figures, 23 tables. 1982. ISBN 3-88250-024-7. DM 21,00

25. MÜLLER, Bernhard: Fremdenverkehr und Entwicklungspolitik zwischen Wachstum und Ausgleich: Folgen für die Stadt- und Regionalentwicklung in peripheren Räumen (Beispiel von der mexikanischen Pazifikküste). 217 Seiten, 40 Abb., 45 Tabellen. 1983. ISBN 3-88250-025-5. DM 26,00

26. GORMSEN, Erdmann (ed.): The Impact of Tourism on Regional Development and Cultural Change. Papers of Symposium MULT. SY 11, 44th International Congress of Americanists, Manchester 1982. 11 Papers, 104 pages, 16 figures, 10 tables. 1985. ISBN 3-88250-026-3. DM 16,00

27. NAUMANN, Michael: Mobile Erfassung von Temperatur und Luftfeuchte in ausgewählten Bereichen von Mainz und Wiesbaden. - KEHLBERGER, Stefanie: Luftverunreinigungen und Bioindikation im Verdichtungsraum Mainz-Wiesbaden. 224 Seiten, 44 Abb., 25 Tabellen und 27 Karten. 1986. ISBN 3-88250-027-1. DM 26,00

28. BICKING, Barbara: Die Zimtwirtschaft auf Sri Lanka (Ceylon). Anbau und Vermarktung, historische Bindung und aktuelle Perspektiven eines traditionsgebundenen Produktes. 147 Seiten, 65 Abb., 19 Tabellen und 1 Karte. 1986. ISBN 3-88250-028-X. *Vergriffen*

29. DÖPPERT, Michael: Die Entwicklung der ländlichen Kulturlandschaft in der ehemaligen Grafschaft Schlitz unter besonderer Berücksichtigung der Landnutzungsformen von der Frühneuzeit bis zur Gegenwart. 202 Seiten, 52 Abb., 42 Tab. und Anhang. 1987. ISBN 3-88250-029-8. DM 25,00

30. SEIMETZ, Hans-Jürgen: Raumstrukturelle Aspekte des Fernstraßenbaus. Auswirkungen von Autobahnen auf Arbeitsplatzwahl, Wohnortwahl und Einkaufsverhalten privater Haushalte (dargestellt am Autobahnteilstück Bingen-Koblenz der Autobahn A 61). 277 Seiten, 40 Abb., 53 Tabellen. 1987. ISBN 3-88250-030-1. *Vergriffen*

31. TÜRK, Matthias u.a.: Dorfentwicklung - Dorferneuerung: eine interdisziplinäre Bibliographie des deutschsprachigen Schrifttums. Ca. 2500 Titel, umfangreiches Register. 1988. ISBN 3-88250-031-X. *Vergriffen*

32. AMEND, Thora: Marine und litorale Nationalparks in Venezuela - Anspruch, Wirklichkeit und Zukunftsperspektiven. 332 Seiten, 77 Abb., 23 Tabellen. 1990. ISBN 3-88250-032-8. DM 35,00

33. AMEND, Stephan: Der Nationalpark "El Avila". Bedeutungswandel und Managementprobleme einer hauptstadtnahen Region in Venezuela. 181 Seiten, 19 Abb., 5 schwarzweiße und 2 farbige Faltkarten sowie 18 Tabellen. 1990. ISBN 3-88250-033-6. DM 35,00

34. Festschrift für Wendelin Klaer zum 65. Geburtstag. Hrsg. von M. DOMRÖS, E. GORMSEN und J. STADELBAUER. 30 Beiträge, 536 Seiten mit 141 Abbildungen und 19 Tabellen. 1990. ISBN 3-88250-034-4. DM 54,00

35. SCHREIBER, Michael: Großstadttourismus in der Bundesrepublik Deutschland am Beispiel einer segmentorientierten Untersuchung der Stadt Mainz. 195 Seiten, 49 Abb., 39 Tabellen. 1990. ISBN 3-88250-035-2. DM 32,00

36. STADELBAUER, Jörg: Kolchozmärkte in der Sowjetunion. Geographische Studien zu Struktur, Tradition und Entwicklung des privaten Einzelhandels. 211 Seiten, 81 Abb., 23 Tabellen. 1991. ISBN 3-88250-036-0. DM 45,00

37. KÖNIG, Dieter: Erosionsschutz in Agroforstsystemen. Möglichkeiten zur Begrenzung der Bodenerosion in der kleinbäuerlichen Landwirtschaft Rwandas im Rahmen standortgerechter Landnutzungssysteme. 212 Seiten, 52 Abb. und 30 Tabellen. 1992. ISBN 3-88250-037-9. DM 40,00

38. FUCHS, Friedhelm: Modellierung der Ozon-Immissionsbelastung in Rheinland-Pfalz. Studien zur physikochemischen Entwicklung von Oxidantien in anthropogen kontaminierten Luftmassen. 290 Seiten, 164 Abb., 62 Tabellen. 1993. ISBN 3-88250-038-7. DM 45,00

39. HILDEBRANDT, Helmut (Hrsg.): Hachenburger Beiträge zur Angewandten Historischen Geographie. - Beiträge der 3. Fachtagung der Arbeitsgruppe "Angewandte Historische Geographie" im "Arbeitskreis für genetische Siedlungsforschung in Mitteleuropa" vom 18. bis 20. März 1993 in Hachenburg /Westerwald. 169 Seiten, 47 Schwarzweiß- und 4 Farbabbildungen. 1994. ISBN 3-88250-039-5. DM 40,00

40. Festschrift für Erdmann Gormsen zum 65. Geburtstag. Hrsg. von M. DOMRÖS und W. KLAER. 46 Beiträge, 652 Seiten mit 161 Abbildungen und 45 Tabellen. 1994. ISBN 3-88250-040-9. DM 65,00

41. KIRCHNER, Gerd: Physikalische Verwitterung in Trockengebieten unter Betonung der Salzverwitterung am Beispiel des Basin- and Range-Gebiets (südwestliche USA und nördliches Mexiko). 267 Seiten, 65 Abbildungen, 28 Tabellen und 5 Karten. 1995. ISBN 3-88250-041-7. DM 40,00

42. ALBRECHT, Susanne: Der ländliche Raum Lothringens zwischen Verfall und Neubelebung. Politische Rahmenbedingungen und strukturelle Auswirkungen von Anpassungs- und Entwicklungsvorgängen in jüngerer Zeit. 313 Seiten, 51 Abbildungen, 43 Tabellen und 45 Karten. 1995. ISBN 3-88250-042-9. DM 48,00

43. DENZER, Vera: Relikte und persistente Elemente einer ländlich geprägten Kulturlandschaft mit Vorschlägen zur Erhaltung und methodisch-didaktischen Aufbereitung am Beispiel von Waldhufensiedlungen im Südwest-Spessart. Ein Beitrag zur Angewandten Historischen Geographie. 287 Seiten, 78 Abbildungen, 15 Tabellen und 2 Kartenbeilagen. 1996. ISBN 3-88250-043-3. DM 45,00

44. SCHMANKE, Volkhard: Untersuchungen zur Hanggefährdung im Bonner Raum. Eine Bewertung mit Hilfe unterschiedlicher Modellansätze. 146 Seiten, 66 Abbildungen, 20 Tabellen. 1999. ISBN 3-88250-044-1. DM 25,00

45. PREUSS, Johannes und Frank EITELBERG: Hallschlag. Historisch-genetische Studie zur ehemaligen Fabrik für die Herstellung von Trinitrotoluol, Dinitrobenzol und Presskörpern aus Sprengstoffen sowie zur Verfüllung und Entlaborierung von Munition der Espagit AG. 384 Seiten, 83 Abbildungen, 24 Tabellen. 1999. ISBN 3-88250-045-X. DM 40,00

46. FUCHS, Hans-Joachim: Typisierung der annuellen Niederschlagsvariationen in Nordostindien in Abhängigkeit vom indischen Monsunklima. 200 Seiten, 58 Abbildungen, 9 Tabellen. 2000. ISBN 3-88250-046-8. DM 35,00